高等职业教育土建类“教、学、做”理实一体化特色教材

广联达 BIM 实训教程

主　编　艾思平　杨夏红　樊宗义

中国水利水电出版社
www.waterpub.com.cn
·北京·

内 容 提 要

本书是根据我国《2016—2020年建筑业信息化发展纲要》着力增强BIM、大数据等信息技术集成应用能力要求，结合安徽省地方技能型高水平大学建设的相关精神和意见编写的。本书介绍了广联达BIM钢筋算量软件、土建算量软件、安装算量软件、计价软件及BIM5D软件的设计原理及操作流程，以及工程结构各构件的定义、绘图方法和CAD导图步骤。

本书可作为造价专业、建工专业学生的教学用书，也可作为相关企事业单位专业人员的培训和参考用书。

图书在版编目（CIP）数据

广联达BIM实训教程 / 艾思平，杨夏红，樊宗义主编. -- 北京 : 中国水利水电出版社，2017.1(2019.6重印)
高等职业教育土建类“教、学、做”理实一体化特色教材
ISBN 978-7-5170-5144-2

Ⅰ. ①广… Ⅱ. ①艾… ②杨… ③樊… Ⅲ. ①建筑设计－计算机辅助设计－应用软件－高等职业教育－教材 Ⅳ. ①TU201.4

中国版本图书馆CIP数据核字(2017)第011336号

书　　名	高等职业教育土建类“教、学、做”理实一体化特色教材 **广联达BIM实训教程** GUANGLIANDA BIM SHIXUN JIAOCHENG
作　　者	主编　艾思平　杨夏红　樊宗义
出版发行	中国水利水电出版社 （北京市海淀区玉渊潭南路1号D座　100038） 网址：www.waterpub.com.cn E-mail：sales@waterpub.com.cn 电话：（010）68367658（营销中心）
经　　售	北京科水图书销售中心（零售） 电话：（010）88383994、63202643、68545874 全国各地新华书店和相关出版物销售网点
排　　版	中国水利水电出版社微机排版中心
印　　刷	北京市密东印刷有限公司
规　　格	184mm×260mm　16开本　11印张　275千字
版　　次	2017年1月第1版　2019年6月第2次印刷
印　　数	2001—4000册
定　　价	**35.00**元

前言

本书是安徽省地方技能型高水平大学建设项目重点建设专业——工程造价专业建设与课程改革的重要成果，是“教、学、做”理实一体化的特色教材，是根据我国《2016—2020年建筑业信息化发展纲要》的要求和安徽省地方技能型高水平大学建设的相关精神和意见，遵循“工学结合一项目导向”人才培养模式，“以工作项目为载体、以工作过程为导向”，在校企共同开发的课程标准与教学组织设计的基础上编写而成的，旨在培养学生具备熟练使用BIM软件的能力。

本书编写分工如下：安徽水利水电职业技术学院艾思平、安徽建工集团杨夏红编写学习项目1；安徽水利水电职业技术学院樊宗义、张志编写学习项目2；安徽水利水电职业技术学院高慧慧、安徽水利开发股份有限公司叶明林编写学习项目3；安徽水利水电职业技术学院倪宝艳、王凤娇编写学习项目4；安徽水利水电职业技术学院蒋红、常小会编写学习项目5。

安徽水利水电职业技术学院张思梅教授主审了全书，并提出了宝贵意见；另外，本书在编写过程中得到了许多同志的帮助，在此一并表示感谢。

限于编者水平，不足之处在所难免，敬请读者予以批评指正。

编者

2016年12月

目录

学习项目1　广联达BIM钢筋算量软件

【学习目标】

学生通过本学习项目的学习，了解广联达BIM钢筋算量软件的操作流程，掌握广联达钢筋算量软件的使用方法。

学习情境1.1　钢筋算量软件算量原理

随着电算化的发展，钢筋工程量计算已逐渐由传统的手工计算发展为软件算量。目前，市场上推出的钢筋算量软件很多，其设计原理和操作方法各异，下面仅以广联达钢筋抽样软件GGJ2013为例，简要介绍其设计原理。

1.1.1　建筑结构设计方法决定软件的设计方案

绘制建筑结构图纸，分为以下3个阶段。

第一阶段：构件的“结构平面布置图”配套每一构件的“配筋图”。绘图量大，设计人员的工作量大，施工和预算人员在施工读图和进行钢筋工程量计算时都极为复杂。

第二阶段：梁柱表。按照给定的构造详图，在表中进行标注，大大加快了设计人员的绘图速度，同时也方便施工读图和造价人员进行钢筋工程量的计算。

第三阶段：平面表示法。概括地讲，就是把结构构件的尺寸和配筋等按照平面整体表示方法的制图规则，整体直接地表达在各类构件的结构平面布置图上，再与标准构造详图相配合，即构成了一套新型完整的结构设计图。

目前建筑行业结构设计90%的工程采用了平法设计，而在这些工程中应用最多的是平法图集。但现在也仍然存在部分工程构件采用构件剖面详图的方式，对构件的钢筋信息进行表达。所以现在的设计是平法标注与传统方法共存。

从设计原理来讲，平法是不限制设计人员的创造性，因此在实际工程中，通常会出现一些构件的节点构造或者要求与平法的要求不同，也有一些设计院有自己的节点构造方法，这要求钢筋的计算有很大的灵活性。广联达钢筋GGJ2013软件就是在这样的前提和背景下开发出来的。既内置了平法系列图集的计算规则，也包含了常见的设计节点构造，最大限度开放了各类钢筋的计算方法，兼顾了规范与传统两方面的要求。

1.1.2　手工流程思维确定软件设计思路

手工抽钢筋的流程：识图→查规范与图集→按照结构设计要求计算每根钢筋的长度→利用钢筋长度乘以密度算出钢筋重量→汇总统计制作各类报表。钢筋抽样软件在体现计算高效的同时，尽量沿用手工抽钢筋的流程和思维方式，手工与软件抽钢筋对应的工作流程见图1.1。

在使用钢筋抽样软件抽钢筋的过程中，一般会涉及以下两种量。

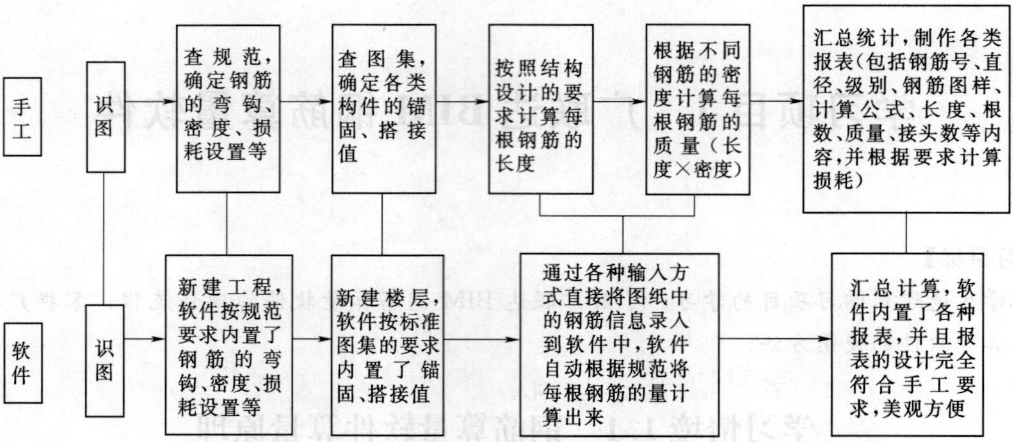

图 1.1　工作流程图

（1）根据结构设计要求，利用规范、图集所查出的量，如锚固、搭接、弯钩、密度值、钢筋长度的计算方法与规范要求等。在软件中，内置了所有的计算规则，在进行钢筋工程量的计算时，软件会自动套用这些规则，其主要技术参考依据如下。

1）《混凝土结构设计规范》（GB 50010—2010）。

2）《混凝土结构施工图平面整体表示方法制图规则及构造详图》系列图集，平法 16G101—X 系列。

（2）对于不同的工程、不同的图纸设计，钢筋的长度、布筋范围等量会不断地发生变化，而这些量的值可通过人机交互的形式根据图纸手工输入，然后与软件中的内置规则结合起来，算出所需要的钢筋量。

正是由于以上两种量的相互结合，软件才能快速、准确地将各类构件中的每根钢筋量计算出来，并自动进行汇总、打印。

1.1.3　两种输入方法的有机结合

广联达钢筋抽样软件 GGJ2013 提供了两种处理构件的方法，即绘图输入和单构件输入。

绘图输入是指通过定义构件属性，按照工程图纸，画出构件并为各构件进行配筋，由软件自动按照各构件之间的位置关系，根据计算规则进行钢筋工程量计算的一种处理方法。绘图输入的构件包括柱、梁、墙、板等。它的特点：一是考虑了工程的整体性，从整体的角度进行钢筋的计算，充分利用了各构件之间的数据。如梁可以自动读取柱的尺寸、自动读取梁的跨长；板的钢筋计算时，可以自动扣减梁和墙的宽度。二是大大减少了重复翻阅图纸查找构件尺寸的工作量，使钢筋工程量的计算从单构件计算上升到了一个更高层次，不但可以正确地计算各类构件的钢筋，而且从读图的角度减少了算量人员的劳动强度。其计算原理如图 1.2 所示。

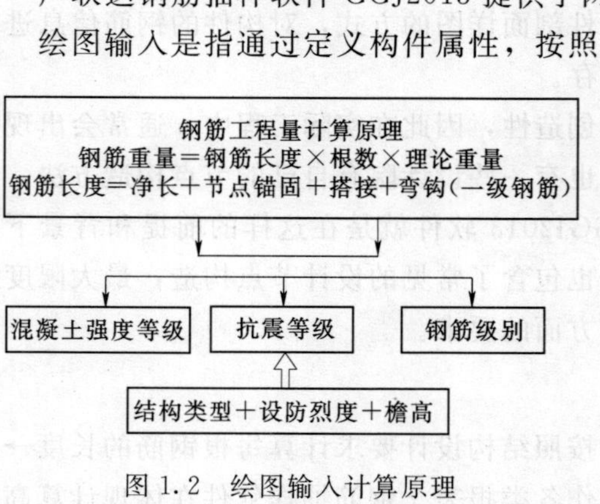

图 1.2　绘图输入计算原理

单构件输入是指针对单个构件，一般在软件中已经有了基本模型，在其基础上输入构件计算需要的相关数据及配筋信息，软件自动计算钢筋工程量的方法，如承台、桩、楼梯、积水坑等相对独立和不规则的构件。它的特点是数据之间重复利用较少，主要用于处理零星构件。同时，广联达钢筋抽样 GGJ2013 软件的计算规则是开放的，不仅可以满足按平法系列图集进行计算，也可以满足个性化设计的需求，提供了各构件常用的钢筋计算设置和节点构造。

绘图输入或单构件输入和手工抽钢筋的习惯一样，软件对于各类构件中的每根钢筋量都会严格按照标准图集中的规定进行计算。只是在手工抽钢筋时，要不断地查阅相关图集，而软件则自动将所有的规则内置，只需输入基本的钢筋信息，软件就会自动按照图集中的要求进行钢筋量的计算，并快速按照各种需要将数据分类汇总。

学习情境 1.2 软 件 快 速 入 门

1.2.1 软件的启动

有两种方法可以启动 GGJ2013。

方法 1：通过“开始”菜单启动软件。

方法 2：双击快捷图标启动软件。

1.2.2 软件的退出

两种方法可以退出 GGJ2013。

方法 1：单击软件界面右上角的按钮。

方法 2：执行“文件”菜单下的“退出”命令功能退出软件，见图 1.3。

1.2.3 快速操作流程

操作流程见图 1.4。

图 1.3 “文件”菜单

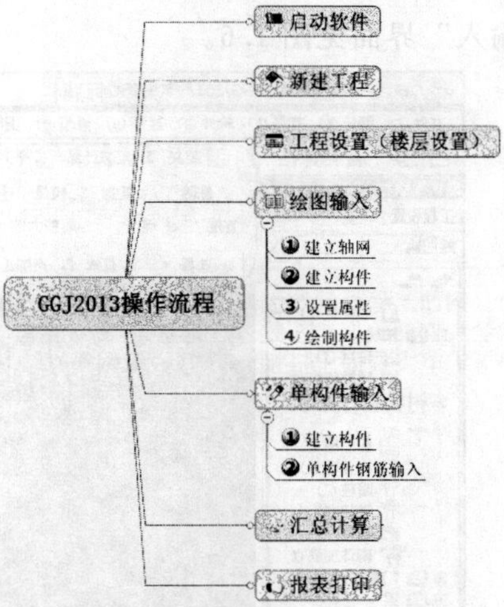

图 1.4 操作流程

1.2.4 主界面介绍

1. 工程设置界面

“工程设置”界面见图 1.5。

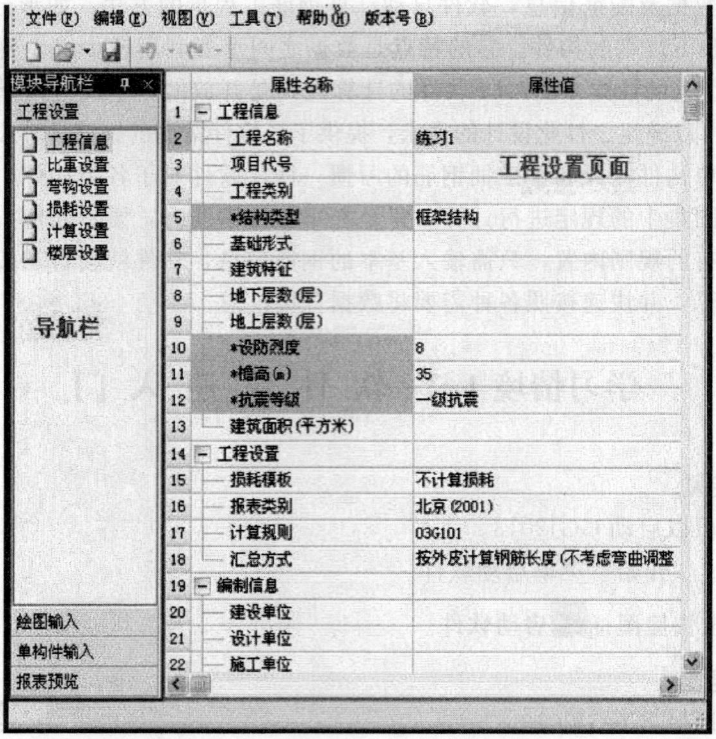

图 1.5　工程设置界面

在软件的各个界面之间切换，“工程设置”界面分为“工程信息”“比重设置”“弯钩设置”“损耗设置”“计算设置”和“楼层设置”6 个部分。

2. “绘图输入”界面

“绘图输入”界面见图 1.6。

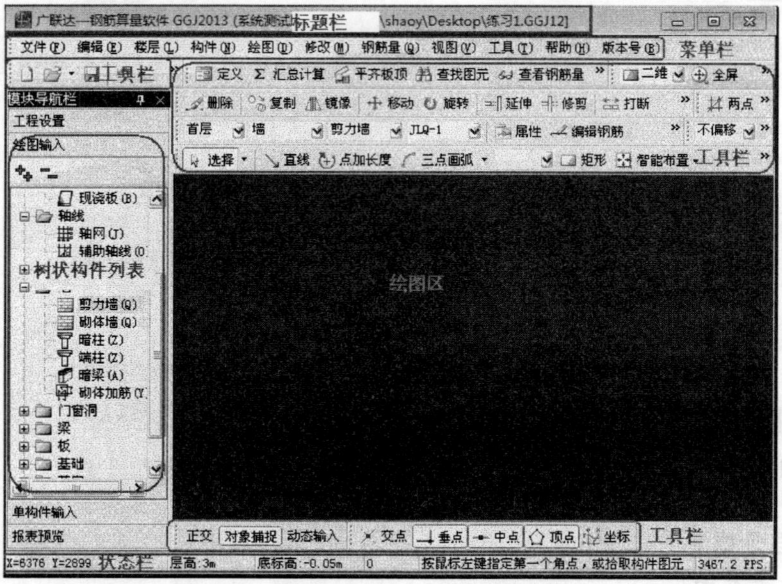

图 1.6　“绘图输入”界面

“绘图输入”界面分为以下区域。

（1）标题栏——标题栏从左向右分别显示 GGJ2013 的图标，当前所操作的工程文件的名称（软件默认的文件名及存储路径），最小化、最大化、关闭按钮。

（2）菜单栏——标题栏下方为菜单栏，单击每一个菜单名称将弹出相应的下拉菜单命令。

（3）工具栏——依次为“工程工具栏”“常用工具栏”“视图工具栏”“修改工具栏”“轴网工具栏”“构件工具栏”“偏移工具栏”“辅助功能设置工具栏”和“捕捉工具栏”。

（4）树状构件列表——在软件的各个构件类型以及各个构件间切换。

（5）绘图区——绘图区是进行绘图的区域。

（6）状态栏——显示各种状态下的绘图信息。

3.“单构件输入”界面

“单构件输入”界面见图 1.7。

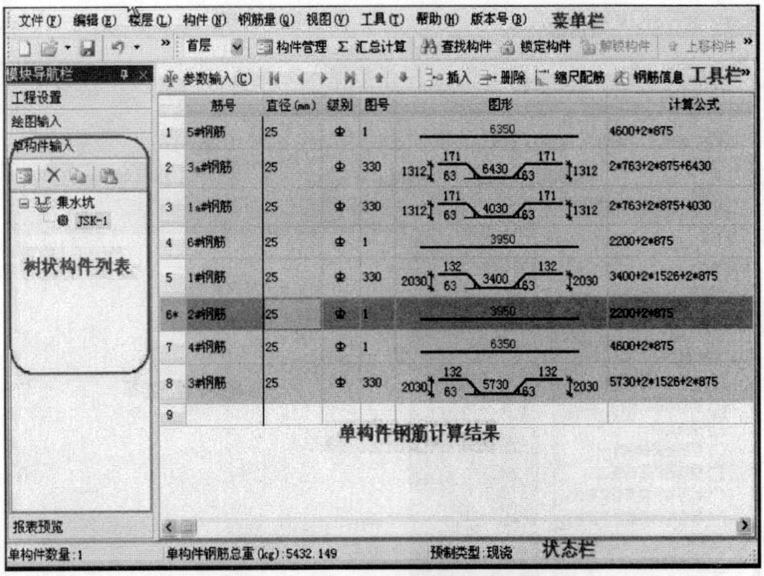

图 1.7　“单构件输入”界面

相关说明：单构件钢筋计算结果——可以在其中直接输入钢筋数据；也可以通过梁平法输入、柱平法输入和参数法输入方式进行钢筋计算。

例如，“梁平法输入”用于单构件平法钢筋计算，只需要将平法施工图中有关梁的数据依照图纸中标注的形式，直接输入到表格中即可。软件能够自动计算钢筋的长度、重量，并且显示出计算公式。使计算结果准确，计算公式清晰明了，实现了预算人员抽钢筋中真正的简便快捷。

操作步骤：选择梁构件，单击“平法输入”按钮，或者按 F8 键打开“梁平法输入”界面，如图 1.8 所示，可以单击图中区域获取帮助。

4.“报表预览”界面

“报表预览”界面见图 1.9。

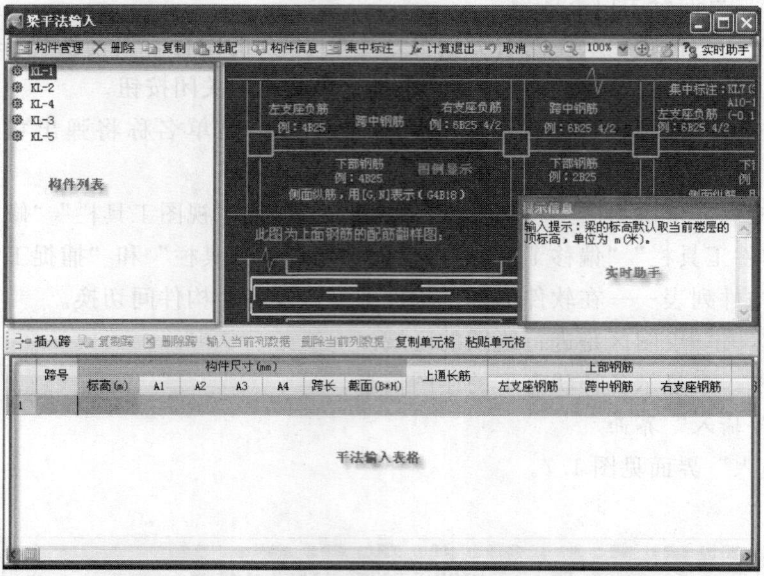

图 1.8　“梁平法输入”界面

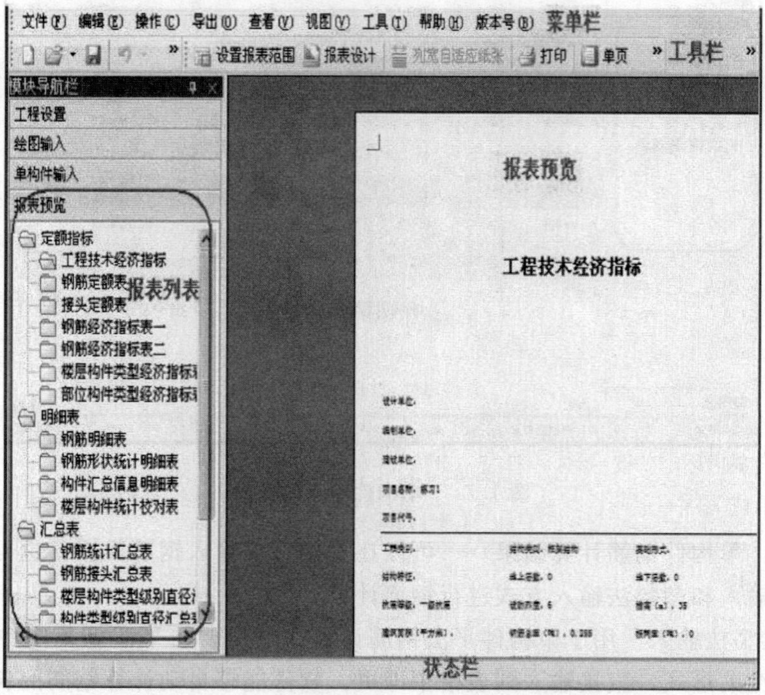

图 1.9　报表预览界面

5. 名词解释

(1) 主楼层：也就是实际工程中的楼层，即基础层、地下 X 层、首层、第二层、标准层、顶层等，楼层的操作见“楼层设置”。

(2) 构件：即在绘图过程中建立的剪力墙、梁、板、柱等。

(3) 构件图元：简称图元，指绘制在绘图区域的图形。

（4）构件 ID：ID 就如同每个人的身份证一样。ID 是按绘图的顺序赋予图元的唯一可识别数字，在当前楼层、当前构件类型中唯一。

（5）公有属性：也称公共属性，指构件属性中用蓝色字体表示的属性。归构件图元公有。如图 1.10 所示，墙的属性中，水平分布钢筋则为公有属性，只要是 JLQ－1，则水平分布钢筋就为（2）B12@200。

	属性名称	属性值	附加
1	名称	JLQ-1	
2	厚度(mm)	200	☑
3	轴线距左墙皮距离(mm)	(100)	☐
4	水平分布钢筋	(2)B12@200	☐
5	垂直分布钢筋	(2)B12@200	☐
6	拉筋	A6@600*600	☐
7	备注		☐
8	＋ 其它属性		
24	＋ 锚固搭接		

图 1.10　墙体的公有属性

（6）私有属性：指构件属性中用黑色字体表示的属性，归构件图元的私有属性。如图 1.10 所示，墙的属性中，厚度则为私有属性，也可以理解为 JLQ－1 的构件图元厚度可以为 200，也可以为 300，每个图元之间没有关系，厚度属性是它们私自拥有的。

（7）附属构件：当一个构件必须借助其他构件才能存在时，那么该构件被称为附属构件，如门窗洞等。

（8）块：用鼠标拉框选择范围内所有构件的集合称为块，可对块进行复制、移动、镜像等操作。

（9）点选：当鼠标处在选择状态时，如图 1.11 所示，在绘图区域单击某图元，则该图元被选择，此操作即为点选。

图 1.11　选择按钮

（10）框选：当鼠标处在选择状态时，在绘图区域内拉框进行选择。

框选分为两种：一种是单击图中任一点，向右方拉一个方框选择，拖动框为实线，只有完全包含在框内的图元才被选中，如图 1.12 所示。

另一种是单击图中任一点，向左方拉一个方框选择，拖动框为虚线，框内及与拖动框相交的图元均被选中，如图 1.13 所示。

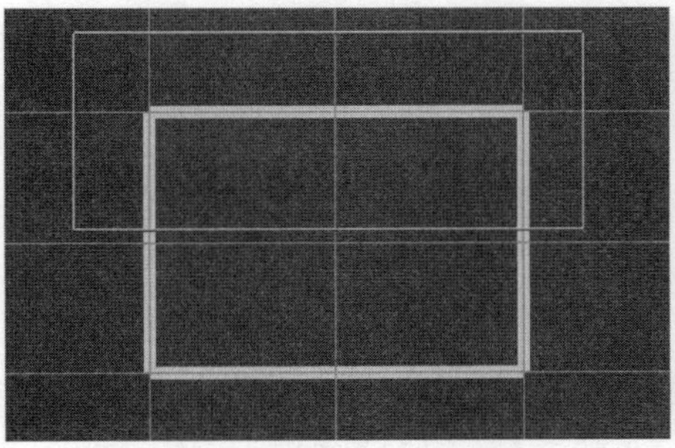

图 1.12　右方拉框

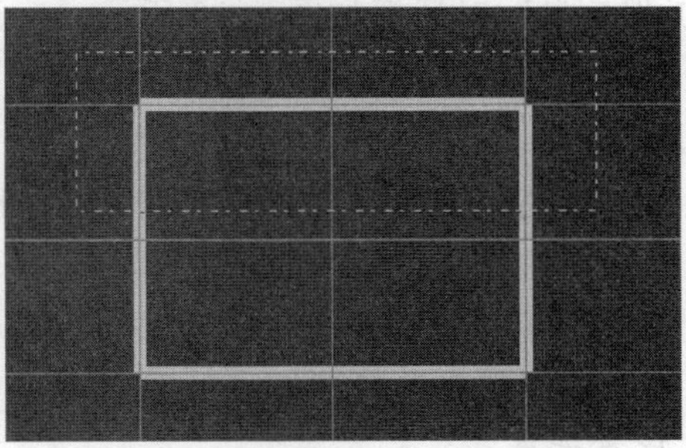

图 1.13　左方拉框

（11）点状实体：软件中为一个点，通过画点的方式绘制，如柱、独基、门、窗、墙洞等。

（12）线状实体：软件中为一条线，通过画线的方式绘制，如墙、梁、条形基础等。

（13）面状实体：软件中为一个面，通过画一封闭区域的方法绘制，如板、满基等。

（14）钢筋级别：钢筋信息中 A 表示一级钢、B 表示二级钢、C 表示三级钢、D 表示新三级钢、L 表示冷轧带肋、N 表示冷轧扭。

学习情境 1.3　工　程　设　置

1.3.1　新建向导

单击“新建向导”图标按钮进入“新建工程”界面，如图 1.14 所示。

1.3.2　新建工程

1. 工程名称输入

在“工程名称”文本框中输入工程名称，如图 1.15 所示。

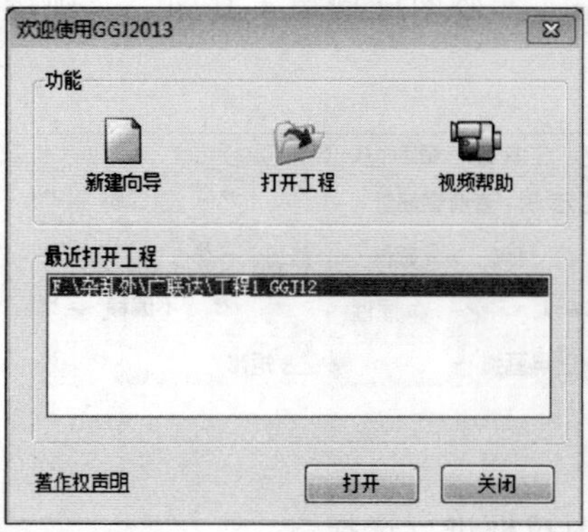

图 1.14　“新建向导”界面

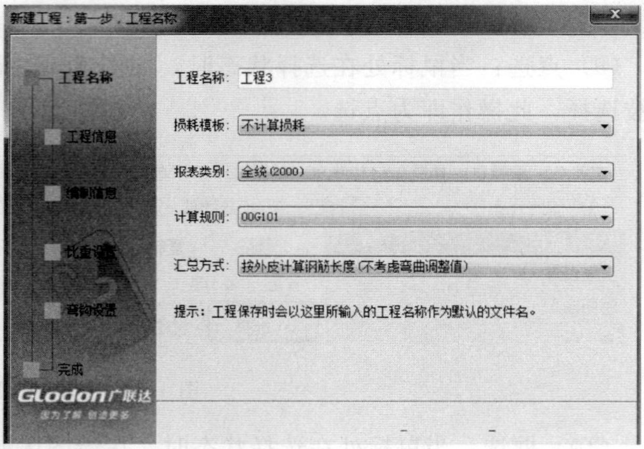

图 1.15　“名称输入”界面

在“报表类别”下拉列表框中，默认选择“全统 2000”，输入完成后，单击“下一步”按钮。

2. 工程信息输入

“工程信息”对话框如图 1.16 所示。

表格中黑色字体只起标示作用，蓝色字体会对计算结果产生影响。输入完成后，单击“下一步”按钮。

注意：檐高及设防烈度影响抗震等级，檐高及设防烈度允许存在误差，抗震等级一定要输入正确。

3. 编制信息

弹出“编制信息”对话框，见图 1.17，设置完成后，并击“下一步”按钮。

4. 比重设置

进入比重设置界面，可以对当前工程的钢筋比重进行设置。根据结构设计规范的数据，

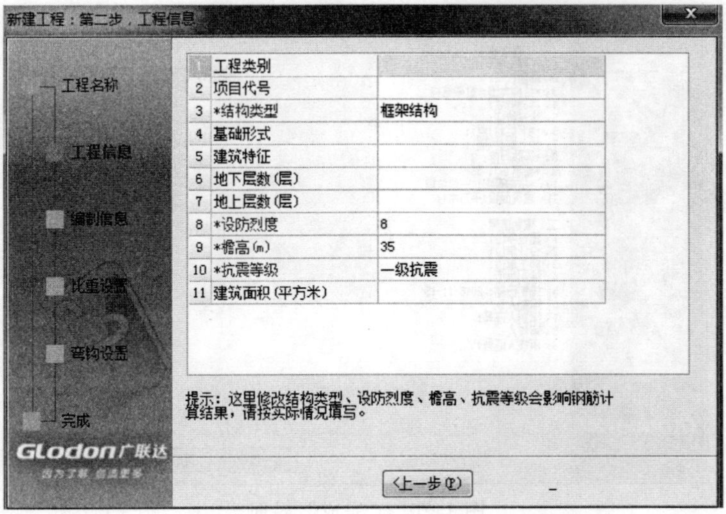

图 1.16 “工程信息输入”界面

一般钢筋的比重都保留 3 位小数，就可以在这里进行设置，见图 1.18 所示。

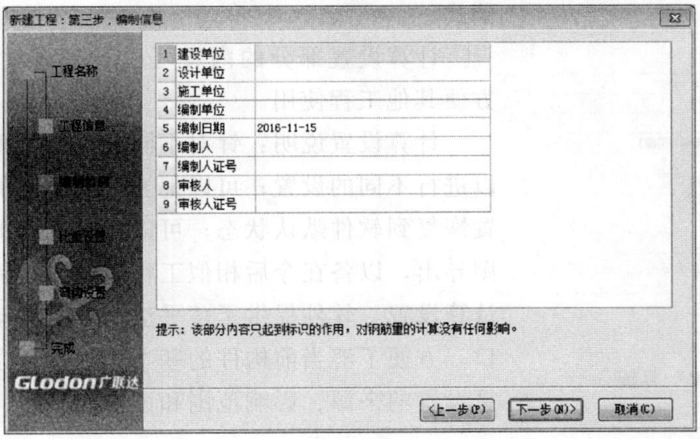

图 1.17 编制信息

普通钢筋 | 冷轧带肋钢筋 | 冷轧

	直径(mm)	钢筋比重(kg/m)
1	3	0.055
2	4	0.099
3	5	0.154
4	6	0.26
5	6.5	0.26
6	7	0.302
7	8	0.395
8	9	0.499
9	10	0.617
10	12	0.888
11	14	1.21
12	16	1.58
13	18	2
14	20	2.47
15	22	2.98
16	25	3.85
17	28	4.83
18	30	5.549
19	32	6.31
20	36	7.99
21	38	8.903
22	40	9.87
23	50	15.42

图 1.18 “比重设置”界面

5. 弯钩设置

单击“下一步”按钮，进入“弯钩设置”界面，见图 1.19，可以对钢筋计算时的钢筋弯钩进行调整。

6. 完成

单击“完成”按钮，完成新建工程设置，见图 1.20。

单击“完成”按钮后，界面切换到“工程属性值”设置界面，如图 1.21 所示。在此界面，可以对新建工程时所输入的信息进行检查和修改。

	弯钩名称	不抗震(d)	抗震(d)
1	箍筋180度	8.25	13.25
2	直筋180度	6.25	6.25
3	箍筋90度	5.5	10.5
4	箍筋135度	6.9	11.9
5	抗扭曲箍筋	30	30

图 1.19 “弯钩设置”界面

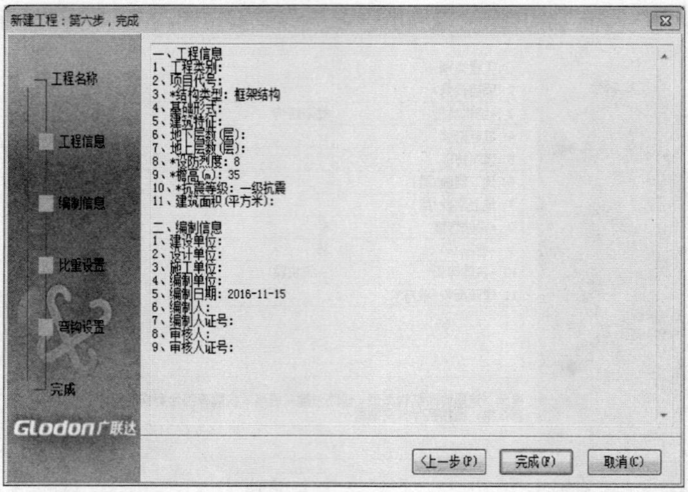

图1.20 “完成”界面

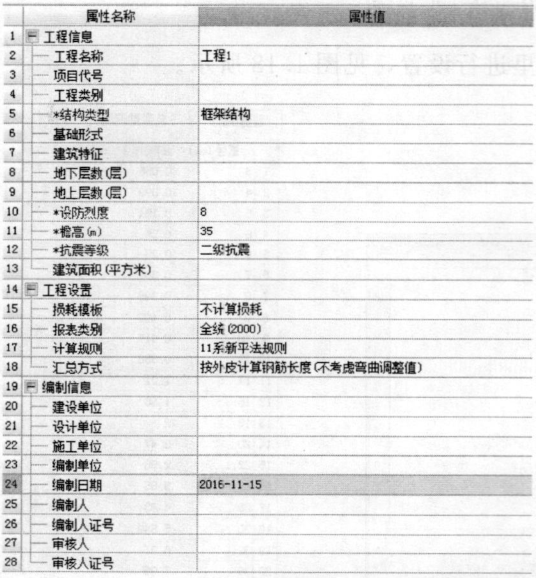

	属性名称	属性值
1	工程信息	
2	工程名称	工程1
3	项目代号	
4	工程类别	
5	*结构类型	框架结构
6	基础形式	
7	建筑特征	
8	地下层数(层)	
9	地上层数(层)	
10	*设防烈度	8
11	*檐高(m)	35
12	*抗震等级	二级抗震
13	建筑面积(平方米)	
14	工程设置	
15	损耗模板	不计算损耗
16	报表类别	全统(2000)
17	计算规则	11系新平法规则
18	汇总方式	按外皮计算钢筋长度(不考虑弯曲调整值)
19	编制信息	
20	建设单位	
21	设计单位	
22	施工单位	
23	编制单位	
24	编制日期	2016-11-15
25	编制人	
26	编制人证号	
27	审核人	
28	审核人证号	

图1.21 “工程属性值设置”界面

1.3.3 计算设置

在“计算设置”界面，可以对当前工程计算方面的设置进行修改。

计算设置部分有以下内容：计算设置、节点设置、箍筋设置、搭接设置、箍筋公式。

计算设置部分的内容可以导入或导出，方便其他工程使用。

计算设置说明：针对不同的构件类型可以进行不同的设置；可以把当前界面中的设置恢复到软件默认状态；可以将设置好的规则导出，以备在今后相似工程中导入；针对计算设置，软件提供了“平法学习”浮动窗口，方便了解当前构件的基本算法和逐条计算设置的来源、影响范围和说明。

1. 节点设置

“节点设置”界面如图1.22所示。

说明：根据平法图集中的节点图，软件可以根据需要进行调整；单击每行右侧的“节点图”可以打开当前选项的所有节点图，选择对应的节点图后，在弹出的节点图中可以修改节点的具体数值（只有呈绿色的数值才能修改）。

2. 箍筋设置

箍筋设置如图1.23所示。

说明：对于构件中的箍筋，有多种形式，在这里可以根据实际情况进行选择；单击“箍筋设置”选项卡后，在弹出的界面中，选择需要的箍筋样式，选择完成后单击“确定”按钮即可。

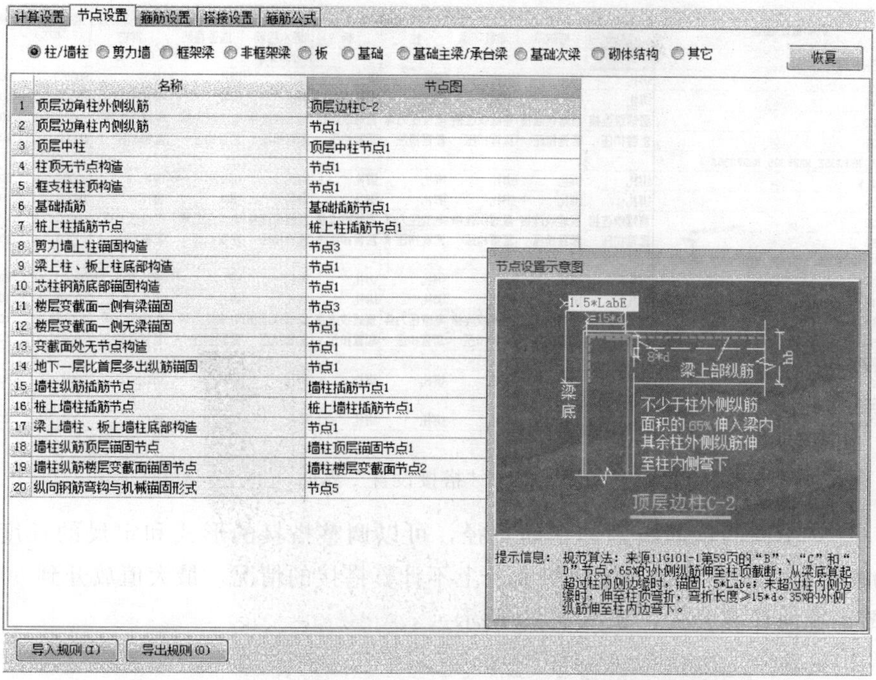

图 1.22 “节点设置”界面

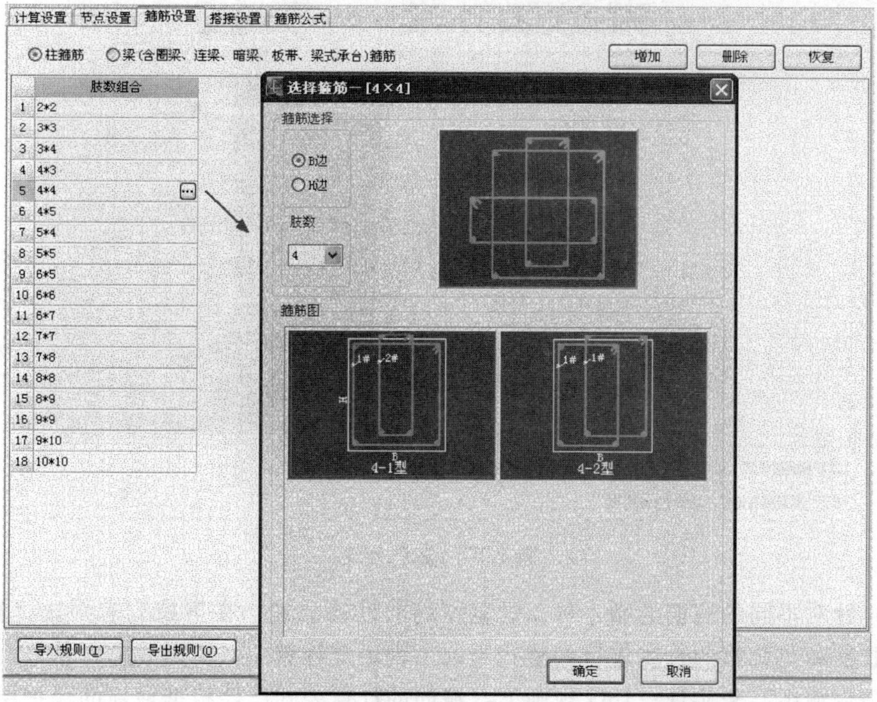

图 1.23 “箍筋设置”界面

3. 搭接设置

“搭接设置”界面如图 1.24 所示。

	钢筋直径范围	连接形式								墙柱垂直筋定尺	其余钢筋定尺
		基础	框架梁	非框架梁	柱	板	墙水平筋	墙垂直筋	其它		
1	HPB235, HPB300										
2	3~10	绑扎	绑扎	绑扎	绑扎	绑扎	绑扎	绑扎	绑扎	8000	8000
3	12~14	绑扎	绑扎	绑扎	绑扎	绑扎	绑扎	绑扎	绑扎	10000	10000
4	16~22	直螺纹连接	直螺纹连接	直螺纹连接	电渣压力焊	直螺纹连接	直螺纹连接	电渣压力焊	电渣压力焊	10000	10000
5	25~32	套管挤压	套管挤压	套管挤压	套管挤压	套管挤压	套管挤压	套管挤压	套管挤压	10000	10000
6	HRB335, HRB335E, HRBF335, HRBF335E										
7	3~11.5	绑扎	绑扎	绑扎	绑扎	绑扎	绑扎	绑扎	绑扎	8000	8000
8	12~14	绑扎	绑扎	绑扎	绑扎	绑扎	绑扎	绑扎	绑扎	10000	10000
9	16~22	直螺纹连接	直螺纹连接	直螺纹连接	电渣压力焊	直螺纹连接	直螺纹连接	电渣压力焊	电渣压力焊	10000	10000
10	25~50	套管挤压	套管挤压	套管挤压	套管挤压	套管挤压	套管挤压	套管挤压	套管挤压	10000	10000
11	HRB400, HRB400E, HRBF400, HRBF400E, RRB400,										
12	3~10	绑扎	绑扎	绑扎	绑扎	绑扎	绑扎	绑扎	绑扎	8000	8000
13	12~14	绑扎	绑扎	绑扎	绑扎	绑扎	绑扎	绑扎	绑扎	10000	10000
14	16~22	直螺纹连接	直螺纹连接	直螺纹连接	电渣压力焊	直螺纹连接	直螺纹连接	电渣压力焊	电渣压力焊	10000	10000
15	25~50	套管挤压	套管挤压	套管挤压	套管挤压	套管挤压	套管挤压	套管挤压	套管挤压	10000	10000
16	冷轧带肋钢筋										
17	4~12	绑扎	绑扎	绑扎	绑扎	绑扎	绑扎	绑扎	绑扎	8000	8000
18	冷轧扭钢筋										
19	6.5~14	绑扎	绑扎	绑扎	绑扎	绑扎	绑扎	绑扎	绑扎	8000	8000

图 1.24　“搭接设置”界面

说明：针对不同的钢筋级别和钢筋直径，可以调整搭接的形式和定尺的长度；可输入［500，5000000］之间的整数；为解决业务上不计算搭接的情况，最大值放开到5000m。

16G图集箍筋计算公式，如图1.25所示。

箍筋肢数：4肢箍(1型)

	箍筋编号	纵筋数量	b边长度计算	h边长度计算	箍筋总长计算	是否输出
1	外侧箍筋(1#)		B-2*bhc	H-2*bhc	2*(b+h)+2*Lw+L	☑
2	2#	4	(B-2*bhc-2*gd-d)/3*1+d+2*gd	H-2*bhc	2*(b+h)+2*Lw+L	☑
3		5	(B-2*bhc-2*gd-d)/4*2+d+2*gd	H-2*bhc	2*(b+h)+2*Lw+L	
4		6	(B-2*bhc-2*gd-d)/5*1+d+2*gd	H-2*bhc	2*(b+h)+2*Lw+L	
5		7	(B-2*bhc-2*gd-d)/6*2+d+2*gd	H-2*bhc	2*(b+h)+2*Lw+L	

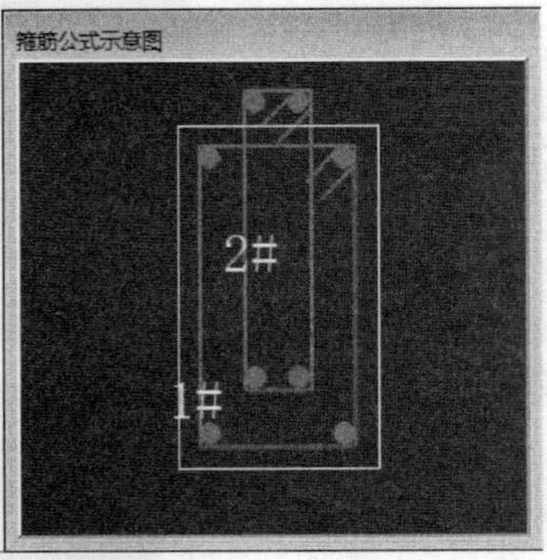

双肢箍调整长度L: 0　　单肢箍调整长度L: 0

表示当前箍筋在箍筋示意图中的顺序号

图 1.25　箍筋公式

说明：针对不同的箍筋类型，可以设置箍筋的计算公式；在下拉列表中选择箍筋类型；可以对双肢箍和单肢箍的长度进行调整；当前工程汇总计算后，不需要输入箍筋时，可以通过勾选“是否输出”来实现；16G规则下，箍筋的计算公式已经根据最新的保护层定义进行了修改，可满足实际新平法工程的需要。

1.3.4　楼层设置

楼层设置包括两个方面的内容：一是楼层的建立；二是各楼层混凝土强度等级、钢筋锚固长度和搭接长度及各构件混凝土保护层的建立，如图 1.26 所示。

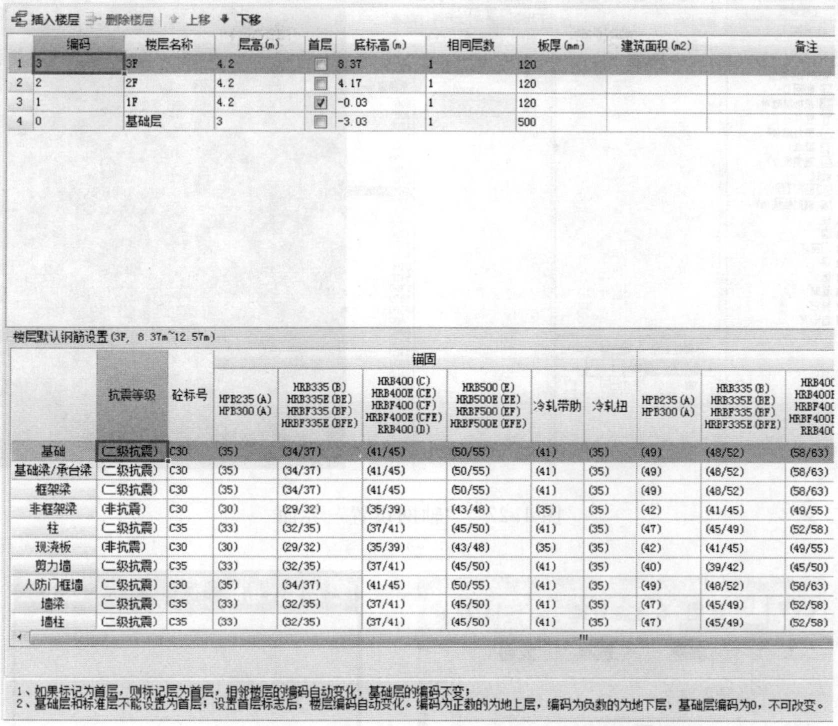

插入楼层　删除楼层　上移　下移

	编码	楼层名称	层高(m)	首层	底标高(m)	相同层数	板厚(mm)	建筑面积(m2)	备注
1	3	3F	4.2	☐	8.37	1	120		
2	2	2F	4.2	☐	4.17	1	120		
3	1	1F	4.2	☑	-0.03	1	120		
4	0	基础层	3	☐	-3.03	1	500		

楼层默认钢筋设置(3F, 8.37m~12.57m)

	抗震等级	砼标号	锚固								
			HPB235(A) HPB300(A)	HRB335(B) HRB335E(BE) HRBF335(BF) HRBF335E(BFE)	HRB400(C) HRB400E(CE) HRBF400(CF) HRBF400E(CFE) RRB400(D)	HRB500(E) HRB500E(EE) HRBF500(EF) HRBF500E(EFE)	冷轧带肋	冷轧扭	HPB235(A) HPB300(A)	HRB335(B) HRB335E(BE) HRBF335(BF) HRBF335E(BFE)	HRB400 HRB400E HRBF400 HRBF400E RRB400
基础	(二级抗震)	C30	(35)	(34/37)	(41/45)	(50/55)	(41)	(35)	(49)	(48/52)	(58/63)
基础梁/承台梁	(二级抗震)	C30	(35)	(34/37)	(41/45)	(50/55)	(41)	(35)	(49)	(48/52)	(58/63)
框架梁	(二级抗震)	C30	(35)	(34/37)	(41/45)	(50/55)	(41)	(35)	(49)	(48/52)	(58/63)
非框架梁	(非抗震)	C30	(30)	(29/32)	(35/39)	(43/48)	(35)	(35)	(42)	(41/45)	(49/55)
柱	(二级抗震)	C35	(33)	(32/35)	(37/41)	(45/50)	(41)	(35)	(47)	(45/49)	(52/58)
现浇板	(非抗震)	C30	(30)	(29/32)	(35/39)	(43/48)	(35)	(35)	(42)	(41/45)	(49/55)
剪力墙	(二级抗震)	C35	(33)	(32/35)	(37/41)	(45/50)	(41)	(35)	(40)	(39/42)	(45/50)
人防门框墙	(二级抗震)	C30	(35)	(34/37)	(41/45)	(50/55)	(41)	(35)	(49)	(48/52)	(58/63)
墙梁	(二级抗震)	C35	(33)	(32/35)	(37/41)	(45/50)	(41)	(35)	(47)	(45/49)	(52/58)
墙柱	(二级抗震)	C35	(33)	(32/35)	(37/41)	(45/50)	(41)	(35)	(47)	(45/49)	(52/58)

1、如果标记为首层，则标记层为首层，相邻楼层的编码自动变化，基础层的编码不变；
2、基础层和标准层不能设置为首层；设置首层标志后，楼层编码自动变化。编码为正数的为地上层，编码为负数的为地下层，基础层编码为0，不可改变。

图 1.26　“楼层设置”界面

学习情境 1.4　绘　图　输　入

在“绘图输入”部分可以完成对构件的绘制，所有的构件都按照先定义后绘制的顺序进行。下面就来介绍一下各构件的定义及绘制。

1.4.1　轴网的绘制

（1）单击模块导航栏中的“轴网”。

（2）单击“定义”按钮，切换到定义状态，在构件列表中单击“新建”，选择新建“正交轴网”，见图 1.27。

（3）单击“下开间”，先进行开间尺寸的定义，将图纸上下开间第一个轴距填入添加框中，按 Enter 键。单击“左进深”，用同样的方法将进深的“轴距”定义完毕。

（4）单击“绘图”，如图 1.28 所示，切换到绘图状态，在弹出的对话框中（图 1.29）单击“确定”按钮，就可将轴网放到绘图区中，这样就完成了轴网的处理。

1.4.2　柱构件的定义和绘制

1. 新建柱

单击左侧导航栏中的“柱”按钮，然后单击“定义”，进入“柱的定义”界面，如图 1.30 所示。单击“新建”，新建一个矩形柱，在右侧的“属性编辑”栏中可以对矩形柱的属性进行设置，软件中“A、B、C、E”分别代表“Φ、Φ、Φ、Φ”。如果该矩形柱中有其他的箍筋

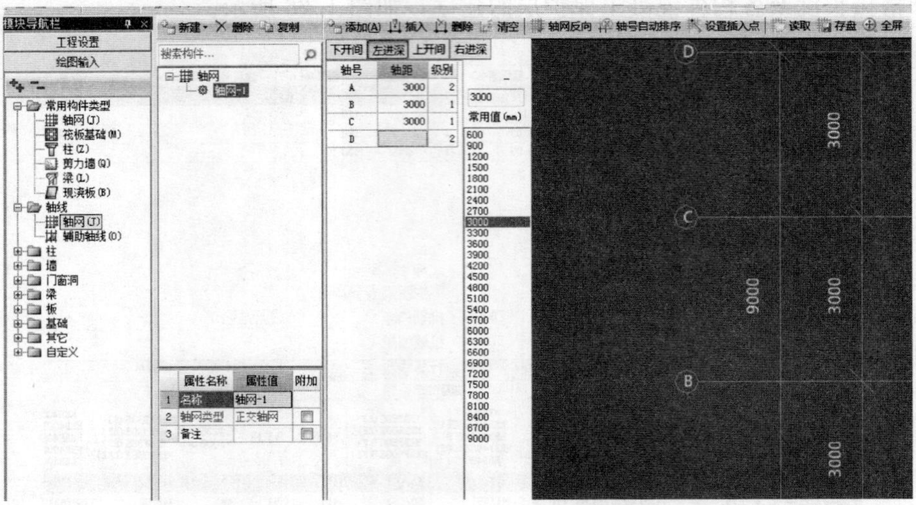

图 1.27　“轴网设置”界面

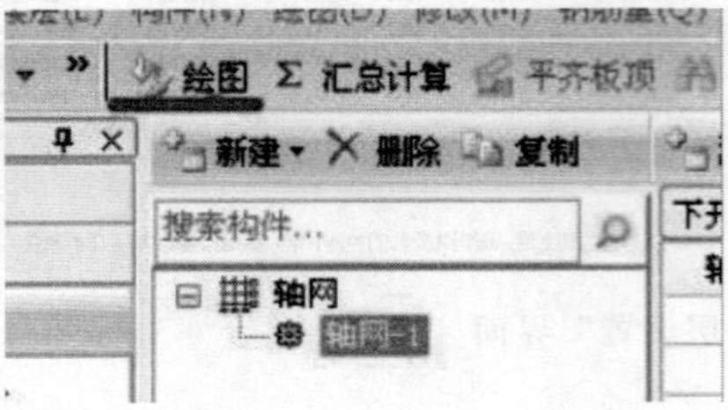

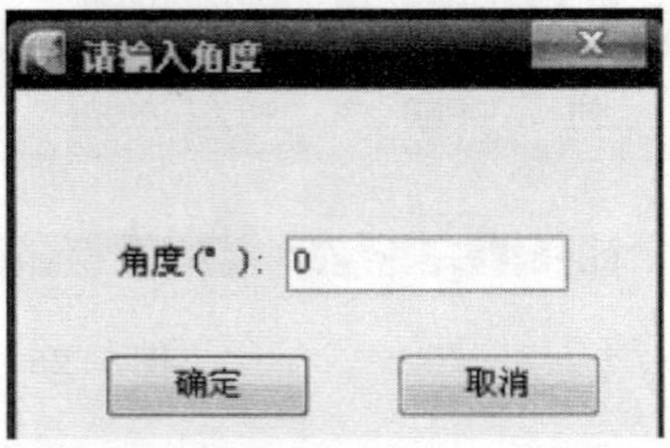

图 1.28　绘图按钮　　　　　　图 1.29　轴网角度输入

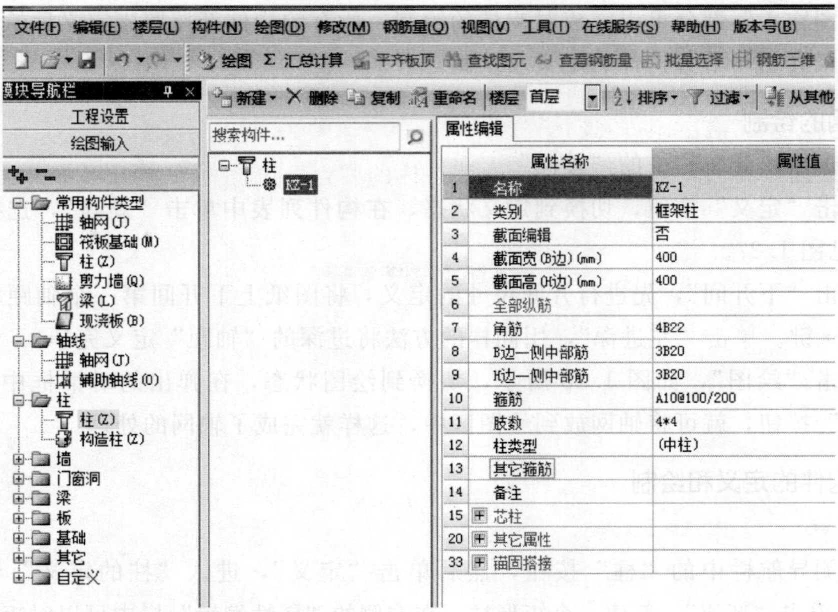

图 1.30　“柱的定义”界面

信息，可以在“其他箍筋”中进行定义。为了方便构件的定义，在输入完一项属性数据之后，直接按 Enter 键，软件会自动跳转到下一项的输入；按键盘上的上、下箭头键则可上下切换输入。

2. 柱端属性编辑

柱的其他属性可以在下面的“其他属性”中进行定义，如柱的标高设置。

单击“其他属性”前面的“＋”按钮即可对其他属性进行编辑，单击“其他属性”前面的“＋”，会出现图 1.31 所示的界面。

在柱的“其他属性”中，注意“底标高”与“顶标高”的设置，软件默认是“层顶标高”和“层底标高”。在这里可以自行选择，也可以输入数字，如在柱的“顶标高”中输入 2.3 则表示柱的顶标高为 2.3m。

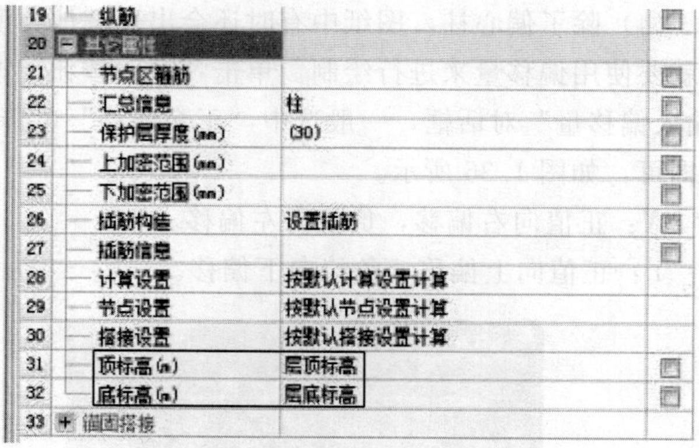

图 1.31 柱的属性编辑框

3. 柱的复制

设置完 KZ－1，如果图纸中还有其他的矩形柱并且这些矩形柱的属性相同或者相似，可以使用复制命令，如图 1.32 所示。

选中 KZ－1，单击“复制”，即可产生与 KZ－1 属性相同的 KZ－2。

在“构件的定义”界面，也可以选择楼层，从而实现在不同的楼层之间完成对构件定义或编辑。如果不同楼层的构件相同，在“绘图的定义”界面，可以选择楼层，并复制选定图元到其他楼层。

4. 柱的绘制

定义完柱构件后，单击“绘图”按钮，如图 1.33 所示，进入“绘图”界面。

(1) 柱的绘制一般采用点式绘制。

进入“绘图”界面，鼠标指针默认的就是柱的“点”画图标，也可以单击“点”按钮，如图 1.34 所示。

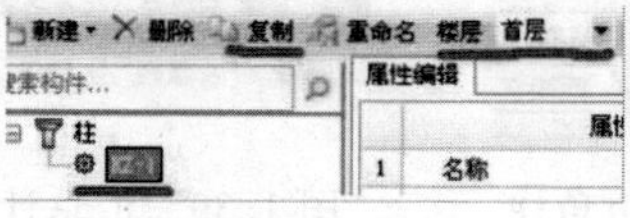

图 1.32 柱的复制

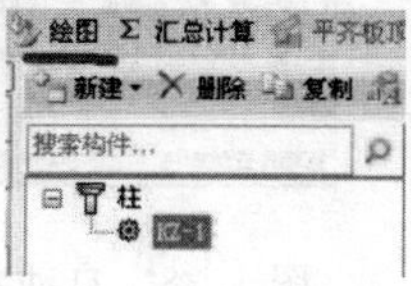

图 1.33 柱的绘图

图 1.34 柱的绘制方式

此时鼠标指针会变成十字与方框相交的形状，蓝色图标即为定义好的矩形柱。选择轴线的交点，单击鼠标左键，即可完成对柱的绘制。

(2) 偏心柱绘制。

有时图纸中标注的柱并不是在轴线的交点居中布置，这时需要使用绘制偏心柱的功能。单击“点”按钮，把鼠标放在轴线交点的位置，单击鼠标左键的同时按下 Ctrl 键，即可弹出“偏心柱的设置”界面，然后根据图纸输入相应的尺寸即可，如图1.35所示。在数字上单击鼠标左键即可对其进行修改，修改完成后，按“Enter”键即可。

(3) 也可按正常画柱子的方式，画完以后单击“查改标注”设置柱子的偏移距离。

(4) 除了偏心柱，图纸中有时还会出现其他类型的柱，如与轴线没有任何交点的柱，这时就要使用偏移量来进行绘制。单击“点”按钮，按下鼠标左键的同时按住Shift键，弹出“输入偏移量”对话框，一般选中“正交偏移”单选键，在“*X*”与“*Y*”框中输入相应的尺寸即可，如图1.36所示。

X：正值向右偏移，负值向左偏移。

Y：正值向上偏移，负值向下偏移。

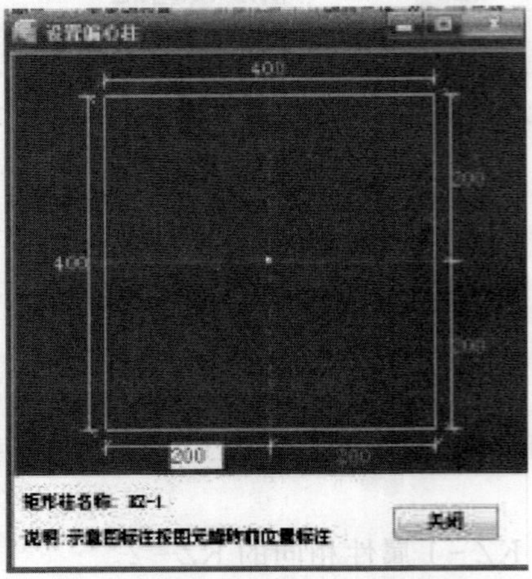

图1.35　设置偏心柱

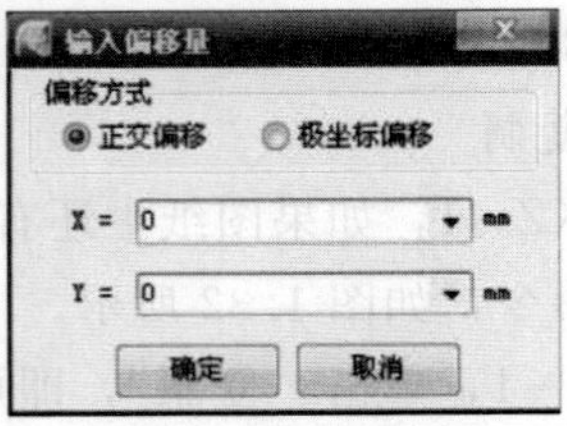

图1.36　输入偏移量

(5) 柱绘制完成后，可以单击“动态观察”按钮来查看三维效果，如图1.37所示。

(6) 边角柱的判断。对于顶层的柱需要进行边角柱判断，这会影响钢筋的搭接与锚固，钢筋软件中有自动判断边角柱的功能。将楼层切换到顶层后，单击“自动判断边角柱”按钮，如图1.38所示，即可完成对边角柱的判断。

(7) 绘制完成后，单击“汇总计算”按钮，如图1.39所示，软件就会自动计算出所绘制柱的钢筋量。

图1.37　动态观察

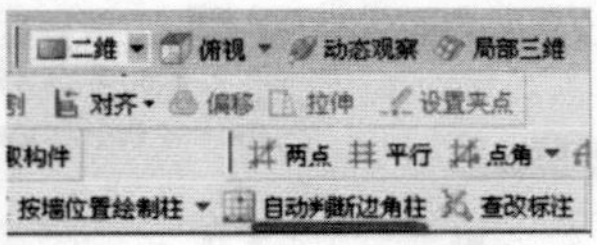

图1.38　自动判断边角柱

图1.39　汇总计算

图1.40　查看钢筋量

(8) 查看钢筋量。

汇总完成后，如果想查看某一柱构件的钢筋信息，单击“查看钢筋量”按钮，如图1.40所示，然后单击需要查看钢筋量的柱图元即可。查看完成后，单击“钢筋总重量”左边的关闭按钮即可。

(9) 也可以使用“编辑钢筋”对柱的钢筋进行编辑。

单击“编辑钢筋”按钮，如图1.41所示，选中需要编辑的柱图元，软件下方会出现编辑钢筋列表，单击鼠标左键即可对红色的数字进行修改。如果柱的钢筋无法在定义界面定义，可以在此处出现的钢筋列表中进行输入。输入筋号后软件会自动出现钢筋的其他信息，然后按照图纸的要求输入即可。

（10）柱属性修改。

已经绘制完成的柱，如果需要对其属性进行修改，单击“属性”按钮，如图 1.42 所示，然后在右侧出现的“属性编辑器”中，按图 1.43 所示进行修改即可。

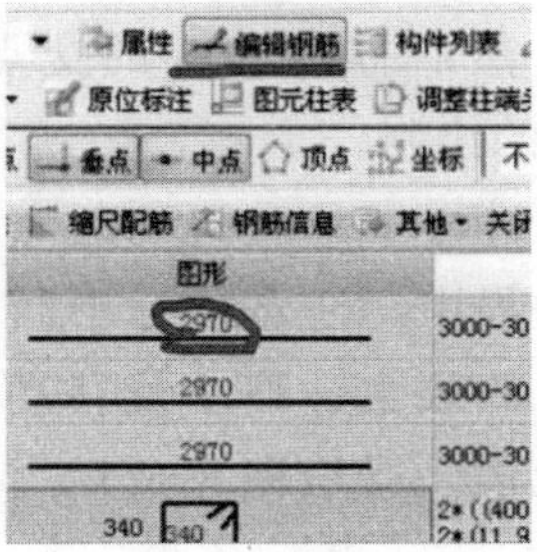

图 1.41　编辑钢筋

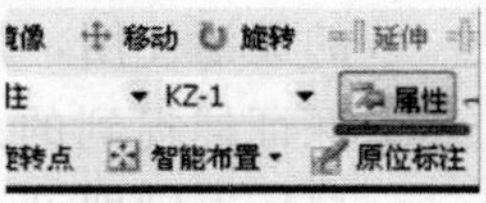

图 1.42　柱属性按钮

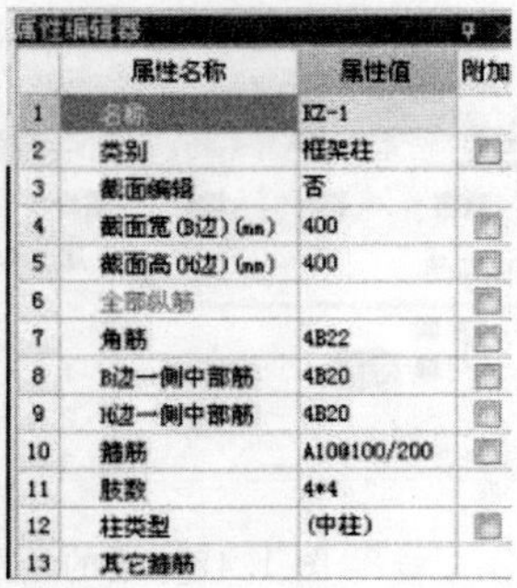

属性编辑器

	属性名称	属性值	附加
1	名称	KZ-1	
2	类别	框架柱	
3	截面编辑	否	
4	截面宽(B边)(mm)	400	
5	截面高(H边)(mm)	400	
6	全部纵筋		
7	角筋	4B22	
8	B边一侧中部筋	4B20	
9	H边一侧中部筋	4B20	
10	箍筋	A10@100/200	
11	肢数	4*4	
12	柱类型	(中柱)	
13	其它箍筋		

图 1.43　柱属性编辑器

在“属性编辑器”中，蓝色的字体表示公有属性，黑色的字体表示私有属性。

公有属性可以随时改动，所画图元的信息也随之改动；私有属性直接在定义界面里改动对已画图元没有任何影响；想不删除图元改动该图元信息，可在“绘图”界面中选中该图元，再单击属性编辑修改图元信息即可（此时修改的是刚才选中的图元信息，该构件信息并没有发生变化）。

（11）如果图纸中有多种类型的柱，可以通过构件列表来选择。单击 KZ-1 右侧的下拉箭头即可选择不同的柱构件，如图 1.44 所示。

（12）钢筋三维 汇总完成后，单击“钢筋三维”，选择需要查看三维的柱图元，即可查看该构件的三维显示。

（13）在柱图元的绘制过程中，按字母 Z 可以显示/隐藏柱图元，按 Shift＋Z 组合键可显示/隐藏柱的名称及其他属性。

图 1-44　柱界面

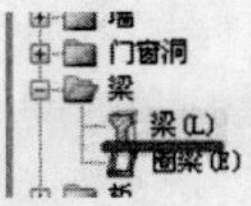

图 1.45　梁定义按钮

1.4.3　梁构件的定义和绘制

（1）在左侧的导航栏中选中“梁”，单击“定义按钮”，如图 1.45 所示，进入“梁的定义”界面。

（2）单击“新建”按钮，新建一个矩形梁。按照图纸的要求，在右侧的“属性编辑”框中，按图 1.46 所示对梁的数据进行定义。

（3）梁的绘制。

1）定义完成后，单击“绘图”按钮，如图 1.47 所示，进入“绘图”界面。

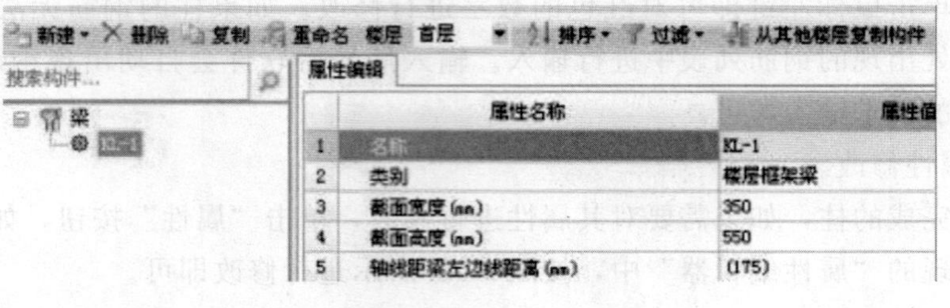

图 1.46 梁的定义

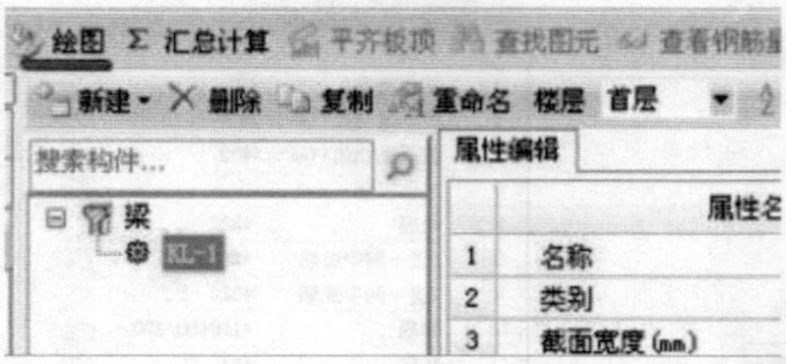

图 1.47 梁的绘图

2）单击“直线”，然后捕捉轴线的交点处，参照图纸要求完成对梁的绘制。

线型构件在绘制的过程中只需找到起点与终点即可。在捕捉点的过程中，注意鼠标中间滑轮的灵活使用，控制图形的放大、缩小及移动，以保证捕捉到的点准确无误。梁绘制完成后，单击鼠标右键即可。

当梁中心线不在轴线上时，除之前讲的用 Shift＋左键的方法偏移绘制外，也可以在轴线上绘制完梁以后，单击鼠标左键选中梁，再单击右键选择对话框中的“单对齐”，然后再选择要对齐的基准线和梁边线即可。

刚绘制完成的梁，在软件中以粉红色显示，如图 1.48 所示，显示的粉红的梁无法进行汇总计算，需要对其进行原位标注。

3）原位标注只能针对单个梁构件。选中需要原位标注的梁，单击“原位标注”按钮，如图 1.49 所示，该梁会以黄色显示，并且会出现左支座筋、跨中筋、右支座筋和下部钢筋的输入框，然后按照图纸的标注，输入相应的钢筋信息即可。

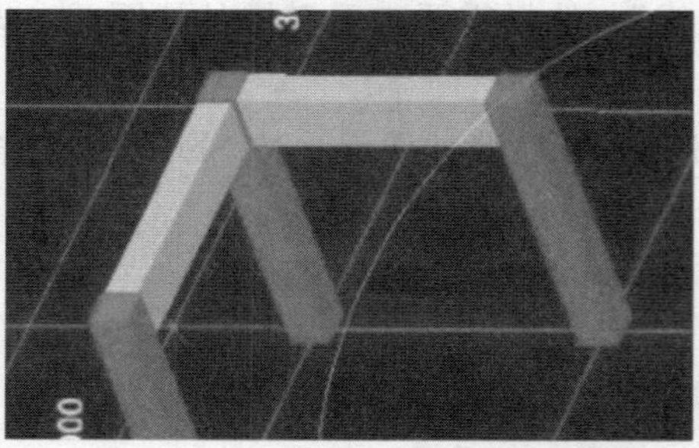

图 1.48 未原位标注的梁

图 1.49 原位标注

对于不需要原位标注的梁，单击“原位标注”→选中该梁构件→在绘图区域的非构件区域单击右键即可。在输入梁的左支座筋、跨中筋、右支座筋、下部钢筋的过程中，待完成一项的输入后，按 Enter 键，软件会自动跳转到下一个输入框中。

4）已经原位标注过的梁，软件中是以绿色显示的，此时可以对梁进行汇总计算。

GGJ2013 中，柱、梁、板等构件的定义、复制、删除、汇总计算、查看钢筋量、编辑钢筋、钢筋三维等操作都是相同的。

5）对于弧形梁，可以采用“三点画弧”，如图 1.50 所示。

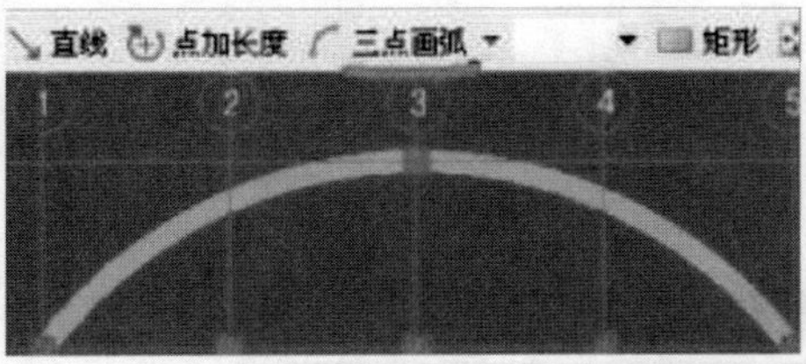

图 1.50　三点画弧

单击“三点画弧”，按鼠标左键连续指定 3 个端点，然后单击鼠标右键即可。绘制完成的弧形梁，同样要进行原位标注。

6）对于屋面框架梁和非框架梁，只要在属性的“类别”中选择相应的类别，其他的属性与非框架梁的输入方式一致。

7）在梁图元的绘制过程中，按字母 L 可以显示/隐藏梁图元，按 Shift＋L 组合键可以显示/隐藏梁的名称及其他属性。

1.4.4　板构件的定义和绘制

（1）选中左侧导航栏中的“现浇板”，单击“定义”，如图 1.51 所示，进入“现浇板的定义”界面。

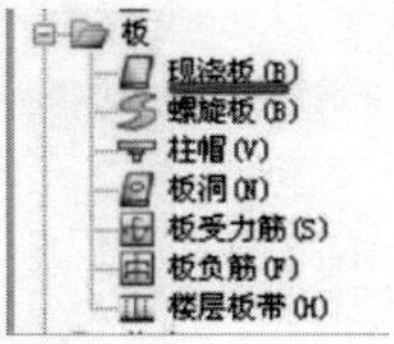

图 1.51　板的定义界面

（2）单击“新建”按钮，如图 1.52 所示，新建现浇板，然后在右侧的“属性编辑”框中完成对现浇板的定义。

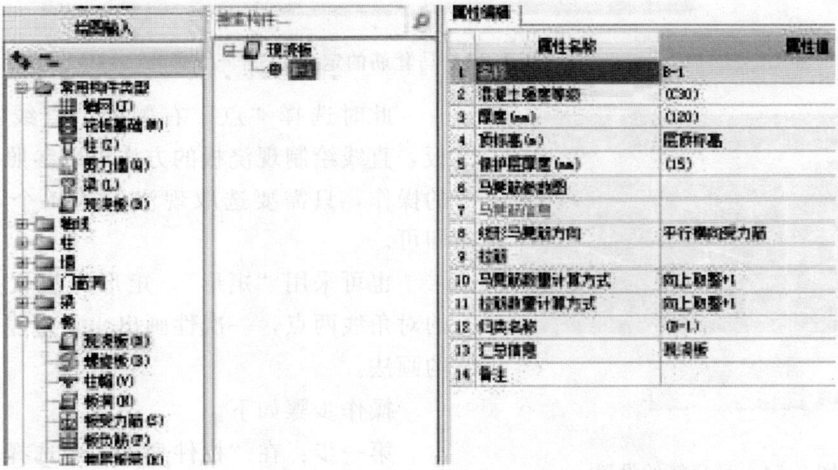

图 1.52　新建板并定义

在定义现浇板的过程中，注意对马凳筋的定义。单击马凳筋的“属性值”，如图 1.53 所示，单击右侧的按钮进入马凳筋的设置界面。

首先选择马凳筋图形，然后在右侧对其数据进行相应的修改，如 L1、L2、L3。在“马凳筋信息”框中输入相应的马凳筋信息，如 A8@1000＊1000，表示直径为 8 的一级钢筋，每平方米布置一个。

马凳筋参数设置：软件中给出了 3 种参数图，如图 1.54 所示，Ⅰ、Ⅱ、Ⅲ型，其中Ⅱ、Ⅲ型为线形马凳。

输入格式：数量＋级别＋直径或级别＋直径＋间距＊间距，如 200B12 或 B12@1000＊1000。

（3）定义完成后，单击“绘图”按钮，进入“绘图”界面，如图 1.55 所示。

（4）进入绘图界面，选择“点”，然后就可以在以梁形成的封闭区域内进行点画。

如果现浇板布置在非封闭区域内或者不是以梁构件形成的封闭区域内，那么软件会弹出图 1.56 所示的提示。

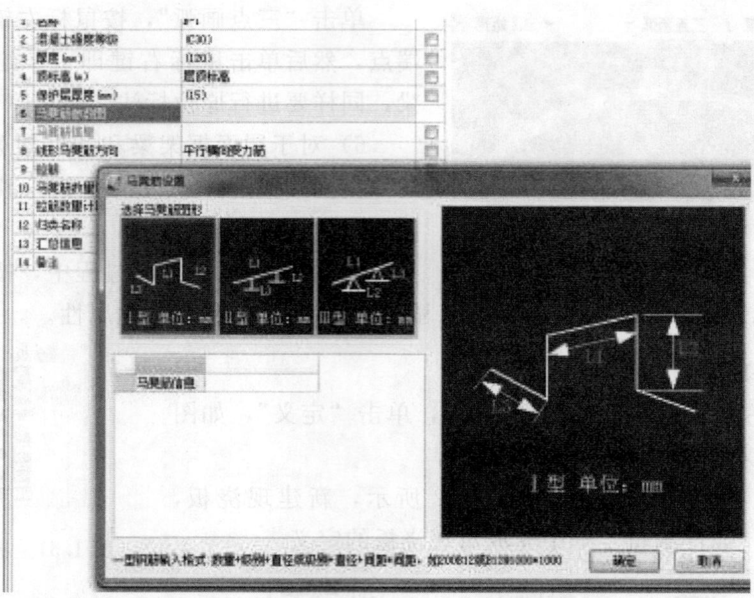

图 1.53　马凳筋的定义

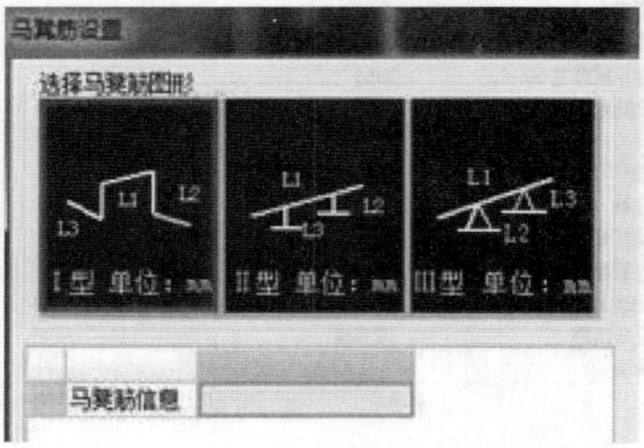

图 1.54　马凳筋的设置

此时选择“点”右侧的“直线”绘制现浇板，直线绘制现浇板的方法可以参照用直线画梁的操作，只需要选取现浇板的 4 个不同的端点即可。

也可采用“矩形”。矩形画法就是选取矩形的对角线两点，一次性画出 4 条直线或一个矩形的画法。

操作步骤如下。

第一步：在“构件列表”中选择一种已经定义的构件。

第二步：单击“绘图”→“矩形”。

第三步：单击矩形对角线的两个点，即可完成绘制。

(5) 现浇板绘制完成后，要对板的受力筋及负筋进行定义及绘制。

1) 选择左侧导航栏中的“板受力筋”，如图 1.57 所示，单击“定义”按钮，进入“板受力筋的定义”界面。

图 1.55　绘图设置

图 1.56　布置非法提示

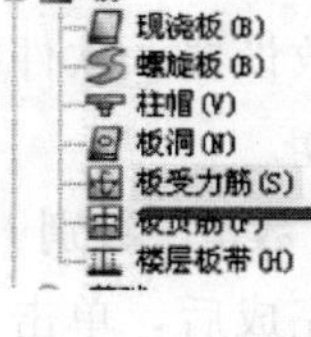

图 1.57　板受力筋

单击“新建”按钮，新建板受力筋，在右侧的“属性编辑”框中对受力筋的属性进行定义，如图 1.58 所示。

在属性编辑中，参照图纸信息对受力筋的钢筋信息及受力筋的类别进行修改，其他的属性一般选择默认即可。如果有属性相似的受力筋，同样可以使用“复制”功能。

2）定义完成后，单击“绘图”按钮。

在布置受力筋的时候，需要注意两个方面，即受力筋的布置范围和受力筋的方向。

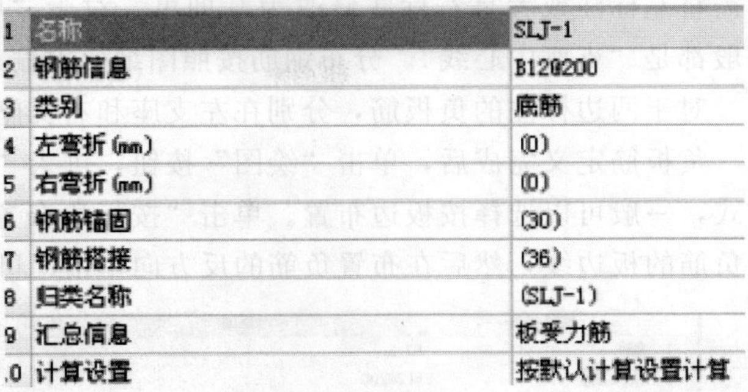

1	名称	SLJ-1
2	钢筋信息	B120200
3	类别	底筋
4	左弯折(mm)	(0)
5	右弯折(mm)	(0)
6	钢筋锚固	(30)
7	钢筋搭接	(36)
8	归类名称	(SLJ-1)
9	汇总信息	板受力筋
10	计算设置	按默认计算设置计算

图 1.58 新建板受力筋并定义

受力筋的布置范围通过单板、多板来选择，受力筋的方向可以选择水平、垂直或者 XY 方向，如图 1.59 所示。

图 1.59 板的布置方式

例如，想要布置一块板的水平受力筋，单击“单板”并单击“水平”按钮。

在需要布置受力筋的现浇板上单击，即可完成单板水平受力筋的布置。

在实际工程中，一般的受力筋都是 XY 向布置的，所以在选择受力筋的布置方向时，选择“XY 方向”。

例如，某一块现浇板的 X 向受力筋为 C8@200，Y 向受力筋为 C10@150，在定义这两种类型的受力筋之后，进入“绘图”界面，选择“单板”“XY 方向”，单击需要布置受力筋的现浇板，弹出图 1.60 所示的对话框。

选中左侧的“XY 向布置”单选钮，在“底筋”的“X 方向”和“Y 方向”中输入钢筋信息，或者单击右侧的下拉箭头进行选择，单击“确定”按钮即可完成对该现浇板受力筋的绘制。

在定义受力筋的过程中，注意底筋、面筋、温度筋及中间层筋的选择。

“布置方式选择”中的“双向布置”表示 XY 向受力筋的信息相同。

“双网双向布置”表示两层钢筋的 XY 向钢筋的信息相同。

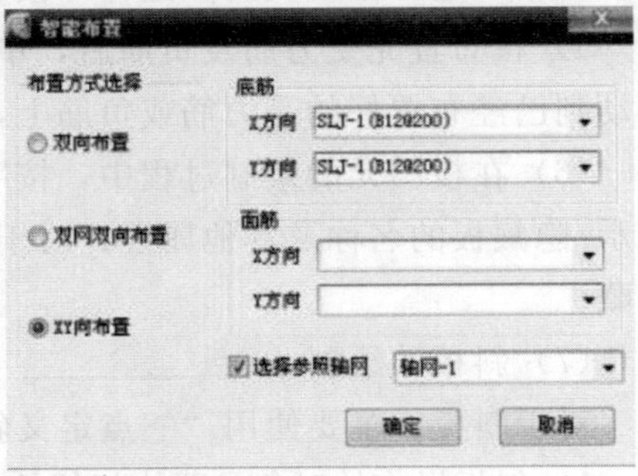

图 1.60 智能布置

如果多块现浇板的受力筋完全相同，可以选择“多板”“XY 方向”布置受力筋。

在使用多板布置受力筋的过程中，单击“多板”“XY 方向”，选中各现浇板，选中完成后，单击鼠标右键弹出“智能布置”的对话框。

3）板负筋的布置。

绘制完受力筋后，进行板负筋的定义及绘制。

选中左侧导航栏中的“板负筋”，单击“定义”，再单击“新建”按钮，新建板负筋，在右侧的“属性编辑”框中对板负筋的信息进行修改，在“属性编辑”中一般只需对左标注、右标注、单边标注位置及分布钢筋进行修改即可，如图 1.61 所示。对于单边标注的负筋，只需将左标注或者是右标注修改为0即可。对于“单边标注位置”，可根据图纸标注选择，一般都是“支座中心线”。分布钢筋按照图纸要求输入。

对于两边标注的负板筋，分别在左支座和右支座中输入相应的钢筋信息即可。

负板筋定义完成后，单击“绘图”按钮，进入“绘图”界面。负筋的绘制可以选择多种方式，一般可以选择按板边布置。单击“按板边布置”按钮，如图1.62所示，单击需要布置负筋的板边线，然后在布置负筋的反方向单击即可。

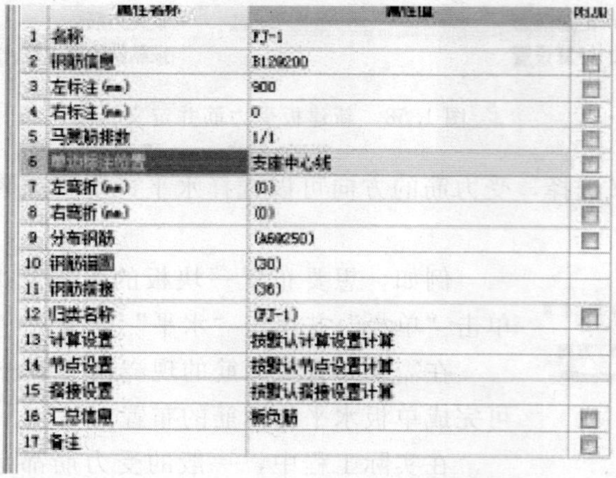

图1.61　分布筋的定义

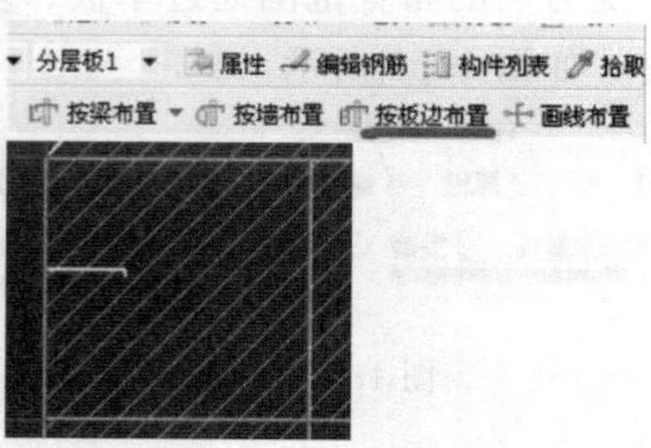

图1.62　分布筋的绘制方式

对于布置成反方向的负筋，单击“交换左右标注”，然后单击该负筋即可调整成正确的方向。

对于两边标注的负筋，选择“按板边布置”后，单击两板中隔线即可布置上负筋。

4）在布置完受力筋及负筋后，单击“查看布筋”按钮，选择“查看布筋范围”，将鼠标移动到已经布置好的受力筋或负筋上，即可查看该钢筋的布置范围。

(6) 在板图元的绘制过程中，按字母B可以显示/隐藏板图元，按Shift+B组合键可以显示/隐藏板的名称及其他属性；对于板的受力筋和负筋，可以使用F/S来控制让其显示或隐藏。

(7) 斜板的绘制。

对于斜板，主要使用“三点定义斜板”的功能。

1）斜板操作的对象是两块相邻的现浇板，单击“三点定义斜板”按钮，如图1.63所示。

单击其中一块现浇板，在板的4个端点会显示此时板的各端点的标高，图1.64所示板的标高为-0.05m。

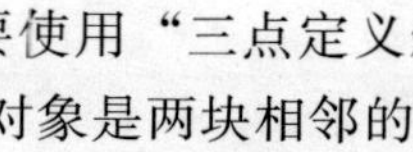

图1.63　“三点定义斜板”按钮

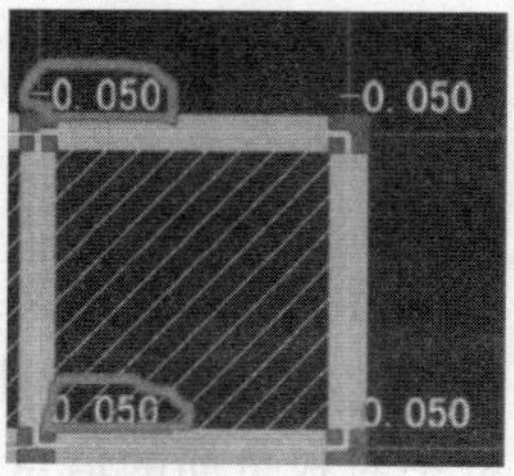

图1.64　修改标高

2）单击任意一个端点的标高，会出现图 1.65 所示的输入框。

在输入框中输入相应的数值后按 Enter 键，光标会自动跳转到下一个输入框中，软件默认的是修改 3 处的数值。

改完尺寸后，可以发现现浇板的平面上会出现一个箭头，如图 1.66 所示，表示此现浇板向箭头方向倾斜。

3）单击“动态观察”按钮，如图 1.67 所示，查看刚才定义的斜板。

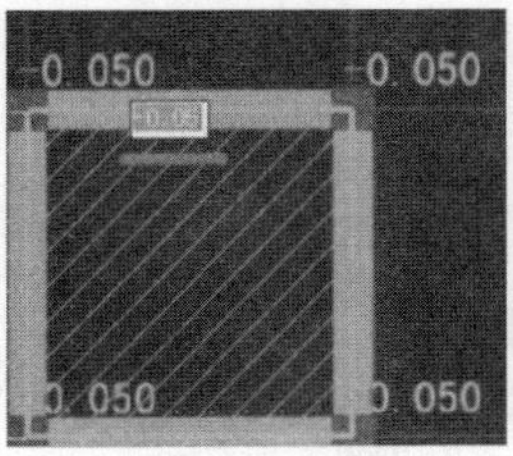

图 1.65　修改标高

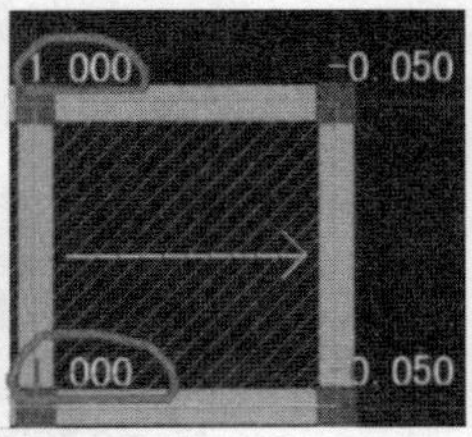

图 1.66　出现倾斜线

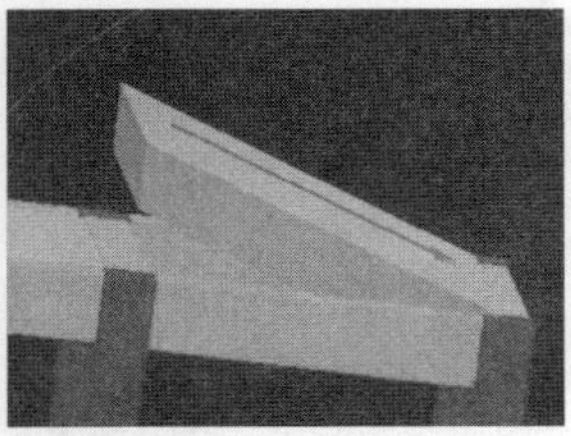

图 1.67　动态观察

用同样的方法，对另一块现浇板进行三点定义，如图 1.68 所示。

定义完成后，使用“动态观察”进行查看，如图 1.69 所示。

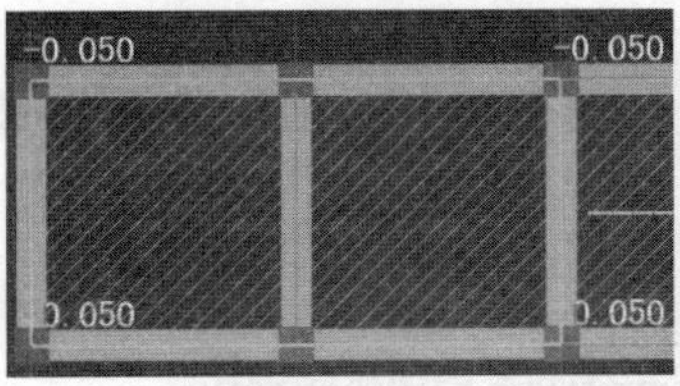

图 1.68　三点定义斜板

图 1.69　板的动态观察

通过查看发现，虽然出现了斜板，但是柱、梁的标高并没有改变，这与实际工程是不符的，可以通过“平齐板顶”的功能来调整柱和梁的标高。

图 1.70　“平齐板顶”按钮

单击“平齐板顶”按钮，如图 1.70 所示。

注意软件下部的状态栏提示，如图 1.71 所示。

图 1.71　提示信息

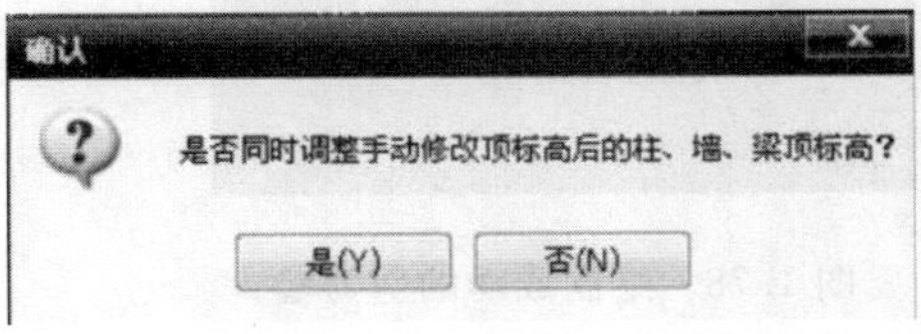

图 1.72　确认框

提示为“按鼠标左键拉框选择需要调整标高的柱、墙、梁范围，按右键确定或 ESC 取消”，按住鼠标左键拉框选择，然后单击右键确认，出现如图 1.72 所示。

单击“是”按钮，完成对柱、墙、梁构件标高的调整。调成完成后，单击“动态观察”，如图

图 1.73 调整后的板

1.73 所示。

1.4.5 剪力墙的定义和绘制

（1）单击左侧“模块导航栏”中的“剪力墙”，如图 1.74 所示。

（2）单击“定义”进入“定义”界面，单击“新建”按钮，新建剪力墙，在右侧的“属性编辑”框中对剪力墙的属性进行编辑，如图 1.75 所示。

图 1.74 新建剪力墙

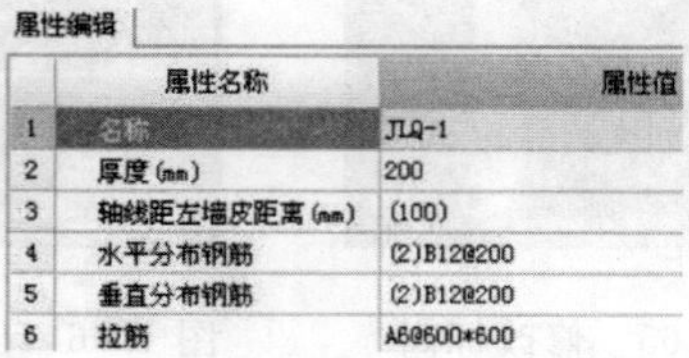

图 1.75 属性编辑

（3）定义完成后，单击“绘图”按钮，剪力墙属线型构件，绘制方法与梁类似，选择“直线”，只需确定起点与终点即可。

（4）在实际工程中，经常会出现短肢剪力墙，使用“点加长度”功能来绘制短肢剪力墙，如图 1.76 所示。

图 1.76 剪力墙绘制方式

单击“点加长度”按钮，选择剪力墙的起点，单击鼠标左键。注意下部状态栏的提示。点加长度，不需要用鼠标来控制剪力墙的终点，只需要确定第二点的角度即可。

如果剪力墙是沿轴线方向的，只需捕捉到该轴线上的任意一点即可，单击左键，会弹出图 1.77 所示的对话框。

在“长度”文本框中输入短肢剪力墙的长度，如果反方向也有剪力墙，在“反向延伸长度”文本框中输入即可，单击“确定”按钮，即完成了对短肢剪力墙的绘制，如图 1.78 所示。

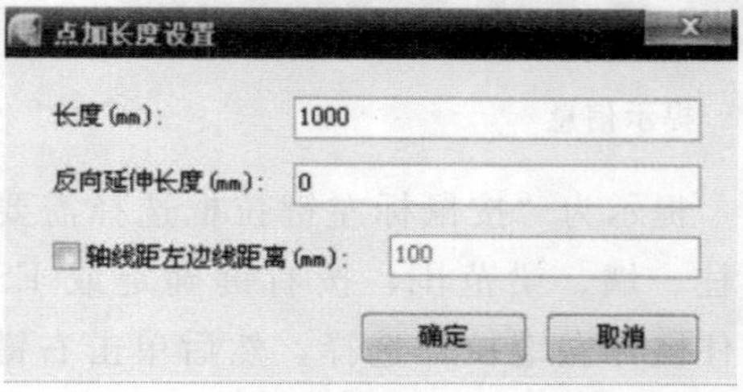

图 1.77 “点加长度设置”对话框

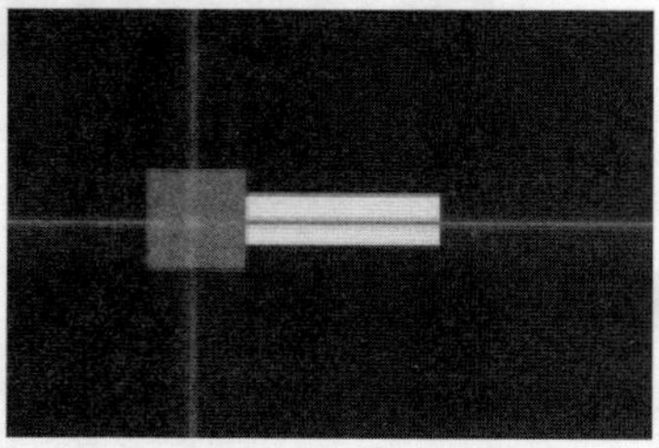

图 1.78 绘制成功的剪力墙

（5）剪力墙中的暗柱、端柱及暗梁的定义及绘制方法同柱、梁，编辑钢筋、查看钢筋量、钢筋三维、汇总计算等操作，在前面已经介绍过，这里不再详细介绍。

1.4.6　筏板基础的定义与绘制

筏板与现浇板同属于面式构件，定义及绘制方法也与现浇板类似。

（1）定义筏板之前，首先注意将楼层标签切换到“基础层”，如图 1.79 所示。

（2）单击左侧“模块导航栏”中“基础”前面的“+”按钮，如图 1.80 所示，单击“筏板基础”，如图 1.81 所示。点击“定义”，再单击“新建”按钮，新建筏板基础。

图 1.79　筏板基础的楼层选择

图 1.80　新建筏板基础

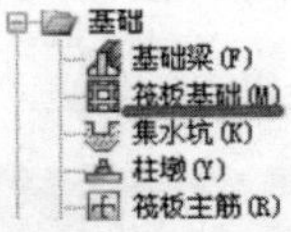

图 1.81　筏板基础

（3）在右侧的“属性编辑”框中对筏板的属性进行编辑，如图 1.82 所示。

（4）定义完成后，单击“绘图”按钮，进入“绘图”界面。

对于筏板，一般采用直线绘制的方法，单击“直线”按钮，如图 1.83 所示，根据图纸，单击左键确定筏板的 4 个端点，单击右键确定。

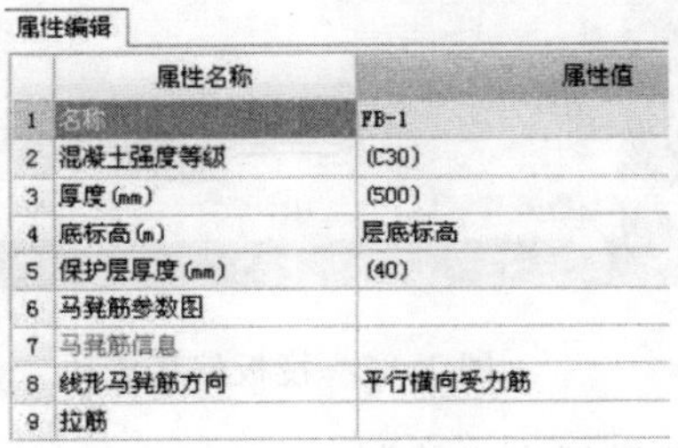
属性编辑

	属性名称	属性值
1	名称	FB-1
2	混凝土强度等级	(C30)
3	厚度(mm)	(500)
4	底标高(m)	层底标高
5	保护层厚度(mm)	(40)
6	马凳筋参数图	
7	马凳筋信息	
8	线形马凳筋方向	平行横向受力筋
9	拉筋	

图 1.82　属性编辑

图 1.83　筏板基础绘制方式

（5）在实际工程中，筏板一般都是向轴线的外侧偏移一定的距离，使用“偏移”功能来完成筏板的偏移。首先选中筏板，筏板选中后以蓝色显示，如图 1.84 所示。

在选中的筏板上单击右键，在快捷菜单中选择“偏移”命令，弹出“请选择偏移方式”对话框，如图 1.85 所示。

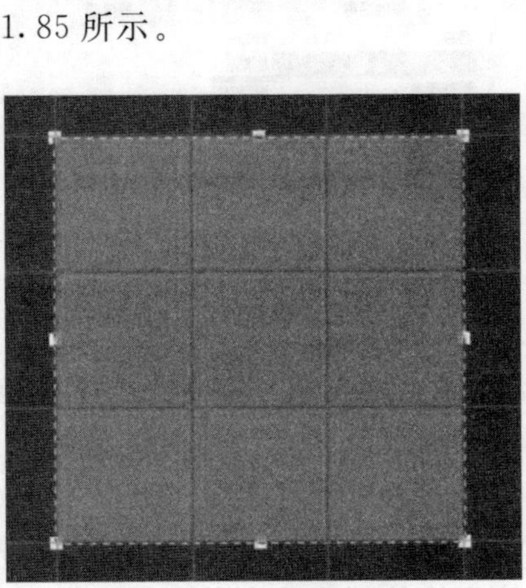

图 1.84　选中的筏板

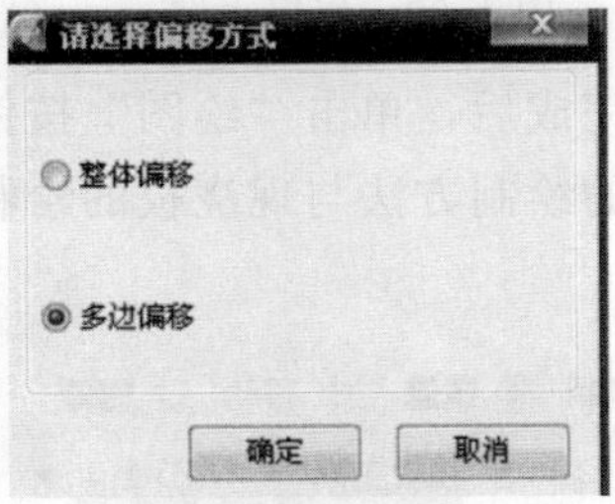

图 1.85　选择偏移方式

整体偏移：筏板的 4 个边线都进行偏移。

多边偏移：可以任意选择需要偏移的边。

以多边偏移为例加以说明。选中“多边偏移”单选钮，单击“确定”按钮，注意下部状态栏的提示，单击选择需要进行偏移的边，如图 1.86 所示。然后单击右键确定，移动鼠标，会出现一个随光标移动的输入框。如果需要将筏板向外侧偏移，则将鼠标移动到筏板的外侧，在输入框内输入偏移的距离，按 Enter 键；如果需要将筏板向内侧偏移，则将光标定位在筏板的内侧，在输入框内输入相应的距离后，按 Enter 键，即可完成筏板的偏移，如图 1.87 所示。

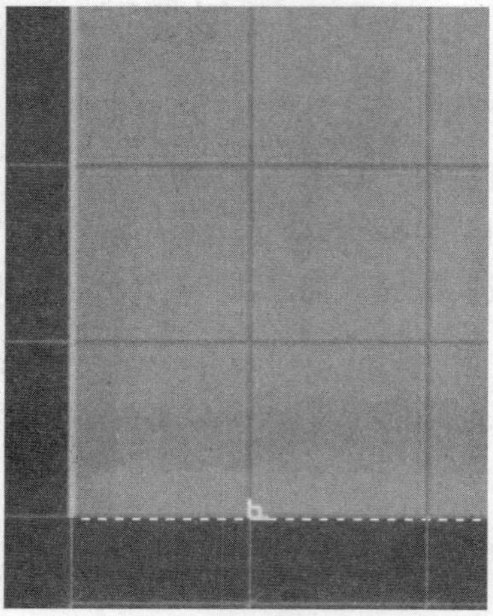

图 1.86　选择需要偏移的边

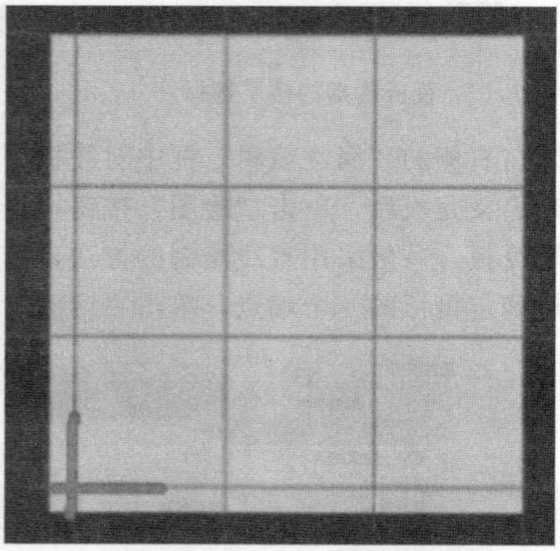

图 1.87　筏板偏移成功

(6) 绘制完筏板后，需要对筏板的钢筋信息进行定义绘制。

单击导航栏左侧的“筏板主筋”，如图 1.88 所示。

单击“定义”按钮，再单击“新建”，新建筏板主筋，在右侧的“属性编辑”框中对筏板主筋的信息进行修改，注意“类别”栏的设置，如图 1.89 所示。

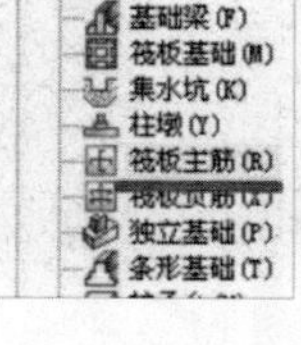

图 1.88　筏板主筋

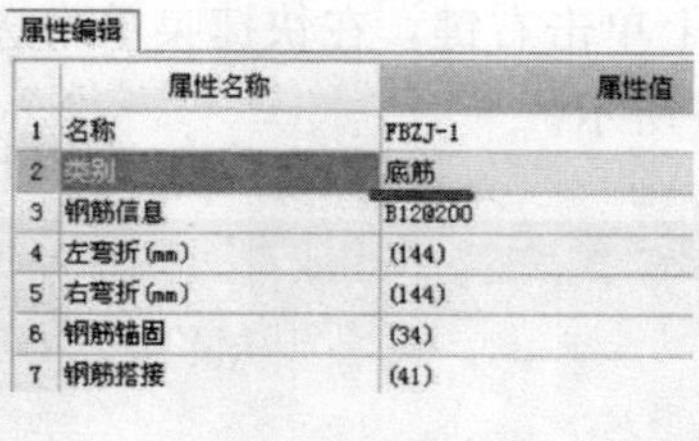

属性编辑

	属性名称	属性值
1	名称	FBZJ-1
2	类别	底筋
3	钢筋信息	B12@200
4	左弯折(mm)	(144)
5	右弯折(mm)	(144)
6	钢筋锚固	(34)
7	钢筋搭接	(41)

图 1.89　筏板主筋属性编辑

(7) 定义完成后，单击“绘图”按钮进入绘图界面。

筏板主筋的绘制方法与现浇板的绘制方法类似，也需要同时选择布置的范围与方向，具体的操作可以参考前面所讲到的有关现浇板主筋的内容，这里不再详细介绍。

(8) 一块筏板中可能会有多种类型的主筋，要注意构件列表中各构件的切换及正确选用，如图 1.90 所示。

图 1.90　绘制筏板主筋

1.4.7 独立基础

独立基础的定义与前面讲到的构件定义方法略有不同，因此在定义独立基础的过程中要格外注意。

（1）选中左侧导航栏中的“独立基础”，如图 1.91 所示。

（2）单击“定义”按钮，再单击“新建”按钮，新建独立基础，然后再单击“新建”按钮，选择“新建参数化独立基础单元”，弹出“选择参数化图形”对话框，如图 1.92 所示。

在右侧进行独立基础属性的编辑，如图 1.93 所示。

图 1.91 导航栏中“独立基础”

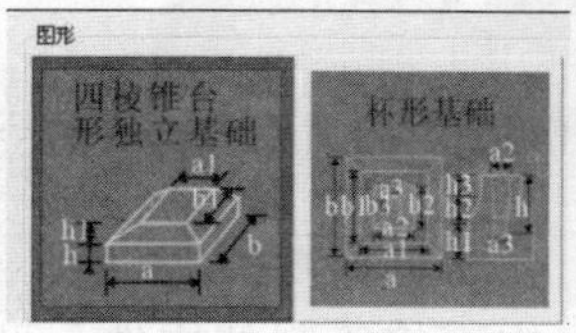

图 1.92 选择独立基础单元

	属性名称	属性值
1	a (mm)	1200
2	b (mm)	1200
3	a1 (mm)	600
4	b1 (mm)	600
5	h (mm)	600
6	h1 (mm)	600

图 1.93 输入属性值

（3）定义完成后，单击“绘图”按钮。

对于独立基础，一般选择点画即可。单击“点”按钮，根据图纸要求，完成独立基础的绘制，如图 1.94 所示。在绘制独立基础的过程中，Shift＋左键，组合键同样适用。

（4）单击“动态观察”按钮，查看刚才绘制的独立基础，如图 1.95 所示。

图 1.94 独立基础绘制

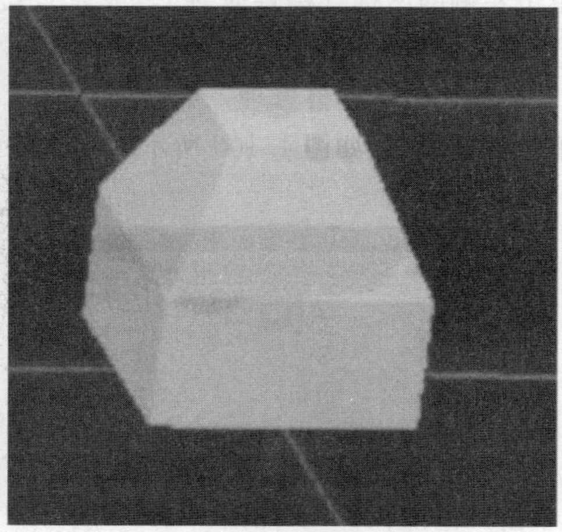

图 1.95 动态观察

1.4.8 条形基础

条形基础与独立基础的定义类似。

（1）选中左侧导航栏中的“条形基础”。

（2）单击“定义”按钮，进入“定义”界面后，单击“新建”按钮，新建条形基础，然后再单击“新建”按钮→“新建参数化条形基础单元”，弹出图 1.96 所示的对话框。

选择相应的参数化图形，并在右侧进行属性编辑。

（3）单击“绘图”按钮，进入“绘图”界面。

条形基础属于线型构件，采用直线画法即可。

单击“直线”按钮，根据图纸要求，只需确定条形基础的起点与终点，绘制完成后，单击右键即可。

(4) 单击“动态观察”按钮，查看刚才绘制的条形基础，如图 1.97 所示。

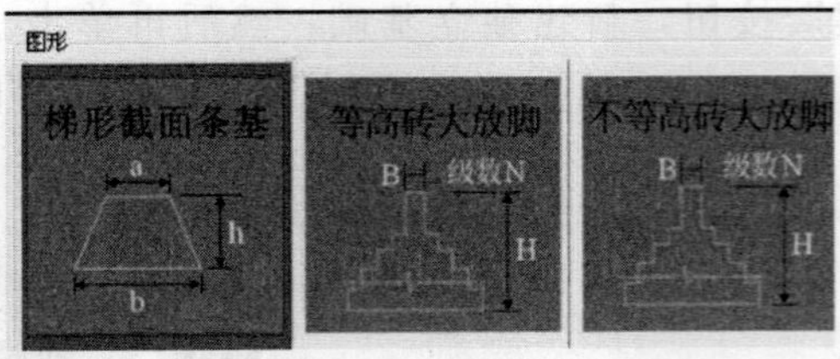

图 1.96　选择图形

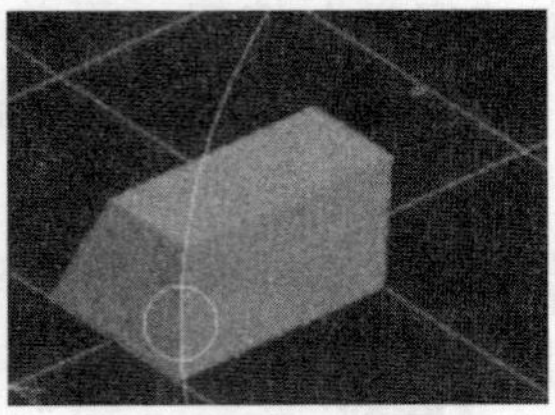

图 1.97　条形基础的动态观察

1.4.9　单构件输入

对于不方便在“绘图输入”中直接绘制的构件，可以采用单构件输入。

单构件输入的钢筋输入方式共有 4 种，分别为直接输入、梁平法输入、柱平法输入、参数输入。下面一一来介绍。

图 1.98　构件管理

(1) 例如，要在“单构件输入”中输入一根过梁，用“参数输入”。

1) 单击“单构件输入”，进入“单构件输入”界面。

2) 单击左侧的图标（构件管理），或者直接单击工具栏中的“构件管理”，如图 1.98 所示。

弹出“单构件输入构件管理”界面框，如图 1.99 所示。

3) 单击“圈梁”，如图 1.100 所示。

图 1.99　添加构件

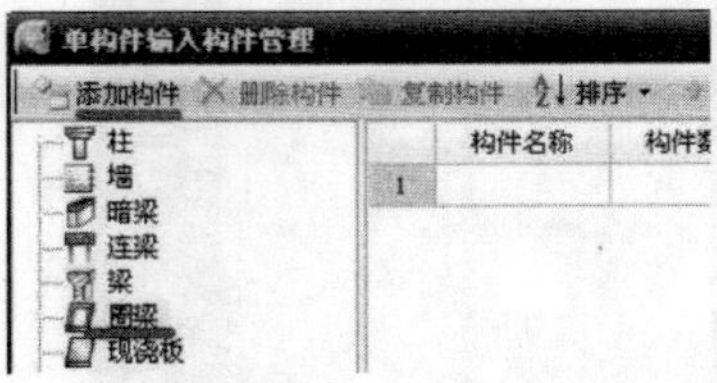

图 1.100　选择圈梁

然后单击“添加构件”，如图 1.101 所示。

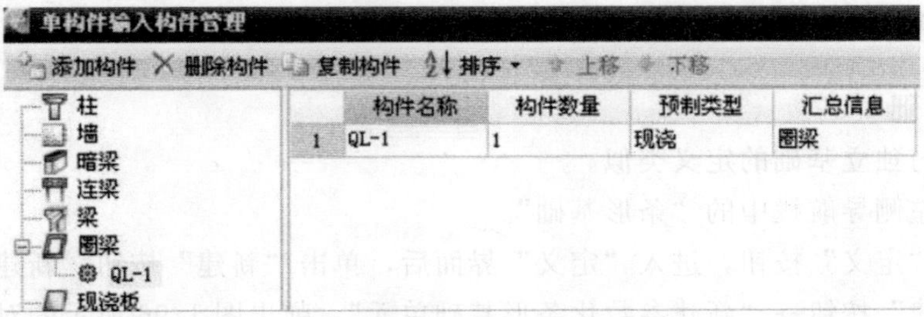

图 1.101　输入构件数量

在这里可以对构件的名称进行修改，修改完成后单击“确定”按钮。

如果想添加一个过梁，可以在添加构件的过程中任意选择，只需在接下来选择图集的过程中选择过梁的图集。

4）选中左侧的“QL－1”，单击“参数输入”，如图1.102所示。

单击“选择图集”按钮，如图1.103所示。

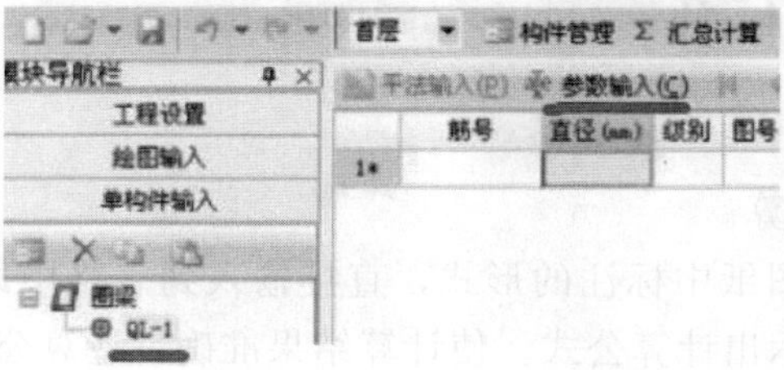

图1.102 单构件参数输入

图1.103 选择图集

弹出图1.104所示的“选择标准图集”对话框。

5）单击“圈过梁”前面的“+”按钮，如图1.105所示。

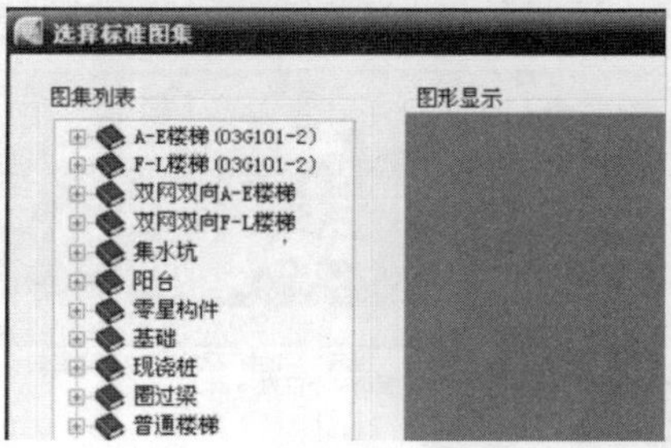

图1.104 “选择标准图集”对话框

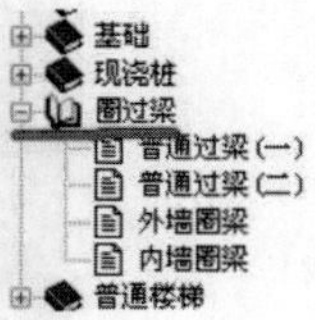

图1.105 选择“圈过梁”选项

选择相应的图集，如选择“普通过梁（一）”，单击即可选择。

6）选择图集后，可以对里面的数据进行修改。单击需要修改的数据后，直接输入即可，如图1.106所示。

7）修改完成后，单击“计算退出”按钮，就可以看到此过梁中所包含的各种钢筋，如图1.107和图1.108所示。

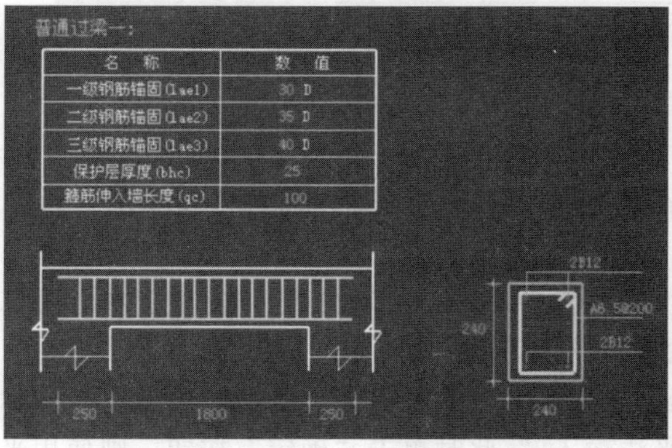

图1.106 单构件属性信息

图1.107 单构件计算退出

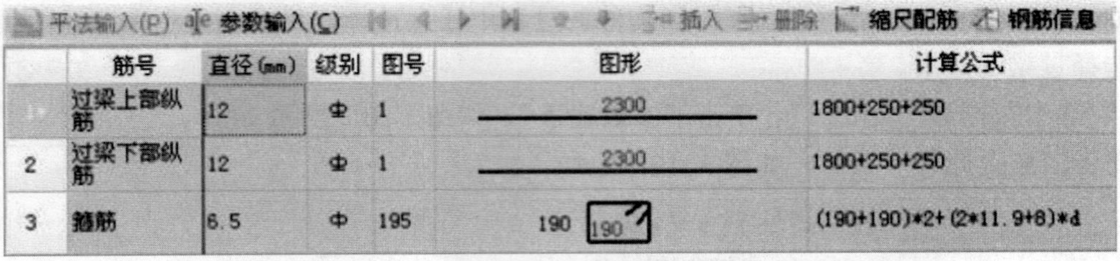

图 1.108　钢筋信息

(2)“梁平法输入”用于单构件平法钢筋计算。

只需要将平法施工图中有关梁的数据依照图纸中标注的形式，直接输入到表格中即可。软件能够自动计算钢筋的长度、重量，并且显示出计算公式。使计算结果准确，计算公式清晰明了，实现了预算人员抽钢筋中真正的简便快捷。

操作步骤如下。

选择梁构件，单击平法输入按钮，或者按 F8 键打开“梁平法输入”界面，如图 1.109 所示。

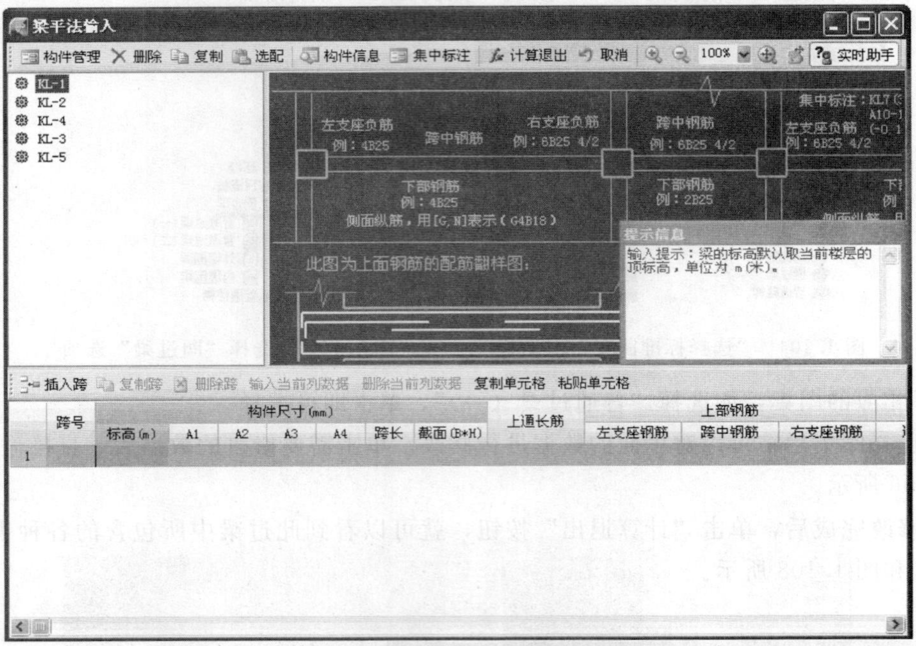

图 1.109　“梁平法输入”界面

界面简介：如图 1.110 所示，可以单击图中区域获取帮助。

操作步骤：在构件显示区选择要计算的构件→集中标注→原位标注→切换到其他构件→集中标注→原位标注→……（重复直到所有梁构件均标注完）→计算退出。

切换构件应注意以下几点。

1）切换到其他梁之前，若当前梁在平法表格中已输入了数据，则需要保存并计算当前梁平法钢筋，同时清除当前梁使用参数法输入的钢筋数据。

2）在切换到其他梁时，如果其他梁已经采用了参数法输入，则此时给出提示“你已经使用图集参数法输入钢筋，是否切换到平法输入？”此时单击“确定”按钮，则使用平法输入，但不清除参数法输入的结果，若在梁平法表格中输入了数据，再次切换到下一构件，则

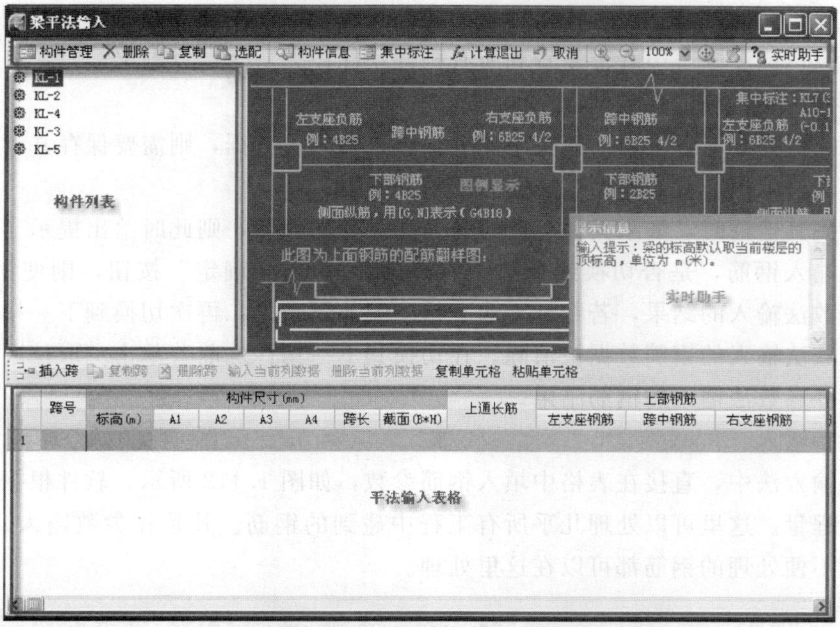

图 1.110 “梁平法输入”界面

当前构件使用参数法输入的钢筋数据被清除。在切换到下一构件之前若单击“取消”按钮，则不清除当前构件参数法输入的钢筋结果。

（3）柱平法输入。

柱平法输入用于单构件平法钢筋计算。只需要将平法施工图中有关柱的数据依照图纸中标注的形式，直接输入到表格中即可。软件能够自动计算钢筋的长度、重量，并且显示出计算公式。计算公式清晰明了，计算结果准确，实现了预算人员钢筋计算真正的简便快捷。

操作步骤：选择柱构件，单击“平法输入”按钮，或者按 F8 键打开“柱平法输入”界面。界面如图 1.111 所示，可以单击图中区域获取帮助。

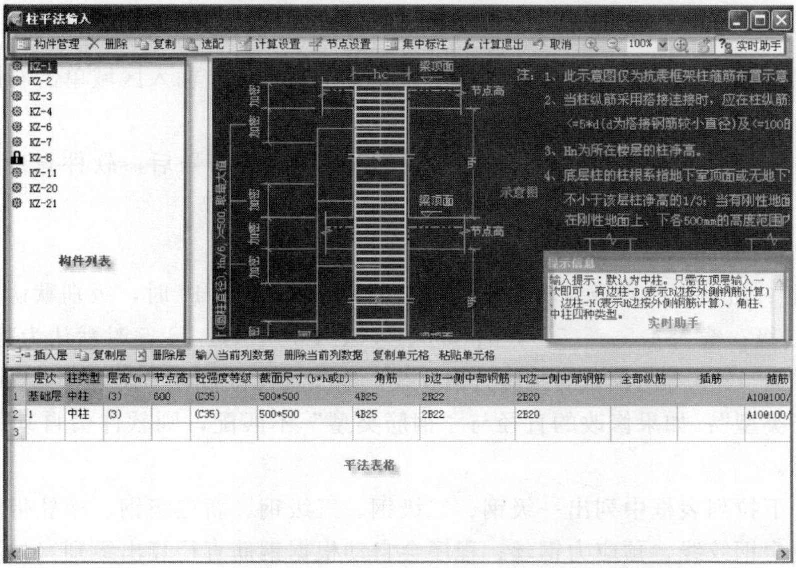

图 1.111 “柱平法输入”界面

操作步骤：在构件显示区选择要计算的构件→集中标注→原位标注→切换到其他构件→集中标注→原位标注→……（重复直到所有构件均标注完）→计算退出。

切换构件应注意以下几点。

切换到其他柱之前，若当前柱在平法表格中已输入了数据，则需要保存并计算当前柱平法钢筋，同时清除当前柱使用参数法输入的钢筋数据。

在切换到其他柱时，如果其他柱已经采用了参数法输入，则此时给出提示“你已经使用图集参数法输入钢筋，是否切换到平法输入?”此时单击“确定”按钮，则使用平法输入，但不清除参数法输入的结果，若在柱平法表格中输入了数据，再次切换到下一构件，则当前构件使用参数法输入的钢筋数据被清除。在切换到下一构件之前若单击“取消”按钮，则不清除当前构件参数法输入的钢筋结果。

（4）直接输入。

在直接输入法中，直接在表格中填入钢筋参数，如图 1.112 所示，软件根据输入的参数计算钢筋工程量。这里可以处理几乎所有工程中碰到的钢筋。凡是在参数输入、平法输入、绘图输入中不便处理的钢筋都可以在这里处理。

筋号	直径	级别	图号	图形	计算公式	公式描述	长度	根数	搭接	损耗	单重(	总重(	钢筋归类	搭接形式	钢筋类型
1.B边纵	20	中	1	1970	3000-3000/3-30	层高-本层的露出	1970	6	1	0	4.858	29.15	直筋	电渣压力焊	普通钢筋
1.H边纵	20	中	1	1970	3000-3000/3-30	层高-本层的露出	1970	6	1	0	4.858	29.15	直筋	电渣压力焊	普通钢筋
1.角筋1	25	中	1	1970	3000-3000/3-30	层高-本层的露出	1970	4	1	0	7.591	30.365	直筋	套管挤压	普通钢筋
1.插筋1	25	中	1	1930	3000/3+1.2*31*d	本层露出长度+计算设置中不变截面	1930	4	0	0	7.437	29.748	直筋	套管挤压	普通钢筋
1.插筋2	20	中	1	1744	3000/3+1.2*31*d	本层露出长度+计算设置中不变截面	1744	12	0	0	4.301	51.612	直筋	电渣压力焊	普通钢筋
1.箍筋1	8	中	195	340 340	2*((400-2*30)+(400-2*30))+2		1614	24	0	0	0.637	15.285	箍筋	绑扎	普通钢筋
1.箍筋2	8	中	195	340 183	2*(((400-2*30-25)/4*2+25)+(400-2*30)		1299	48	0	0	0.513	24.603	箍筋	绑扎	普通钢筋

图 1.112　直接输入

下面给出列数据说明。关于工具栏操作可参见工具栏。在输入区域单击右键会弹出右键菜单，关于右键菜单的操作参阅右键菜单说明。

“筋号”：筋号就是钢筋的名称，便于自己识别。输入筋号后，软件自动给出“直径”“级别”以及“图号”的默认值。

“直径”：钢筋的直径。

对“级别”：所输入的直径为 3、4、5、6、6.5、7、8、9、10 时，级别默认为一级；大于等于 12 时为二级；输入 4.5、5.5、7.5、8.5、9.5、10.5、11、11.5 时默认为冷轧带肋钢筋；输入 10.8、8.6、12.9 等时默认为预应力钢绞线，修改直径将影响“级别”和“钢筋类型”。

对“钢筋类型”：如果修改的直径与“钢筋类型”不匹配，则软件会自动修改“钢筋类型”与之匹配。

“级别”：下拉列表框中列出一级钢、二级钢、三级钢、新三级钢、冷轧带肋钢筋、冷轧扭钢筋、预应力钢绞线、预应力钢丝；程序会自动根据钢筋直径算出级别（如果同一直径的钢筋有多个级别，默认取最小的）。1、2、3、4 表示普通钢筋中的 4 种级别的钢筋，5 表示冷轧带肋钢筋，6 表示冷轧扭钢筋，7 表示预应力钢绞线，8 表示预应力钢丝。

“图号”：在图号中单击鼠标左键，将“图号”栏置为可编辑状态，单击三点的按钮，打开“选择钢筋图形”界面，如图 1.113 所示。

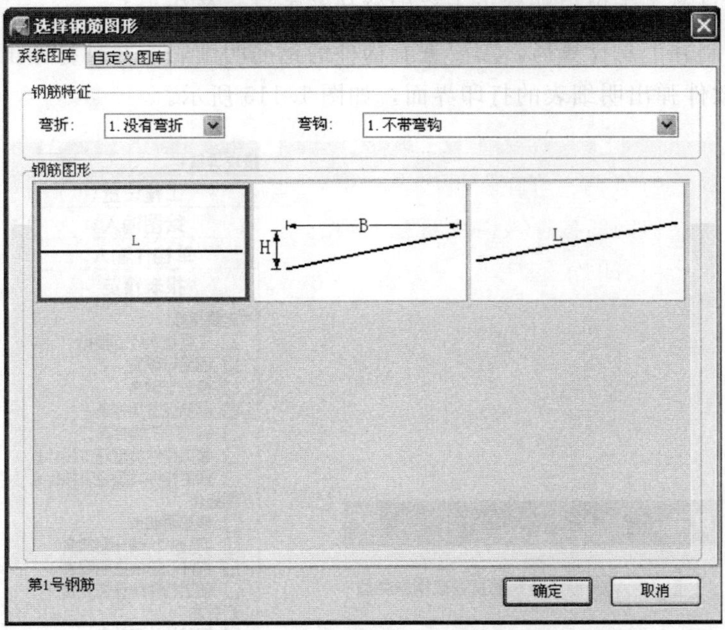

图 1.113 “选择钢筋图形”界面

从中可以选择需要的钢筋形状。还可以切换到“自定义图库”选项卡选择自己定义的钢筋图形。

“图形”：显示图号所对应的图形，可在图形中直接输入长度。

“计算公式”：只能输入不带参数（可以输入 d 直径）的合法计算式。

箍筋的计算公式中，直径显示为 d，不显示当前直径的具体数值。如果修改钢筋的直径，则在后面的长度等结果中会发生变化。

若所选的图号带弯钩，且弯钩在图形上无参数时，则软件自动增加 180°弯钩长度；弯钩的长度取值根据当前工程抗震等级以及工程设置的弯钩取值。

“长度”：根据计算公式计算出的长度值，不可修改。

“根数”：可以直接输入，对于用平法或参数输入的某些钢筋，单击这里可以显示根数的计算公式。也可以用“根数计算”来计算出根数。

“搭接”：搭接形式为“绑扎”时，是指搭接长度；搭接形式为除绑扎以外的其他形式时，是指搭接个数。

“损耗”：根据工程信息中“损耗模板”类型计算损耗值。

“钢筋归类”：单击下拉按钮可以选择箍筋、直筋、措施筋。根据钢筋图号软件会自动给出，也可自行更改。

“搭接形式”：有以下形式供选择：绑扎、双面焊、单面焊、电渣压力焊、锥螺纹连接、直螺纹连接、对焊、套管挤压、锥螺纹（可调型）、气压焊搭接形式。

“钢筋类型”：有 5 种形式供选择，即普通钢筋、冷轧扭钢筋、冷轧带肋钢筋、预应力钢绞线和预应力钢丝。当选择的钢筋类型与前面的直径不相匹配时，软件提示“请重新选择钢筋直径或钢筋类型”，如图 1.114 所示。

“单重”：根据比重自动算出一根钢筋的重量，单位为 kg。

“总重”：通过单重乘以根数算出本行钢筋的总重量，单位为 kg。

所有构件绘制并汇总计算后，需要查看构件的钢筋明细表，并且打印出来。可单击“钢筋明细表”，则软件弹出明细表的打印界面，如图 1.115 所示。

图 1.114　重新选择图形

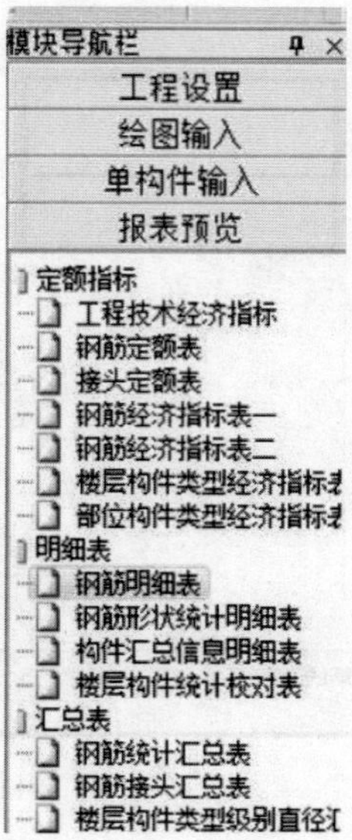

图 1.115　模块导航栏

学习情境 1.5　CAD 导 图 步 骤

CAD 识图是软件依据建筑工程制图规则，快速从 AutoCAD 的结果中拾取构件、图元，快速完成工程建模的方法。同使用手工绘图的方法一样，需要识别构件，然后再通过图纸上构件边线与标注的关系建立构件和图元的关系。

使用 CAD 软件做工程，主要通过导入图纸→转换符号→提取标识→提取构件→识别构件的步骤，将 CAD 图纸中的线条及文字标注转化为广联达软件中基本构件图元。

图 1.116　CAD 草图

打开软件以后的前期步骤跟手动画图一致，“楼层设置”可在 CAD 导图中进行，下面介绍 CAD 导图操作流程。

1.5.1　添加图纸

此功能主要用于将电子图纸导入到软件中，电子图纸的格式可以为“＊.DWG”“＊.GVD”“＊.CADI”和“＊.DXF”。

（1）单击导航条“CAD 识别”→“CAD 草图”，如图 1.116 所示。

（2）单击“图纸管理”中的图纸管理列表下的“添加图纸”下拉列表框，选择电子图纸所在的文件夹，并选择需要导入的电子图，单击“打开”按钮，如图 1.117 所示。图纸选择支持单选、拉框多选、按 Shift 键或 Ctrl 键单击多选。

(3) 在图纸管理界面显示导入图纸后，可以修改名称和图纸的比例，在绘图区域显示导入的图纸文件内容及完成操作，如图 1.118 所示。双击图纸列表中的图名，则选择的图纸会在绘图区进行显示，同时图名底色变为绿色。图纸的比例显示的是 1∶1，该比值为图纸实际尺寸与图纸标注尺寸的比例。例如，某条线段的实际像素尺寸为 100，标注尺寸为 300，则原图比例为 1∶3，在图纸比例处直接输入即可。

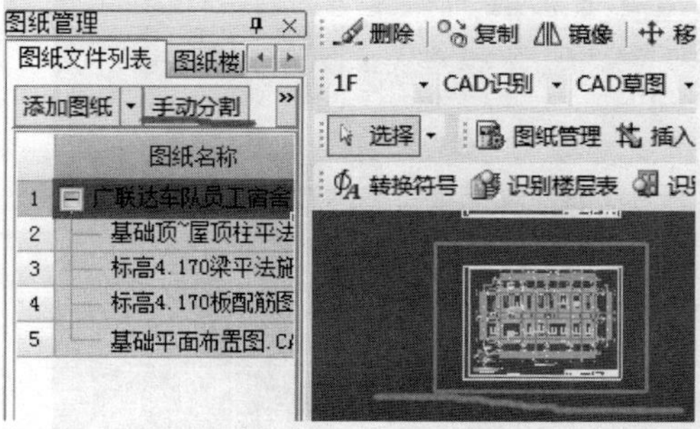

图 1.117 图纸管理

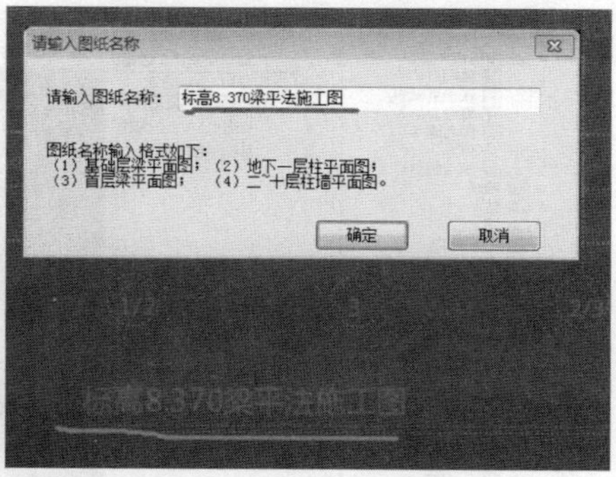

图 1.118 输入图纸名称

分割成功的区域会被红色实线圈出。需多次分割出所需要的图纸。

整理完成后以树状节点图进行显示，子节点下的图纸则是分割出来的图纸，如果要查看分割出的图纸，直接双击图纸名，即可以在绘图区进行显示。在软件中被分割后的图纸在分割线位置显示红色，没有被红色边框线包围的部分，表示没有被自动分割。黄色底色表示该图纸暂未与楼层、构件进行对应。

1.5.2 定位 CAD 图纸

在手动分割图纸后，需要定位 CAD 图纸，使构件之间以及上下层之间的构件位置重合。直接单击“定位图纸”，软件将自动按照图纸轴网交点距原点最近的点，作为图纸定位的基本点，快速完成所有图纸中构件的对应位置关系。

如果图纸中的上下层中轴网大小不一致，并且原点不一致的情况，需要单击菜单中的→“工具”→“设置原点”命令来定位 CAD 图纸，或者使用移动 CAD 图纸来定位。

如果误导入了不需要的 CAD 图纸或导入的 CAD 图纸已经识别完，为了使界面不凌乱，可以使用“删除图纸”的功能，清除选中的 CAD 图纸。

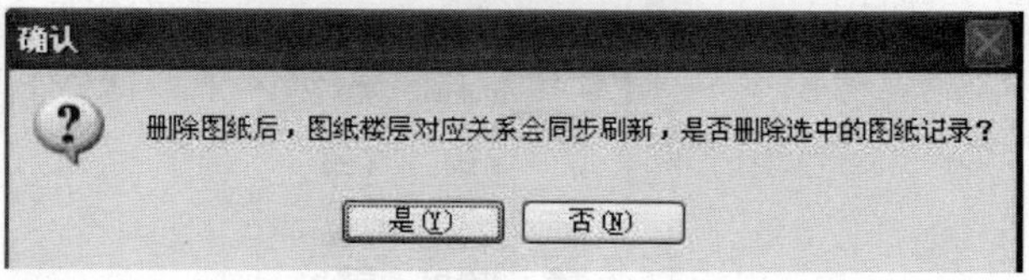

图 1.119 删除图纸

操作步骤：单击导航条中的“CAD 识别”→“CAD 草图”；选中需要删除的图纸，单击图纸管理下的“删除图纸”按钮，在弹出的界面中单击“是”按钮，可以删除 CAD 图形，如图 1.119 所示。

1.5.3 识别楼层表

在 CAD 图中，一般会有楼层表，直接进行识别并建立楼层体系，可以简化操作，提高效率。

(1) 建立工程完毕之后，进入“CAD 识别”界面，选择“图纸管理”，单击“添加图纸”按钮。

(2) 在弹出的对话框中，选择有楼层表的图纸。

(3) 单击“确定”按钮，将图纸导入到软件中；如果导出图纸后需要调整比例，可通过“图纸比例”功能来进行重新调整。

(4) 单击“识别楼层表”按钮，用鼠标框选中图纸中的楼层表，单击右键确定，弹出“识别楼层表”对话框，如图1.120所示。

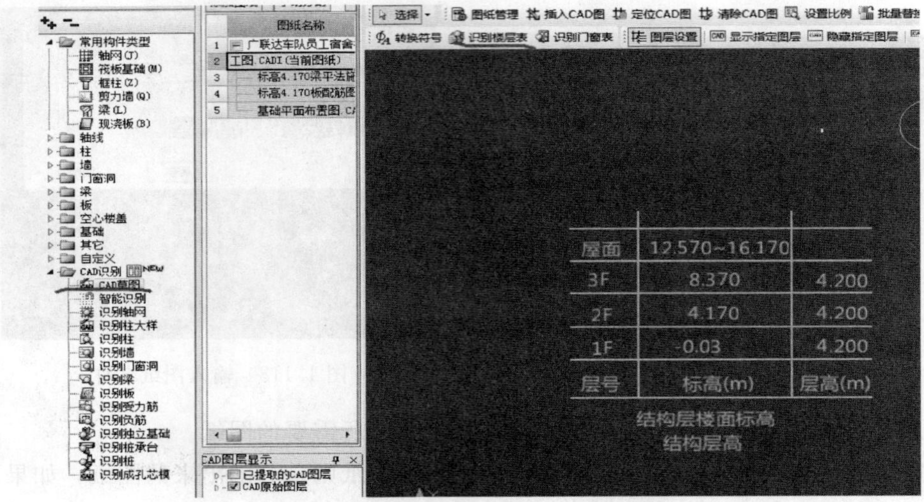

图1.120　识别楼层表

(5) 确定楼层信息无误后，单击“确定”按钮，弹出确认对话框

(6) 继续单击“确定”按钮，则通过CAD识别将楼层表导入到软件中，如图1.121所示。

说明：在识别楼层表时，软件能自动把楼层中的空行删除，并且把楼层中屋面自动按楼层进行排序。

注意：利用“识别楼层表”导入楼层表时，在楼层设置中仅存在“首层”和“基础层”，未手动设置其他楼层；否则，无法进行“识别楼层表”操作。在遇到其他类似情况时，只需将无用的行列删除、补齐或修改缺少、错误的识别信息即可。

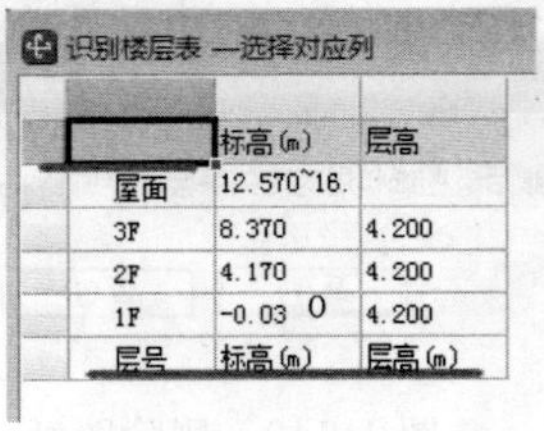

图1.121　楼层对应

图1.122　CAD图层显示

1.5.4　识别轴网

识别轴网步骤如下：“CAD识别”→“识别轴网”→“定位CAD图”→“提取轴边线”→“提取轴标识”→“自动识别轴网”。选中需要提取的边线时，会显示蓝色，此时要观察全图，是否已选中所有需要识别的边线，完成以后单击右键确认，此时识别完成，已识别的边线会消失，在“已提取的CAD图层”中可看到已经提取的边线，如图1.122所示。

值得注意的是，接下来每一次在使用该图纸之前，需要还原CAD的操作；切换到其他图纸进行第一次识别之前，需要进行“定位CAD图”的操作识别，如图1.123～图1.125所示。其他的图元也是同理。

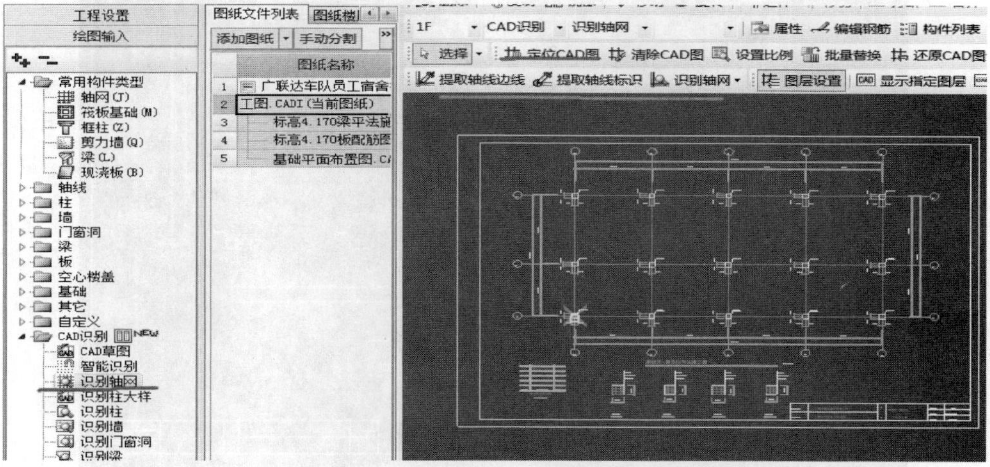

图1.123 定位CAD图

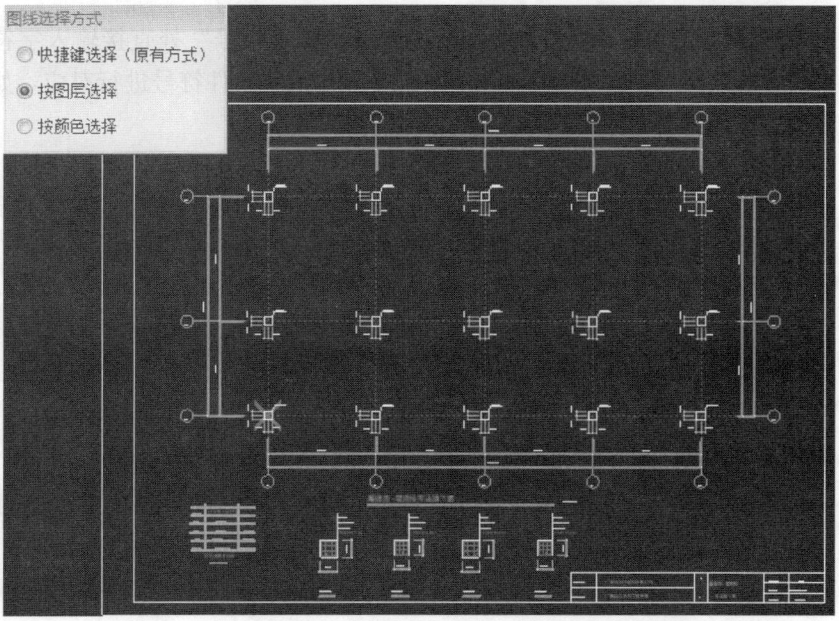

图1.124 选择CAD图元

1.5.5 转换符号

CAD设计图中的钢筋符号是以一定数量的字符串表示的，如一级钢为“%%130”。这样与软件中的钢筋级别不符，软件不能识别。所以在进行CAD图识别前需要进行钢筋符号的转换。

（1）单击导航条中的“CAD识别”→“CAD草图”。

（2）单击绘图工具栏中的“转换符号”按钮，此时将弹出“转换钢筋级别符号”对话框。

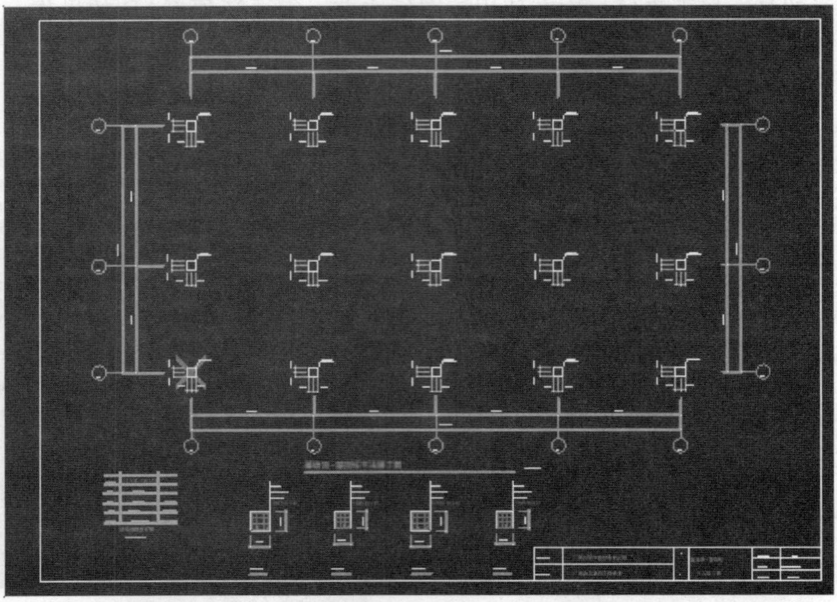

图1.125 选择CAD图元

(3) 在图形中单击需要转换的字符，或在“CAD原始符号”处直接输入字符。

(4) 根据内置默认值软件自动判断CAD原始符号与钢筋软件符号进行对应，如“%%130”为“A一级钢”。

(5) 单击“转换”按钮，弹出转换确认框。

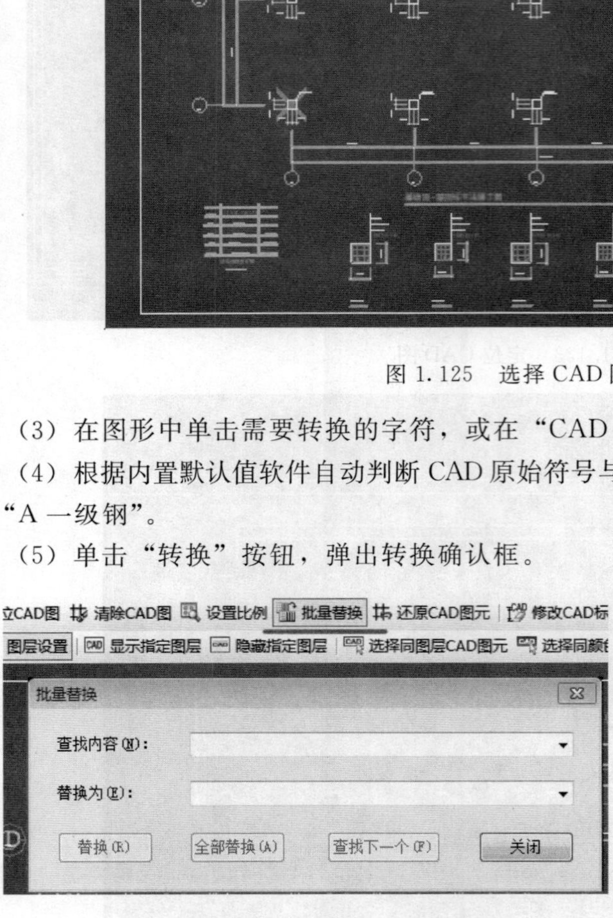

图1.126 批量替换

(6) 单击“是”按钮，则CAD图中的全部“%%130”的符号均被转换成A(软件中的一级钢)。

(7) 单击“结束”按钮结束命令操作。

如输入的符号软件无法识别出钢筋软件的符号，可以在“钢筋软件符号”的下拉列表框内进行选择。也可采用“批量替换”的方式来修改无法识别的钢筋符号，如图1.126所示。

1.5.6 柱子的识别

在图纸只给了柱大样的情况下，可采用识别柱大样的方式；在图纸只给了柱表的情况下，可采用识别柱的方式。

1. 柱大样的识别

柱大样识别步骤：“CAD识别”→“识别柱大样”→“定位CAD图”→“提取柱边线”→“提取柱标识”→“提取钢筋线”→“自动识别柱大样”，此时会自动弹出一个“柱大样校核”界面，如若弹出“未使用的柱大样标识”则识别错误，如图1.127所示。如若弹出了其他错误信息，则是识别操作过程出现错误，需要重新识别。柱大样识别完成以后，需进行识别柱的操作，如图 1.128 和图 1.129 所示。

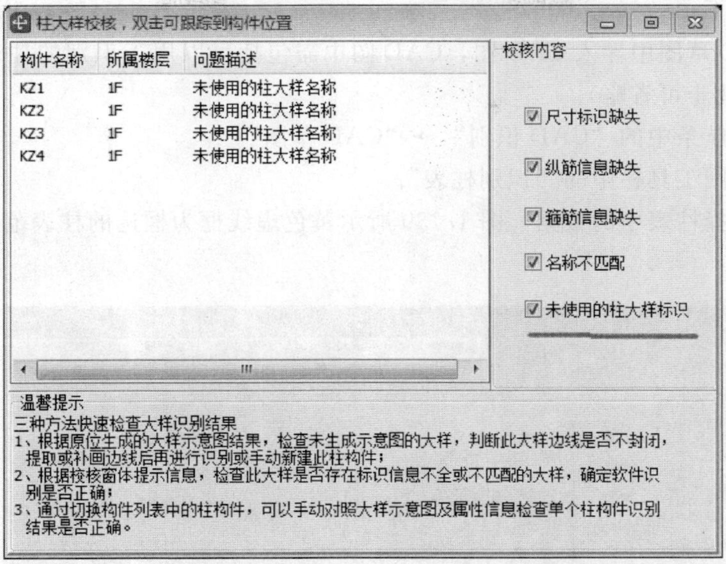

图 1.127　柱大样校核

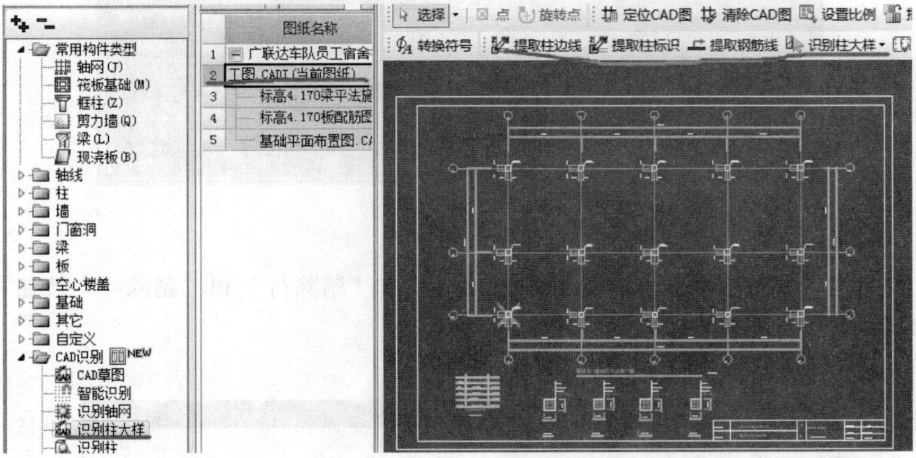

图 1.128　柱子的识别

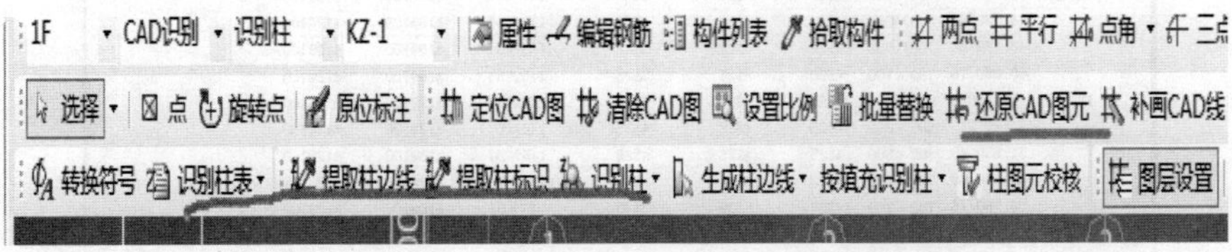

图 1.129　提取柱信息

识别柱的步骤：“CAD 识别”→“识别柱”→“还原 CAD 图”→“提取柱边线”→“提取柱标识”→“自动识别柱”。

2. 柱表的识别

柱表的识别步骤：“CAD 识别”→“识别柱”→“还原 CAD 图”→“识别柱表”→“提

取柱边线”→“提取柱标识”→“自动识别柱”。

识别柱表时需要注意删改错误或多余以及增加缺失信息。

操作步骤如下。

(1) 在 CAD 草图中导入 CAD 图，CAD 图中需包括可以用于识别的柱表（如果已经导入了 CAD 图则此步可省略）。

(2) 单击导航条中的“CAD 识别”→“CAD 草图”。

(3) 单击绘图工具栏中的“识别柱表”。

(4) 拉框选择柱表中的数据，图 1.130 所示黄色虚线框为框选的柱表范围，单击右键确认选择。

柱表

柱号	标高	b×h	角筋	b边一侧中部筋	h边一侧中部筋	箍筋类型号	箍筋
KZ1 KZ1a	-11.600~14.320	900×900	4B25	5B25	5B25	1(7×7)	A12@100
	14.320~43.150	800×800	4B25	4B22	4B22	1(6×6)	A10@100
	43.150~68.350	700×700	4B22	3B22	3B22	1(5×5)	A10@100
	68.350~76.750	700×700	4B28	5B25	3B25	1(5×5)	A10@100
KZ2	-11.600~9.520	900×1000	4B25	4B25	5B25	1(6×7)	A12@100
	9.520~21.550	900×900	4B25	4B25	4B25	1(6×6)	A12@100
	21.550~43.150	800×800	4B25	4B22	4B22	1(6×6)	A10@100
	43.150~68.350	700×700	4B22	3B22	3B22	1(5×5)	A10@100
	68.350~76.750	700×700	4B28	5B28	3B25	1(5×5)	A10@100
KZ3	-11.600~9.520	900×1000	4B25	4B25	5B25	1(6×7)	A12@100
	9.520~32.350	900×900	4B25	4B25	4B25	1(6×6)	A12@100
	32.350~43.150	800×800	4B25	4B22	4B22	1(6×6)	A10@100
	43.150~68.350	700×700	4B22	3B22	3B22	1(5×5)	A10@100
	68.350~76.750	700×700	4B28	5B28	3B25	1(5×5)	A10@100

图 1.130　柱表

(5) 弹出“识别柱表—选择对应列”窗口，单击“删除行”和“删除列”按钮可删除无用的行和列，如图 1.131 所示。

识别柱表 —选择对应列

										柱表
柱 号	标 高	b×h	角 筋	b边一侧|中	h边一侧|中	箍 筋|类型	箍 筋	核心区箍筋	备 注	
KZ1|KZ1	-11.600~14	900×900	4$25	5$25	5$25	1(7×7)	&12@100	&12@100		
	14.320~43.	800×800	4$25	4$22	4$22	1(6×6)	&10@100	&12@100		
	43.150~68.	700×700	4$22	3$22	3$22	1(5×5)	&10@100	&12@100		
	68.350~76.	700×700	4$28	5$25	3$25	1(5×5)	&10@100	&12@100		
KZ2	-11.600~9.	900×1000	4$25	4$25	5$25	1(6×7)	&12@100	&12@100		
	9.520~21.5	900×900	4$25	4$25	4$25	1(6×6)	&12@100	&12@100		
	21.550~43.	800×800	4$25	4$22	4$22	1(6×6)	&10@100	&12@100		
	43.150~68.	700×700	4$22	3$22	3$22	1(5×5)	&10@100	&12@100		
	68.350~76.	700×700	4$28	5$28	3$25	1(5×5)	&10@100	&12@100		
KZ3	-11.600~9.	900×1000	4$25	4$25	5$25	1(6×7)	&12@100	&12@100		
	9.520~32.3	900×900	4$25	4$25	4$25	1(6×6)	&12@100	&12@100		
	32.350~43.	800×800	4$25	4$22	4$22	1(6×6)	&10@100	&12@100		
	43.150~68.	700×700	4$22	3$22	3$22	1(5×5)	&10@100	&12@100		
	68.350~76.	700×700	4$28	5$28	3$25	1(5×5)	&10@100	&12@100		

批量替换　删除行　删除列　确定　取消

提示：请在第一行的空白行中单击鼠标从下拉框中选择列对应关系

图 1.131　柱表对应

相关操作说明如下。

删除行：删除识别柱表中无用的行，如图 1.130 中的第二行、第三行。

删除列：删除识别柱表中无用的列，如图 1.130 中的最后一列。

批量替换：可以将 CAD 中程序不能识别的信息，一次性转换为程序可以识别的内容，详细操作见批量替换文档。

（6）在第一行的空白行中单击，从弹出的下拉列表框内选择列对应关系，如图 1.132 所示。

对应完成后界面如图 1.133 所示。

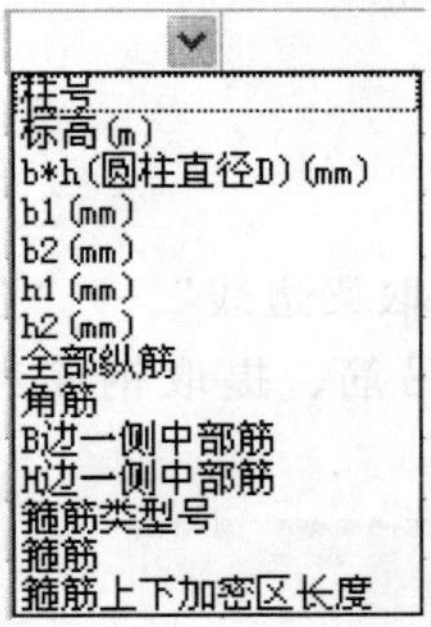

图 1.132　对应关系

图 1.133　识别柱表

（7）单击"确定"按钮即可将"识别柱表—选择对应列"窗口中的柱信息识别到软件的柱表中，并给出提示，如图 1.134 所示。

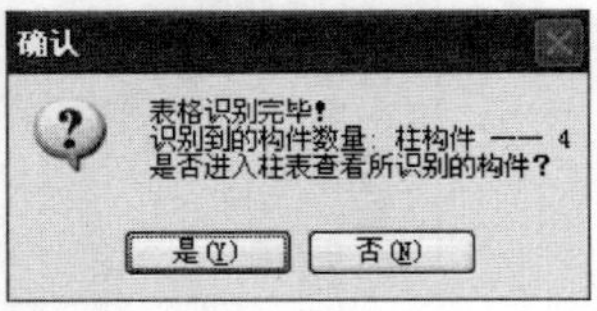

图 1.134　识别提示

单击"是"按钮，则进入"柱表功能"界面，单击"生成构件"按钮，可以生成柱构件。单击"否"按钮则退回到"导图"界面。

3. 使用背景

剪力墙和暗柱共用边线时，无法直接自动识别柱，找不到封闭多边形。使用生成柱边线，可以先生成封闭的柱边线，然后识别柱。

操作步骤如下。

（1）提取墙边线。

（2）进入"识别柱"，单击"生成柱边线"。

（3）单击在要生成柱边线的封闭区域内，则自动生成柱边线，如图 1.135 所示。生成完成，再用自动识别柱可正确生成柱。

注意：若识别柱大样以后，弹出的"柱大样校核"提示信息为"未识别到任何构件""未使用的柱大样名称"，如图 1.136 所示，则检查"构件列表"中是否已经先建立好了构件。若已建立，则删除后重新按正确步骤识别柱大样即可。

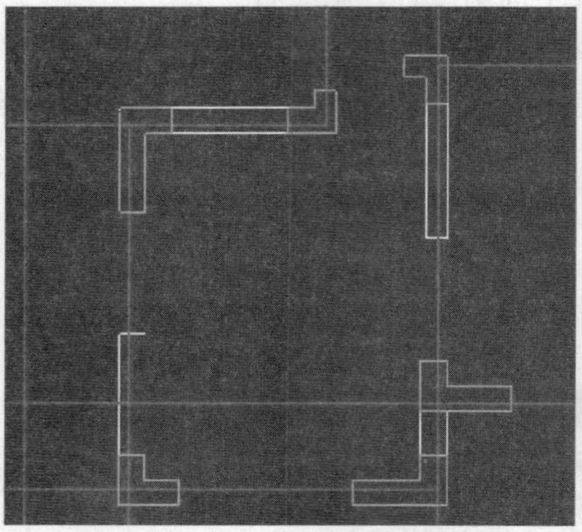

图 1.135 生成柱边线

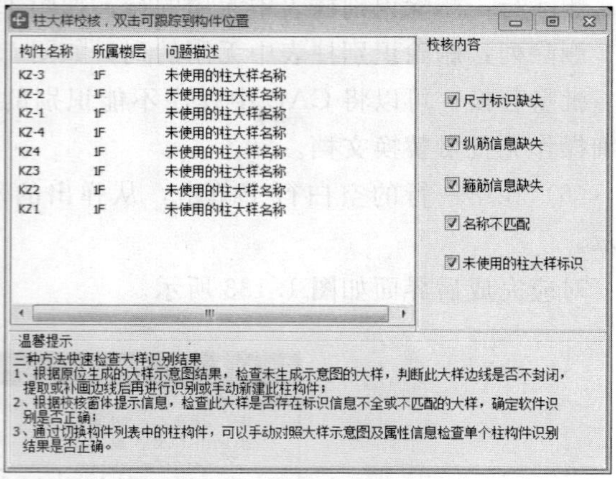

图 1.136 "柱大样校核"对话框

1.5.7 梁的识别

1. 梁识别基本流程

具体流程："CAD识别"→"识别梁"→"定位CAD图"→"提取梁边线"→"自动提取梁标注"→"自动识别梁"→"自动识别原位标注"→"识别吊筋、提取钢筋和标注"→"自动识别吊筋"，如图1.137和图1.138所示。

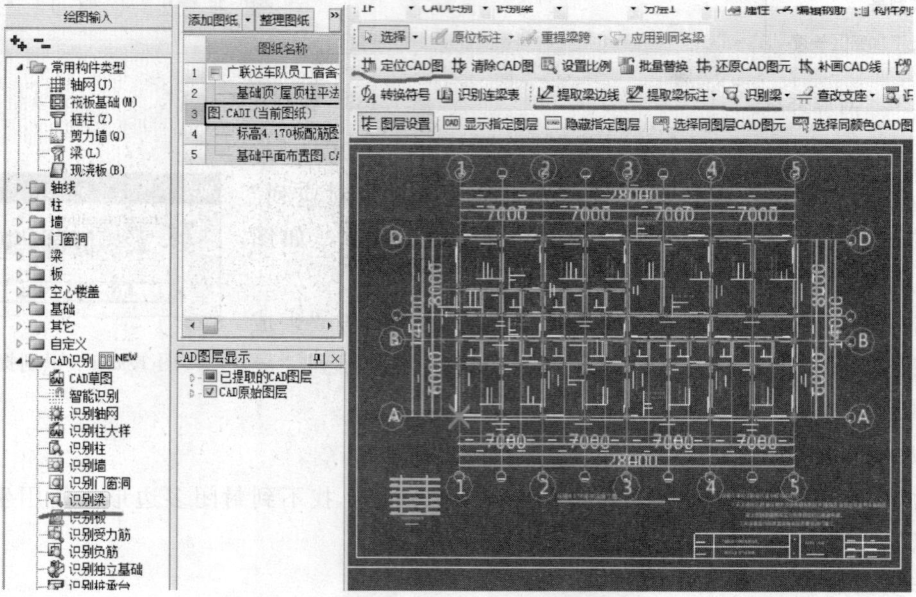

图 1.137 梁的识别

2. 梁跨校核

当识别梁完成后，手动检查是否存在识别不正确的梁比较麻烦，软件可自动进行"梁跨校核"，进行智能检查。

操作步骤如下。

(1) 当软件识别梁之后，会自动进行梁跨校核；或是单击"查改支座"→"梁跨校核"

命令，软件图中的梁进行梁跨校核。

（2）如果存在梁跨数与标注不符的梁，则弹出提示对话框，如图 1.139 所示。

在该对话框中双击梁构件，软件可以自动追踪定位到此根梁。

单击“编辑支座”按钮，单击选择需要编辑支座的梁，单击右键或按 Esc 键可退出命令。单击选择需要删除的支座点，或者选择作为支座的图元设置支座，单击右键取消图元选择，或按 Esc 键退出命令。单击“刷新”按钮，若修改正确，则该对话框中该条错误信息就会消失。依次进行修改即可。

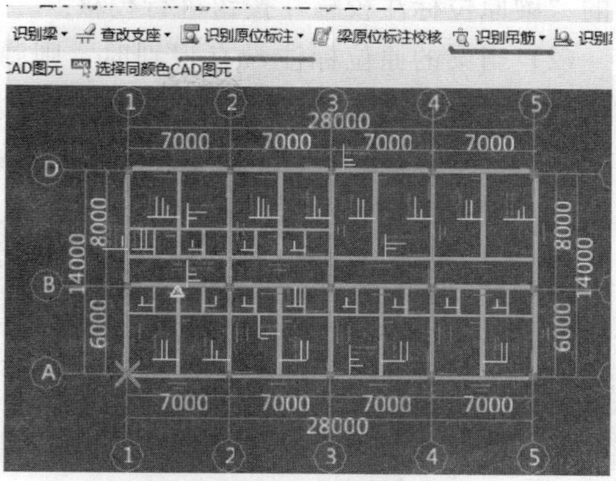

图 1.138　识别原位标注、吊筋

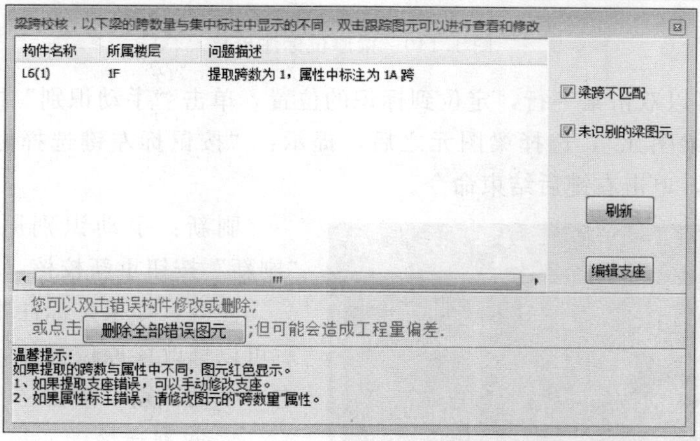

图 1.139　梁跨校核

编辑支座：可直接在对话框调用编辑支座功能。

刷新：对梁进行修改后，可实时单击“刷新”按钮进行检查。

全部删除：对存在问题的梁全部删除。

注意：梁跨校核只针对有跨信息的梁，手动绘制的没有跨信息的粉色梁不会进行校核。

“梁跨校核”与“编辑支座”以及修改功能（如打断、延伸、合并等）结合使用，可修改和完善梁图元，保证梁图元和跨数正确，然后再识别原位标注。

识别梁时自动启动“梁跨校核”时，只针对本次生成的梁，要对所有梁校核，需要“刷新”或者手动启用“梁跨校核”。

3. 梁原位标注校核

自动识别完梁原位标注后，因为图纸标注错误或是文字书写方式等原因，有些梁原位标注没有识别，但是在一个大工程里找这种小标注很麻烦，且不容易找全。软件可自动进行“梁原位标注校核”，进行智能检查。

操作步骤如下。

（1）自动识别梁原位标注命令执行完毕后，弹出梁原位标注校核命令，或是单击工具栏中的“梁原位标注校核”按钮进行校核。

(2) 当梁的原位标注没有识别时，则弹出提示。在对话框中双击没有识别的原位标注时，软件可以自动追踪定位到此根梁没有识别的原位标注，如图 1.140 所示。

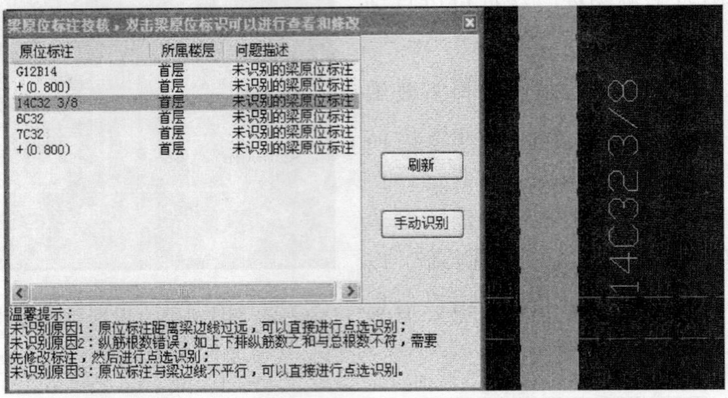

图 1.140 梁原位标注校核

手动识别：可以双击某一行，定位到标识的位置，单击“手动识别”按钮，状态栏提示“按鼠标左键选择梁图元”，选择梁图元之后，提示：“按鼠标左键选择标注框，按右键确认”，选择标注框，单击右键后结束命令。

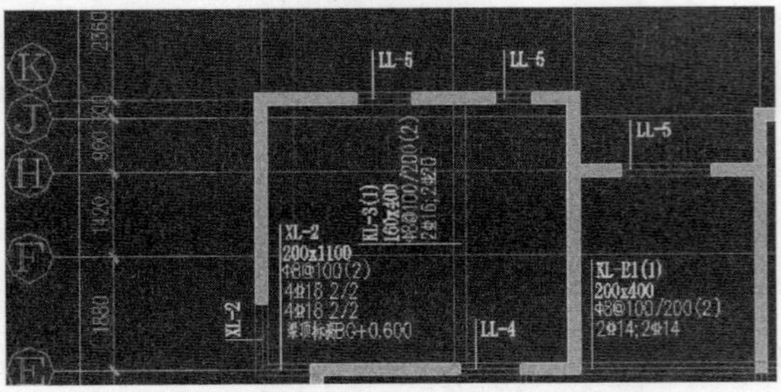

图 1.141 连梁图

刷新：手动识别原位标注后，单击“刷新”按钮重新校核。

注意，如果是标注本身的错误，定位后可以修改梁原位标注，修改正确后再单击“手动识别”按钮。

4. 识别连梁

连梁图如图 1.141 所示。

识别连梁的操作步骤与“识别梁”完全一致，选择“识别梁”，识别时，选择“连梁”构件类别，即可识别为连梁，具体介绍如下。

例如，在“识别梁构件”对话框中，可以选择“类别”为“连梁”，如图 1.142 所示。

在“聚集中标注信息”对话框中，也可以选择“类别”为“连梁”，如图 1.143 所示。

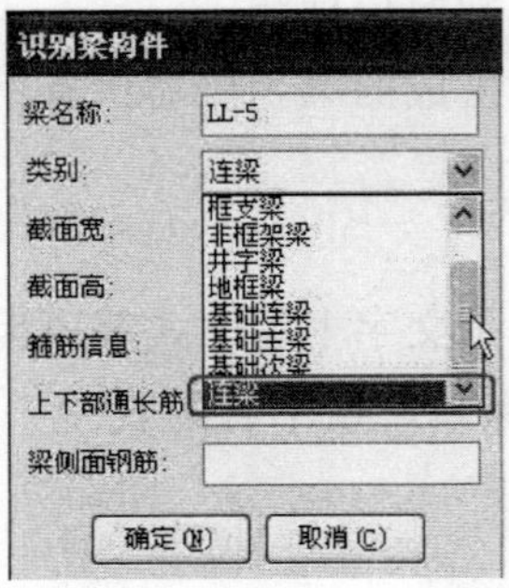

图 1.142 识别梁构件

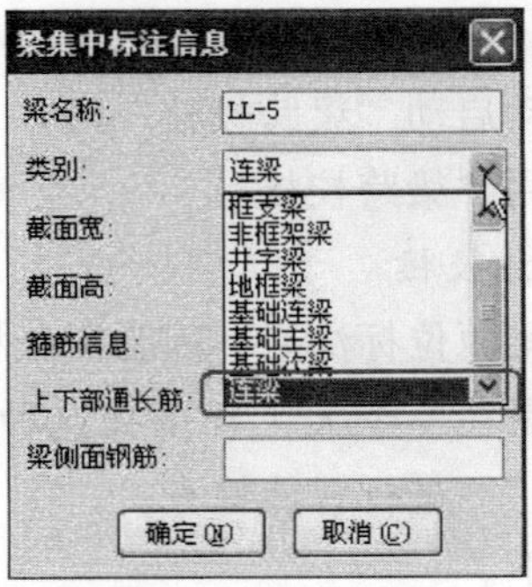

图 1.143 点选识别梁

对于构件名称中有“LL”字符的，软件会默认识别为连梁，如图 1.144 所示。程序是根据“CAD 识别选项”进行名称匹配的；也可以根据实际情况修改对应的匹配名称。

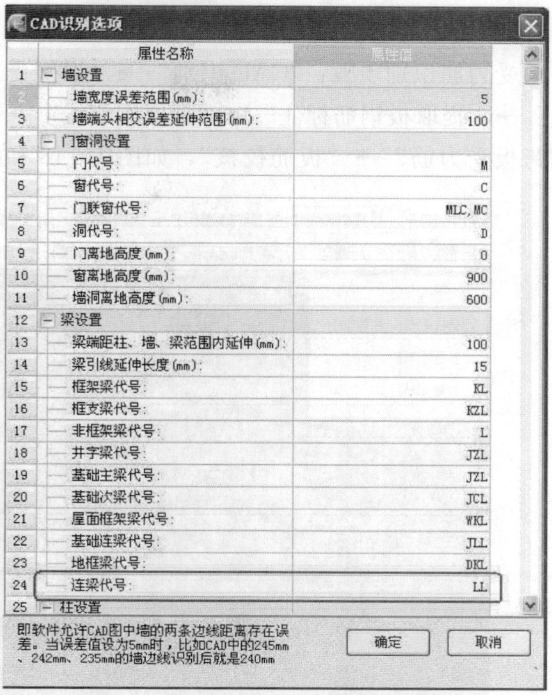

图 1.144 CAD 识别选项

5. 识别吊筋

在 CAD 图中，绘制有吊筋和次梁加筋线和标注，可用此功能进行提取。

操作步骤如下。

（1）单击绘图工具栏中的“识别吊筋”→“提取吊筋和标注”命令按钮。

根据提示，选中吊筋和次梁加筋的钢筋线及标注（如无标注则不选），单击右键确定，完成提取，如图 1.145 所示。

（2）利用此功能可用选择单个吊筋和加筋进行识别。

1）单击“原位标注”按钮，如图 1.146 所示。

2）在原位标注的输入界面，下部弹出一个对话框，如图 1.147 所示。

3）可选择需要手动布置吊筋的梁，按图纸信息输入该梁上吊筋信息。此法用于布置单个吊筋。

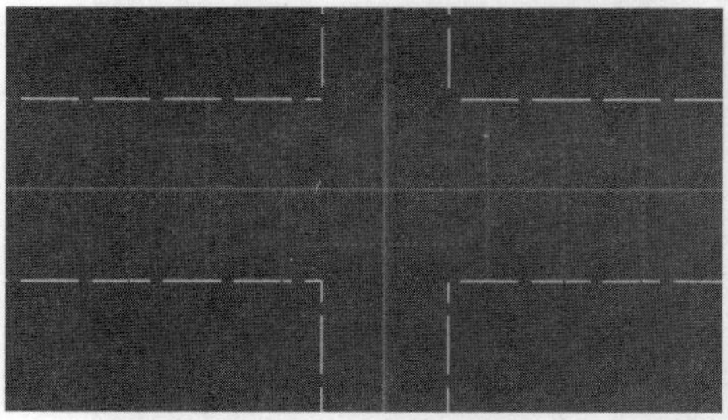

图 1.145 提取吊筋

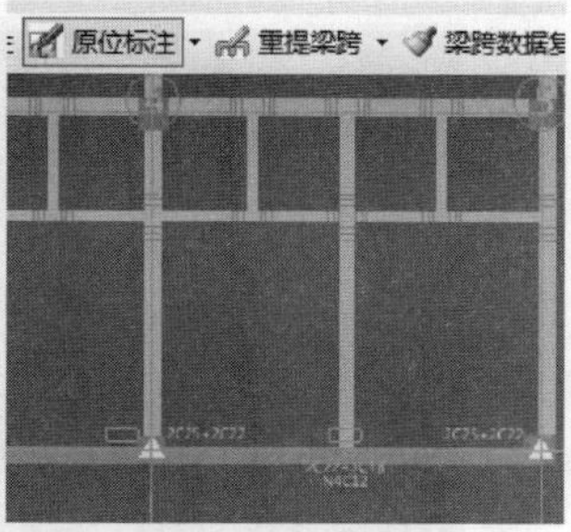

图 1.146 原味标注

	跨号	钢筋	侧面钢筋			箍筋	肢数	次梁宽度	次梁加筋	吊筋	吊筋锚固
		下部钢筋	侧面通长筋	侧面原位标注筋	拉筋						
1	1	2⌀22+1⌀18	N4⌀12	N4⌀12	(φ6)	⌀8@100/20	2	300	0		
2	2	2⌀20+1⌀16			(φ6)	⌀8@100/20	2	300	0		
3	3	2⌀20+1⌀16			(φ6)	⌀8@100/20	2	300	0		
4	4	2⌀22+1⌀18		N4⌀12	(φ6)	⌀8@100/20	2	300	0		

图 1.147 原位标注表格

1.5.8 板的识别

板识别步骤：“CAD 识别”→“识别板”→“定位 CAD 图”→“提取板标注”→“提取支座线”→“提取板洞线”→“自动识别板”→“板图元校核”。

1.5.9　受力筋的识别

受力筋识别步骤："CAD识别"→"识别受力筋"→"还原CAD图元"→"提取板钢筋线"→"提取板钢筋标注"→"提取支座线"→"自动识别板筋"→"识别板受力筋"→"识别跨板受力筋"→"板筋校核"，如图1.148和图1.149所示。

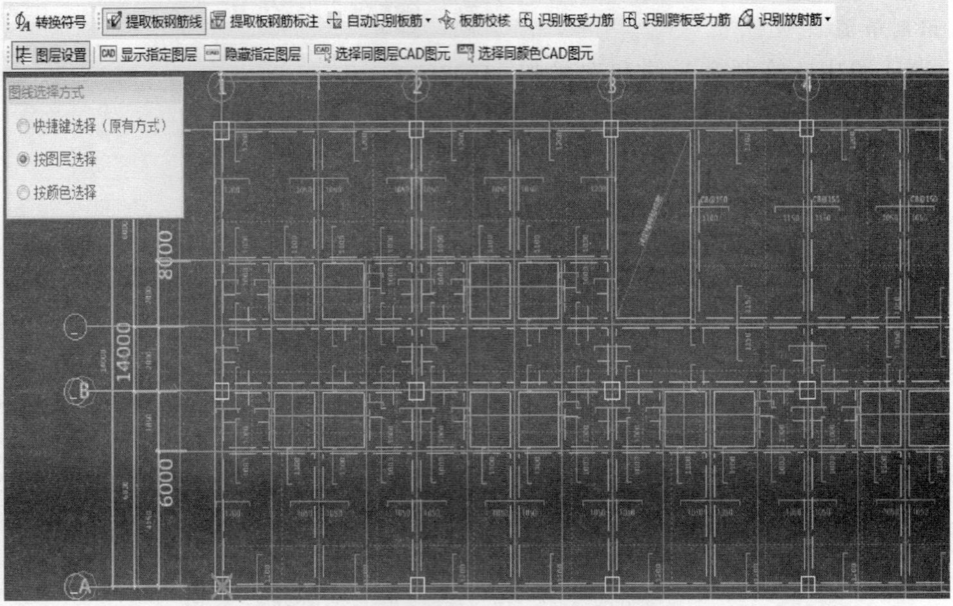

图1.148　提取钢筋线

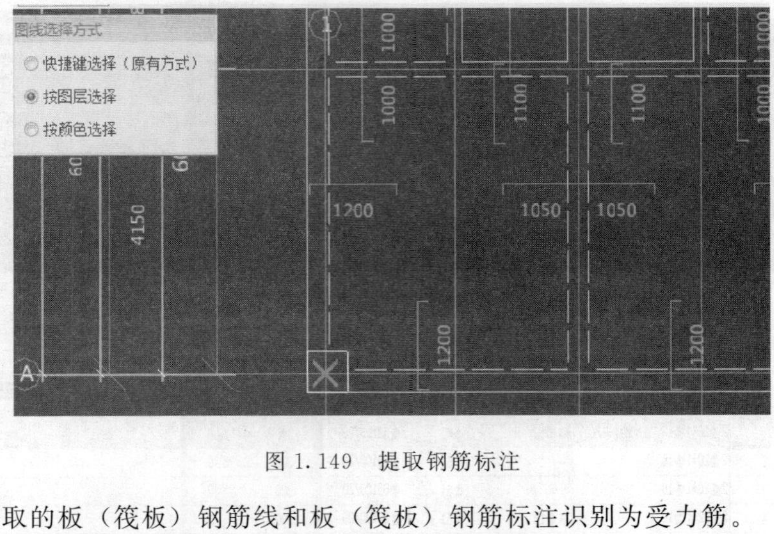

图1.149　提取钢筋标注

可以将提取的板（筏板）钢筋线和板（筏板）钢筋标注识别为受力筋。

操作步骤如下。

（1）完成提取板钢筋线、提取板钢筋标注和绘制板操作后，单击绘图工具栏中的"识别板受力筋"按钮，则弹出"识别板筋选项"对话框，如图1.150所示。

（2）依照图纸输入正确的钢筋信息，单击"确定"按钮即可，如图1.151和图1.152所示。

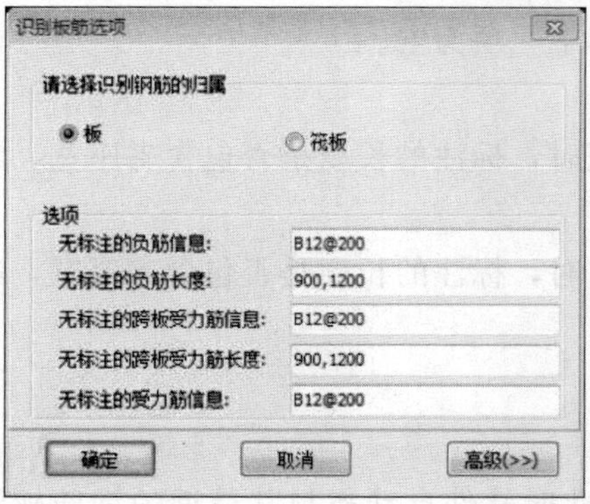

图 1.150　“识别板筋选项”对话框

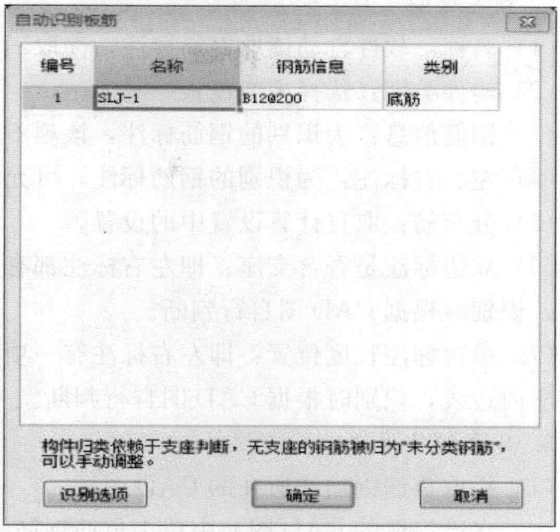

图 1.151　自动识别板筋

(3) 这种情况下可以将该钢筋类别改成“未分类钢筋”，如图 1.153 所示，识别时就不会再将错误选中的线条识别成钢筋线了。

图 1.152　错误的识别

1.5.10　负筋的识别

1. 负筋识别流程

负筋识别步骤：“CAD 识别”→“识别负筋”→“还原 CAD 图元”→“提取板钢筋线”→“提取板钢筋标注”→“提取支座线”→“自动识别板筋”→“识别负筋”→“板筋校核”。

完成提取板钢筋线、提取板钢筋标注和绘制板操作后，单击绘图工具栏中的“识别负筋”按钮，则弹出“识别板筋选项”对话框，如图 1.154 所示。

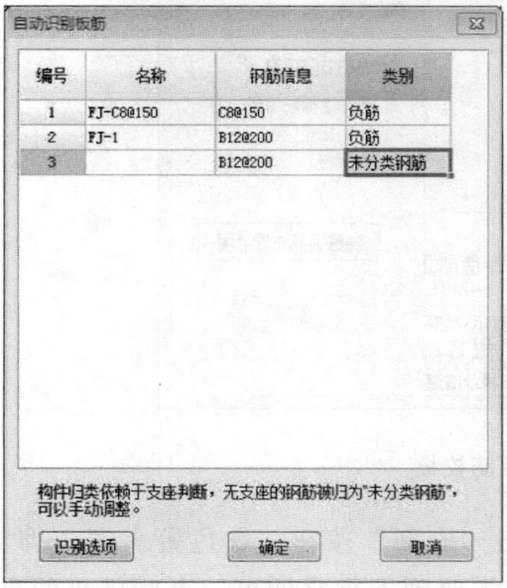

图 1.153　修改错误的识别

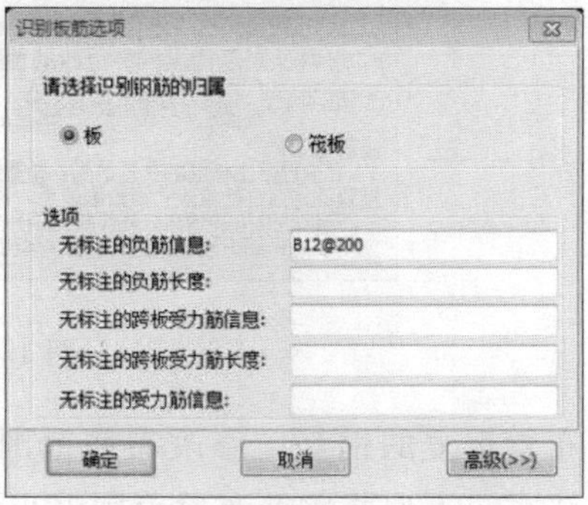

图 1.154　“识别板筋选项”对话框

2. 相关说明

（1）名称：软件自动读取钢筋标注，读取不到时，软件自动默认从 FJ－1 开始。

（2）构件类别：选择板或筏板。

（3）钢筋信息：为识别的钢筋标注，该项不允许为空。

（4）左、右标注：为识别的钢筋标注，可允许其中一项为空。

（5）分布筋：取自计算设置中的设置。

（6）双边标注是否含支座：即左右标注都有数值时，标注的长度是否包含支座宽，默认为否，识别时根据 CAD 图自行判断。

（7）单边标注长度位置：即左右标注有一项为空时，标注的长度是否包含支座宽，默认为支座内边线，识别时根据 CAD 图自行判断。

3. 具体操作步骤

（1）提取负筋钢筋线所在的 CAD 图元。

（2）在已提取的 CAD 图元中单击负筋钢筋线，此时软件自动找与其最近的钢筋标注作为该钢筋线钢筋信息，并识别到"负筋信息"窗口中。

（3）确认"负筋信息"窗口准确无误后单击"确定"按钮，然后通过负筋布筋方式绘制负筋，则提取的板钢筋线和板钢筋标注被识别为软件的板负筋构件。说明："自动识别板筋"功能可以识别板负筋。

（4）单击鼠标左键，则提取的板钢筋线和板钢筋标注被识别为软件的板受力筋构件。

1.5.11　板筋校核

板筋校核如图 1.155 和图 1.156 所示。

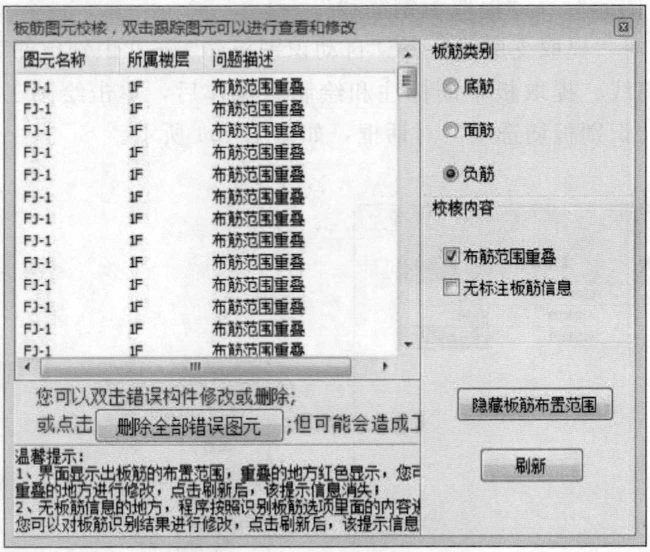

图 1.155　板筋校核

找出布置重复的钢筋，修改布筋范围，单击"刷新"按钮，红色警示消失即为修改正确。需要注意，不要将钢筋布置范围缩小了，只需改到不重叠即可。有些极小的重叠范围，对钢筋量没有影响，可忽略不用调整。

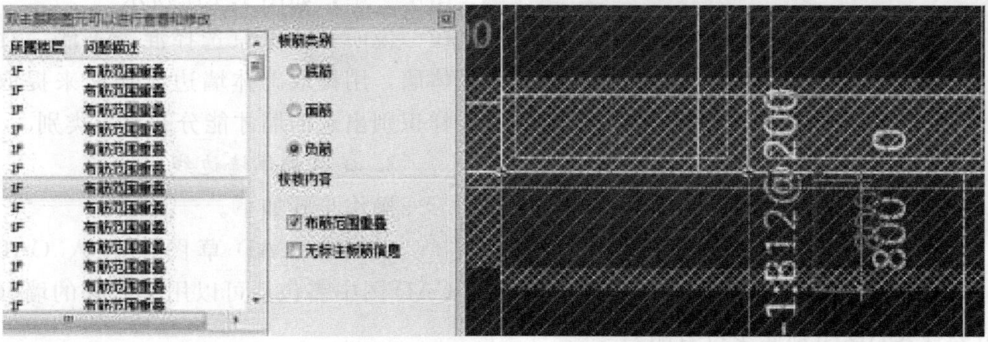

图 1.156　查看问题

1.5.12　墙的识别

1. 识别剪力墙表

操作步骤如下。

(1) 在识别墙中单击所要添加的图纸，CAD 图中需包括可以用于识别的剪力墙表（如果已经添加了 CAD 图则此步可省略）。

(2) 单击绘图工具栏中的“识别剪力墙表”按钮。

(3) 拉框选择剪力墙表中的数据，黄色虚线框为框选的连梁表范围，单击右键确认选择。

(4) 弹出“识别剪力墙表—选择对应列”对话框，识别是自动匹配表头，减少了手动操作，提高了易用性和效率。黄色区域代表自动匹配项。

相关操作：删除识别剪力墙表中无用的行；删除识别剪力墙表中无用的列；需要增加表格中没有的信息时，可以通过插入行和列，然后在对应表头进行识别，在表格区域单击右键。批量替换：有钢筋信息采用汉字描述的方式，软件不能识别，所以就需要将其转换为能识别的钢筋信息；使用“替换”功能，则可以逐个进行替换。

(5) 如果识别对应的列有错误，在第一行的黄色行中单击鼠标，从下拉列表框内选择列对应关系。

(6) 单击“确定”按钮即可将“识别剪力墙表—选择对应列”对话框中的剪力墙信息识别到软件的剪力墙表中，并给出提示，单击“确定”按钮，完成剪力墙表识别。

2. 提取混凝土墙边线

操作步骤如下。

(1) 在 CAD 草图中导入 CAD 图，CAD 图中需包括可以用于识别的墙（如果已经导入了 CAD 图则此步可省略）。

(2) 单击导航条中的“CAD 识别”→“识别墙”。

(3) 点击绘图工具栏中的“提取混凝土墙边线”按钮。

(4) 利用“选择相同图层的 CAD 图元”或“选择相同颜色的 CAD 图元”的功能选中需要提取的混凝土墙边线 CAD 图元。此过程中也可以点选或框选需要提取的 CAD 图元。

(5) 单击鼠标右键确认选择，则选择的 CAD 图元自动消失，并存放在“已提取的 CAD

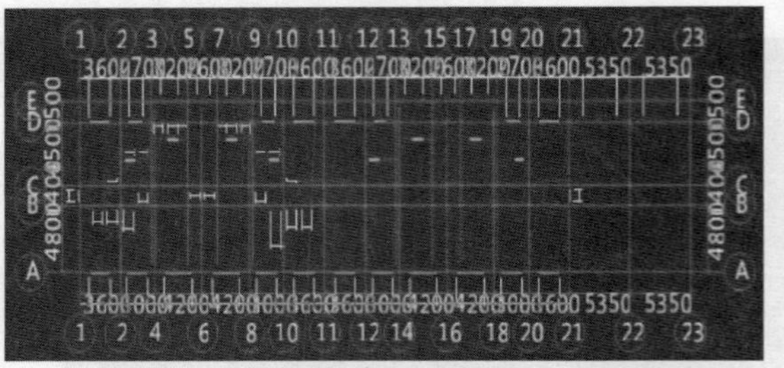

图 1.157　选择混凝土墙边线

图层”中，如图 1.157 所示。

说明：这里只选择混凝土墙，对于砌体墙，用提取砌体墙边线功能来提取，这样识别出来的墙才能分开材质类别。

3. 提取砌体墙边线

操作步骤如下。

（1）在 CAD 草图中导入 CAD 图，CAD 图中需包括可以用于识别的墙（如果已经导入了 CAD 图则此步可省略）。

（2）单击导航条中的“CAD 识别”→“识别墙”。

（3）单击绘图工具栏中的“提取砌体墙边线”按钮。

（4）利用“选择相同图层的 CAD 图元”或“选择相同颜色的 CAD 图元”的功能选中需要提取的砌体墙边线 CAD 图元，如图 1.158 所示。此过程中也可以点选或框选需要提取的 CAD 图元。

（5）单击鼠标右键确认选择，则选择的 CAD 图元自动消失，并存放在“已提取的 CAD 图层”中。

说明：这里只选择砌体墙，对于混凝土墙，用提取混凝土墙边线功能来提取，这样识别出来的墙才能分开材质类别。

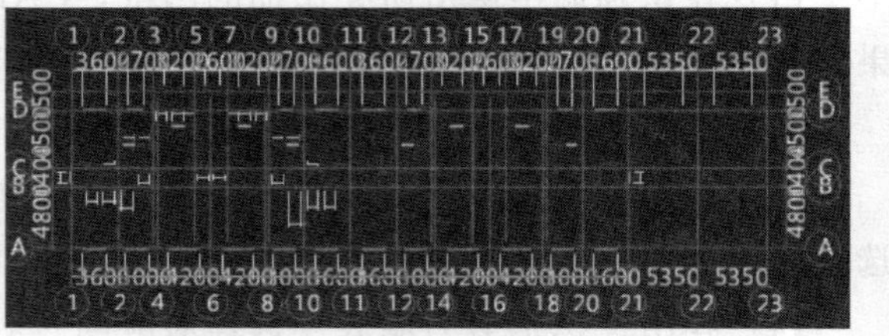

图 1.158　选择砌体墙边线

4. 提取墙标识

操作步骤如下。

（1）在图纸管理中添加 CAD 图纸，CAD 图中需包括可以用于识别的剪力墙（如果已经导入了 CAD 图则此步可省略）。

（2）单击导航条中的“CAD 识别”→“识别墙”。

（3）单击绘图工具栏中的“提取墙标识”。

（4）利用“按图层选择”或“按颜色选择”的功能选中需要提取的剪力墙的集中标注 CAD 图元，此过程中也可以点选或框选需要提取的 CAD 图元。

（5）单击鼠标右键确认选择，则选择的 CAD 图元自动消失，并存放在“已提取的 CAD 图层”中。

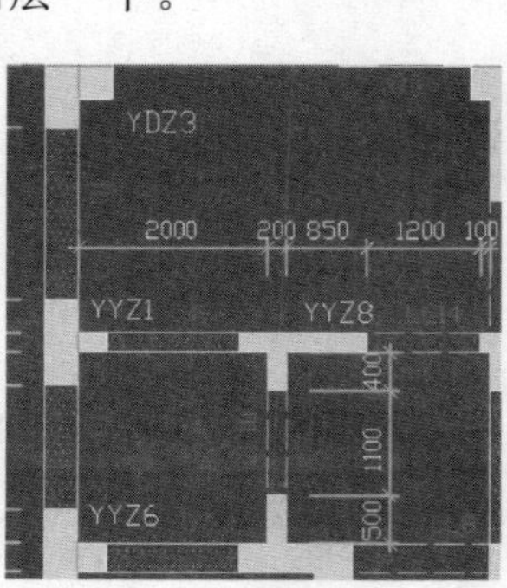

图 1.159　识别墙

5. 提取门窗线

建筑图中，门窗洞口会影响到墙的识别，在提取墙线后，再提取门窗线，可以提升墙的识别率；在提取墙线完成后，单击“识别墙”，如图 1.159 所示。

“提取门窗线”，利用选择同图层图元或是选择同颜色图元，选择所有的门窗线，单击右键确定，完成提取；提取门窗线后，识别的墙效果如图 1.160 所示。

6. 识别墙

操作步骤如下。

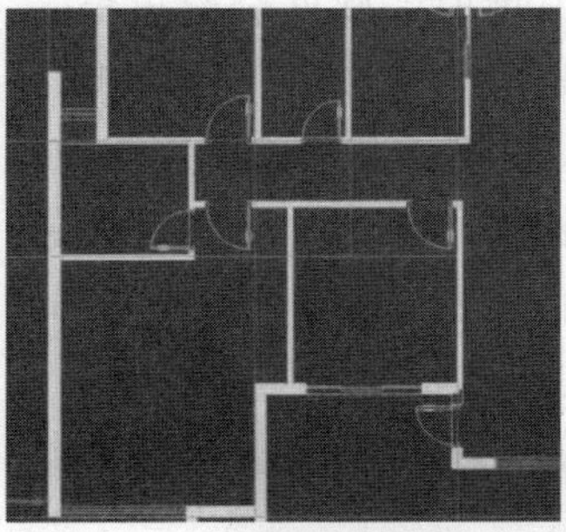

图 1.160 提取门窗线

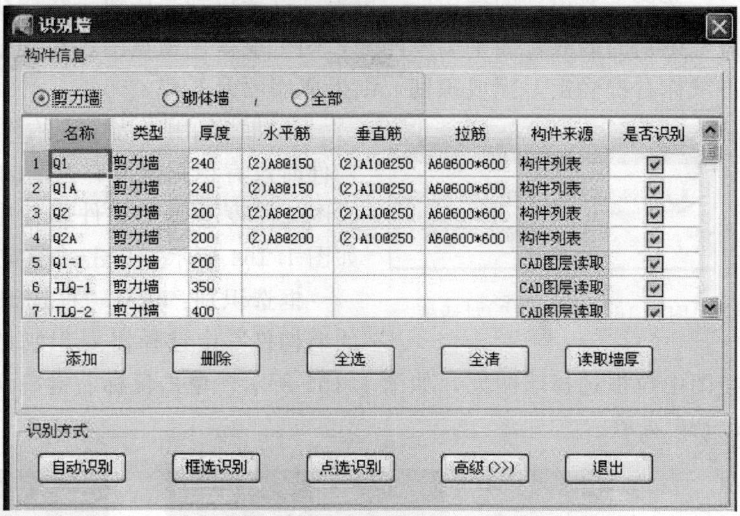

图 1.161 “识别墙”对话框

(1) 完成提取墙边线和柱标识操作后，选择菜单栏中的“CAD 识别”→“识别墙”命令，弹出“识别墙”对话框，如图 1.161 所示。

(2) 单击“自动识别”按钮，单击“全选”按钮，单击“识别”按钮，软件弹出“确认”对话框，如图 1.162 所示。

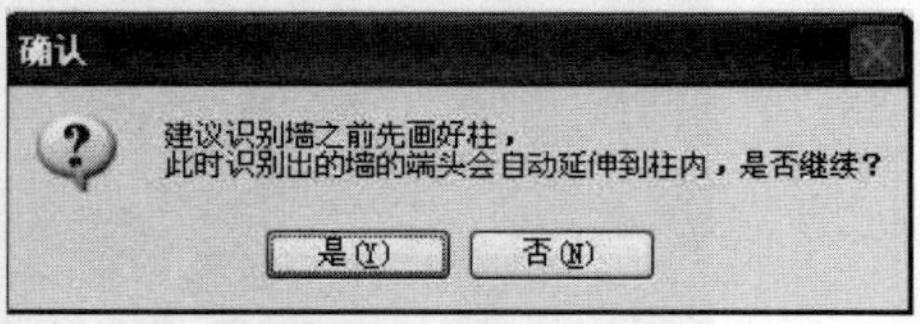

图 1.162 识别确认

如果在识别墙之前，先把柱识别完成，软件自动把墙伸入柱内的端头自动延伸到柱内，墙和柱构件自动进行正确的相交扣减。单击“是”按钮完成识别。

(3) 点选识别：单击“点选识别”按钮，如图 1.163 所示。

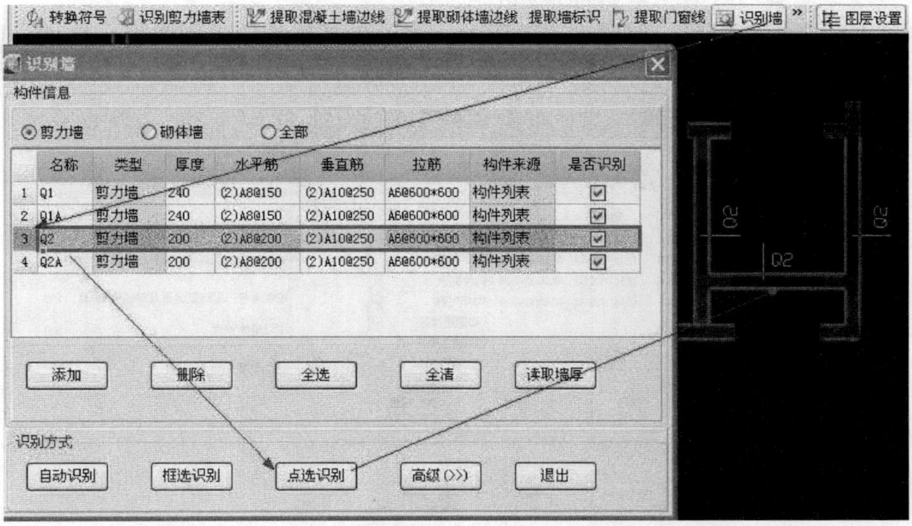

图 1.163 点选识别

选择需要识别的墙构件，单击“点选识别”按钮，然后在绘图区域根据状态栏提示单击需要识别的墙线，如果墙厚匹配，则生成蓝色预览图；连续把该构件全部单击上之后，再单击鼠标右键确定，完成识别，则生成墙图元。

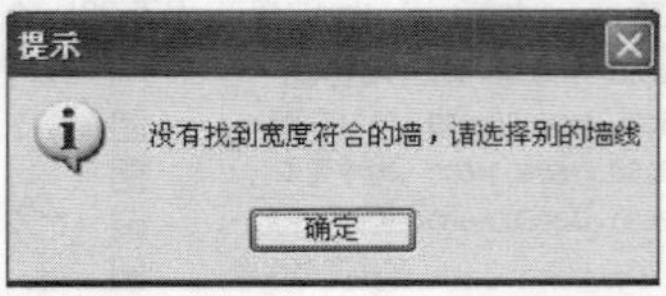

图 1.164 “提示”对话框

此功能可用于当个别构件需要单独识别，或者自动识别构件时没有识别全而有遗漏的时候。如果在单击图元时单击的图元厚度不等于构件属性中的厚度时，软件会给出提示，如图 1.164 所示，单击“确定”按钮后，重新选择别的墙。

框选识别：选择“框选识别”按钮；在“选择需要识别的墙构件”中选择需要识别的墙构件，单击“识别”按钮，在图中拉框选择墙图元，如图 1.165 所示。单击鼠标右键确认，则被选中的墙被识别，如图 1.166 所示。

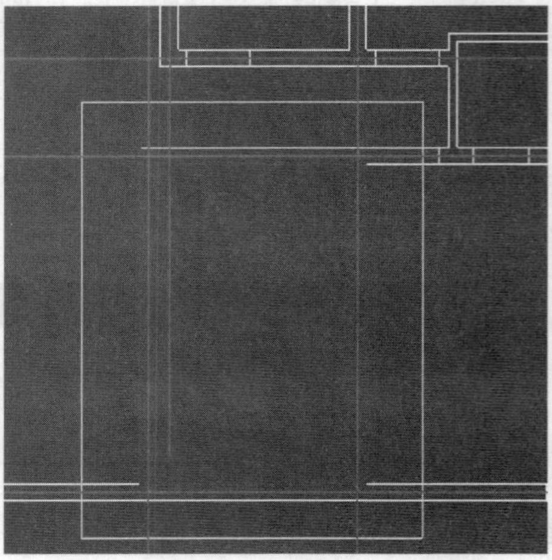

图 1.165 选中需要识别的边线

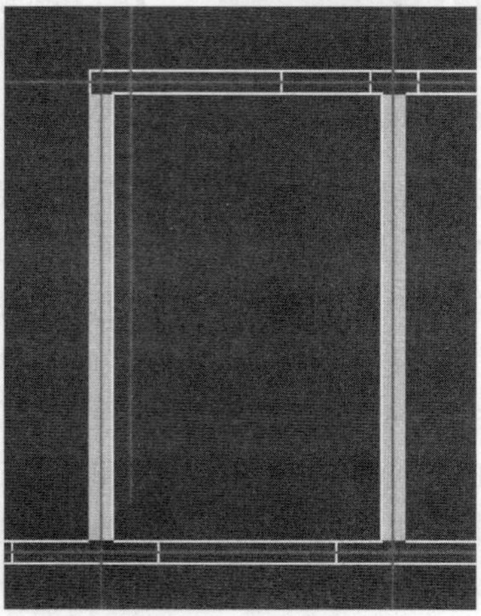

图 1.166 识别成功

这说明完全框选到的墙才会被自动识别。

直接单击“高级”按钮，如图 1.167 所示；为了提高软件的识别效率，软件可以针对图纸设计不标注进行调整。

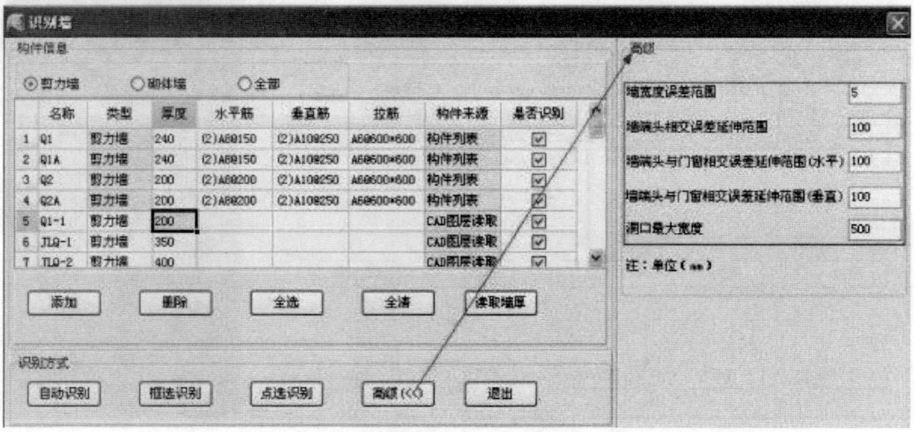

图 1.167 高级设置

其他功能介绍，如图 1.168 所示。

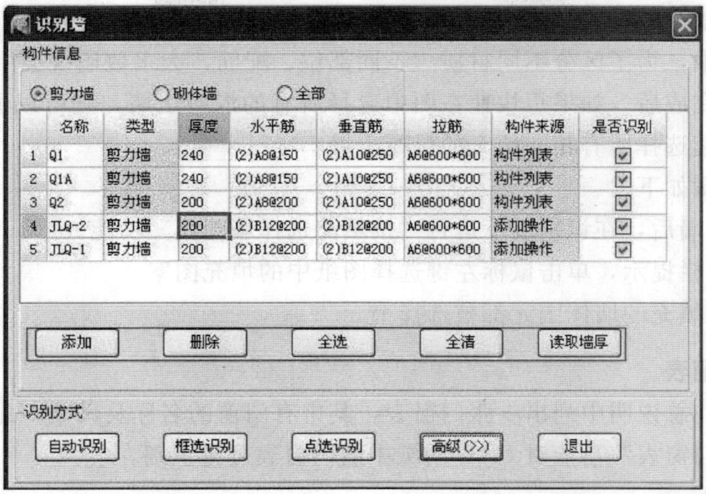

图 1.168 其他功能介绍

添加：直接在识别的墙表中添加一行，可以手动输入墙的名称、厚度以及钢筋信息。

删除：直接在识别的墙表选择多余行，直接删除。

全选：在识别时，单击“全选”按钮，把“是否识别”下边所有行都勾选。

全清：单击“全清”按钮时，把“是否识别”下边所有勾选行全部取消勾选。

读取墙厚：识别墙时，如果有部分墙厚软件没有直接读出，则单击选择墙的两条边线，再单击右键确定，把墙厚识别到构件列表中，再根据构件输入钢筋信息即可，如图 1.169 所示。

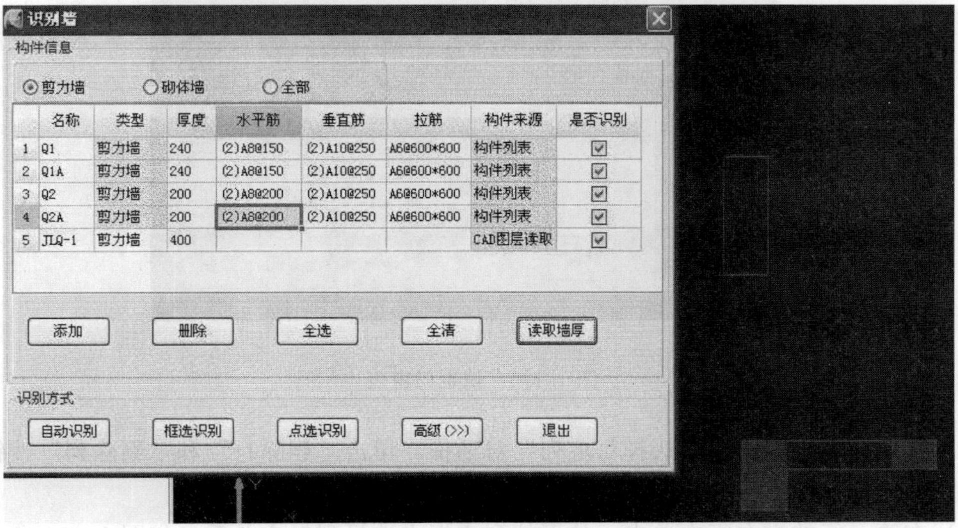

图 1.169 读取墙厚

注：识别墙中的“砌块墙”“全部”的操作和“剪力墙”中的操作一样。

7. 按填充选择墙图元

（1）使用背景。

在墙平面图中，为了区分不同材质、不同部位、配筋，大多数墙线会用不同的图案进行填充，在识别墙完成后，如果想快速在图中选择所有的混凝土墙，则可以通过选择 CAD 图中的墙填充，快速选择所有相同填充的混凝土墙。

（2）操作步骤如下。

1）完成识别墙后，在识别墙下运行“按填充选择墙图元”功能。

2）根据状态栏提示，单击鼠标左键选择图纸中的填充图案。

3）所有相同填充的墙体图元都被选择上。

1.5.13　识别门窗表

设计图纸会在总说明中列出一张门窗表，其中有门窗的名称及尺寸，此时就可以使用软件提供的“识别门窗表”功能对 CAD 图纸中的门窗表进行识别。

操作步骤如下。

（1）在 CAD 草图中导入 CAD 图，CAD 图中需包括可以用于识别的门窗表（如果已经导入了 CAD 图则此步可省略）。

（2）单击导航条中的“CAD 识别”→“CAD 草图”。

（3）单击绘图工具栏中的“识别门窗表”。

（4）拉框选择门窗表中的数据，黄色虚线框为框选的门窗表范围，单击右键确认，如图 1.170 所示。

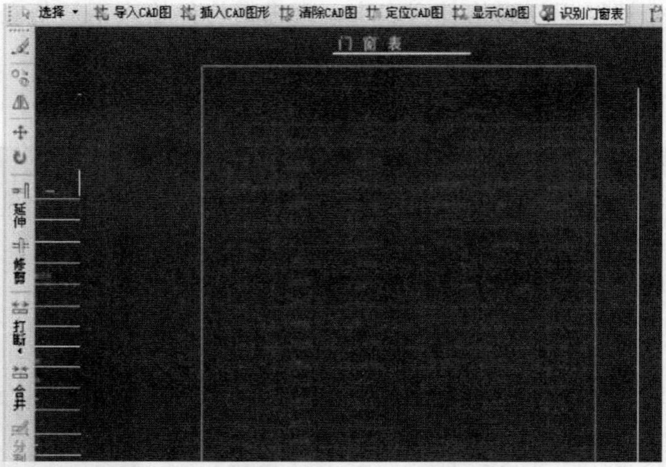

图 1.170　识别门窗表

（5）弹出“识别门窗表—选择对应列”对话框，单击“删除行”和“删除列”按钮可以删除无用的行和列。

（6）在第一行的空白行中单击，从下拉列表框内选择列对应关系，如图 1.171 所示。

（7）单击“对应楼层”列中的[…]按钮，选择对应的楼层，如图 1.172 所示。

						类型	对应楼层
编 号	类 别	洞口宽 高	选用图集及	数量	备 注	门	1
M-1	铝合金门	3750*2700	见建 -9	4		门	1
M-2	铝合金门	3000*2700	见建 -9	1		门	1
M-3	木 门	900*2100	成品胶合板	4		门	1
M-4	防盗门	1000*2100	钢制防火防	20		门	1
M-5	木 门	900*2100	成品胶合板	80		门	1
M-6	木 门	800*2100	成品胶合板	48		门	1
M-7	塑钢门	800*2600	见建 -11	16		门	1
PC-1	塑钢窗	1800*2000	见建 -11	16		窗	1
DC-1	塑钢窗	2400*2600	见建 -11	16		窗	1
C-1	塑钢窗	1800*1600	92SJT04 (	32		窗	1
C-2	塑钢窗	1500*1600	92SJT04 (	16		窗	1
C-3	塑钢窗	1200*1600	92SJT04 (	16		窗	1
C-4	塑钢窗	900*1600	92SJT04 (	8		窗	1
C-5	塑钢窗	1000*1600	92SJT04 (	16		窗	1
C-6	塑钢窗	900*1600	92SJT04 (	25		窗	1
C-7	塑钢窗	1200*1400	92SJT04 (	8		窗	1
C-8	塑钢窗	1800*550	92SJT04 (	4		窗	1
C-9	塑钢窗	1500*550	92SJT04 (	4		窗	1
C-10	塑钢窗	1200*550	92SJT04 (	4		窗	1
C-11	塑钢窗	1800*900	92SJT04 (	4		窗	1
C-12	塑钢窗	1500*900	92SJT04 (	4		窗	1
C-13	塑钢窗	1200*900	92SJT04 (	4		窗	1
C-14	塑钢窗	2400*900	92SJT04 (	2		窗	1

图 1.171　门窗表对应

					类型	对应楼层
编 号	类 别	洞口宽 高	选用图集及	数量	门	1
M-1	铝合金门	3750*2700	见建 -9	4	门	1
M-2	铝合金门	3000*2700	见建 -9	1	门	1
M-3	木 门	900*2100	成品胶合板	4	门	1
M-4	防盗门	1000*2100	钢制防火防	20	门	1
M-5	木 门	900*2100	成品胶合板	80	门	1
M-6	木 门	800*2100	成品胶合板	48	门	1
M-7	塑钢门	800*2600	见建 -11	16	门	1
PC-1	塑钢窗	1800*2000	见建 -11	16	窗	1
DC-1	塑钢窗	2400*2600	见建 -11	16	窗	1
C-1	塑钢窗	1800*1600	92SJT04 (	32	窗	1
C-2	塑钢窗	1500*1600	92SJT04 (	16	窗	1
C-3	塑钢窗	1200*1600	92SJT04 (	16	窗	1
C-4	塑钢窗	900*1600	92SJT04 (	8	窗	1
C-5	塑钢窗	1000*1600	92SJT04 (	16	窗	1
C-6	塑钢窗	900*1600	92SJT04 (	25	窗	1
C-7	塑钢窗	1200*1400	92SJT04 (	8	窗	1
C-8	塑钢窗	1800*550	92SJT04 (	4	窗	1
C-9	塑钢窗	1500*550	92SJT04 (	4	窗	1
C-10	塑钢窗	1200*550	92SJT04 (	4	窗	1
C-11	塑钢窗	1800*900	92SJT04 (	4	窗	1
C-12	塑钢窗	1500*900	92SJT04 (	4	窗	1
C-13	塑钢窗	1200*900	92SJT04 (	4	窗	1
C-14	塑钢窗	2400*900	92SJT04 (	2	窗	1

图 1.172　对应楼层

(8) 单击“确定”按钮即可将“识别门窗表—选择对应列”对话框中的门窗洞信息识别为软件中的门窗洞构件，并给出提示，如图 1.173 所示。

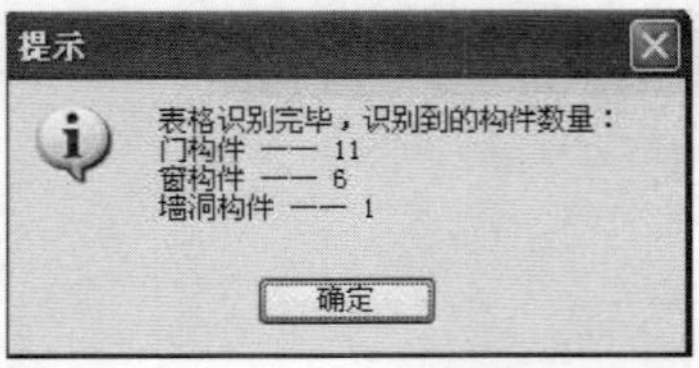

图 1.173　“提示”对话框

单击“确定”按钮，完成门窗表的识别。

1.5.14　识别门窗洞

1. 提取门窗标识

操作步骤如下。

(1) 在 CAD 草图中导入 CAD 图，CAD 图中需包括可以用于识别的门窗（如果已经导入了 CAD 图则此步可省略）。

(2) 单击导航条中的“CAD 识别”→“识别门窗洞”。

(3) 单击绘图工具栏“提取门窗标识”按钮，如图 1.174 所示。

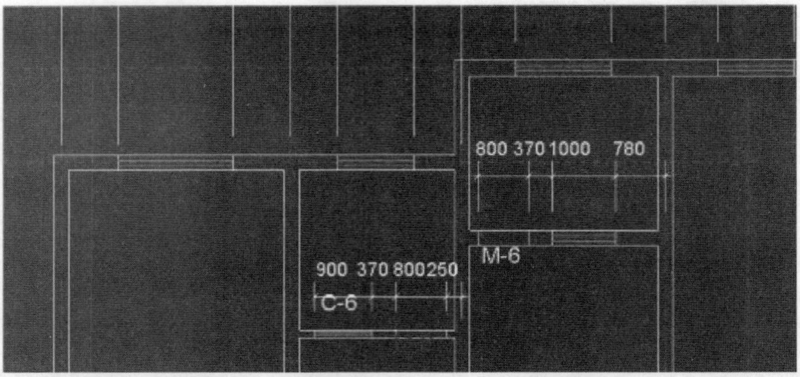

图 1.174　提取门窗标识

(4) 利用“选择相同图层的 CAD 图元”或“选择相同颜色的 CAD 图元”的功能选中需要提取的门窗标识 CAD 图元。

(5) 单击鼠标右键确认选择，则选择的 CAD 图元自动消失，并存放在“已提取的 CAD 图层”中。

2. 自动识别门窗

“自动识别门窗”功能可以将提取的门窗标识一次全部识别。

操作步骤如下。

完成建立门窗构件、绘制墙和提取门窗标识操作后，单击绘图工具栏中的“识别门窗”→“自动识别门窗”命令按钮，则提取的门窗标识和墙边线被识别为软件的门窗构件，并弹出识别成功的提示。说明在识别门窗之前一定要确认已经绘制完墙并建立门窗构件，如图 1.175 和图 1-176 所示。

1.5.15　独立基础的识别

独立基础的识别需要先建立好构件，并修改构件名称与 CAD 图纸给定的名称相一致，然后按正常识别步骤识别即可。

具体步骤：“CAD 识别”→“识别独立基础”→“定位 CAD 图”→“提取独立基础边线”→“提取独立基础标识”→“自动识别独立基础”→“独立基础校核”，如图 1.177 和图 1.178 所示。

识别独立基础完成后，如果图纸中存在标注问题导致识别独立基础出现错误，则软件自动进行校核并弹出提示。

						类型	对应楼层
编号	类别	洞口宽高	选用图集及	数量	备注	门	1
M-1	铝合金门	3750*2700	见建 -9	4		门	1
M-2	铝合金门	3000*2700	见建 -9	1		门	1
M-3	木门	900*2100	成品胶合板	4		门	1
M-4	防盗门	1000*2100	钢制防火防	20		门	1
M-5	木门	900*2100	成品胶合板	80		门	1
M-6	木门	800*2100	成品胶合板	48		门	1
M-7	塑钢门	800*2600	见建 -11	16		门	1
PC-1	塑钢窗	1800*2000	见建 -11	16		窗	1
DC-1	塑钢窗	2400*2600	见建 -11	16		窗	1
C-1	塑钢窗	1800*1600	92SJT04（	32		窗	1
C-2	塑钢窗	1500*1600	92SJT04（	16		窗	1
C-3	塑钢窗	1200*1600	92SJT04（	16		窗	1
C-4	塑钢窗	900*1600	92SJT04（	8		窗	1
C-5	塑钢窗	1000*1600	92SJT04（	16		窗	1
C-6	塑钢窗	900*1600	92SJT04（	25		窗	1
C-7	塑钢窗	1200*1400	92SJT04（	8		窗	1
C-8	塑钢窗	1800*550	92SJT04（	4		窗	1
C-9	塑钢窗	1500*550	92SJT04（	4		窗	1
C-10	塑钢窗	1200*550	92SJT04（	4		窗	1
C-11	塑钢窗	1800*900	92SJT04（	4		窗	1
C-12	塑钢窗	1500*900	92SJT04（	4		窗	1
C-13	塑钢窗	1200*900	92SJT04（	4		窗	1
C-14	塑钢窗	2400*900	92SJT04（	2		窗	1

图 1.175　识别门窗表

图 1.176　“提示”对话框

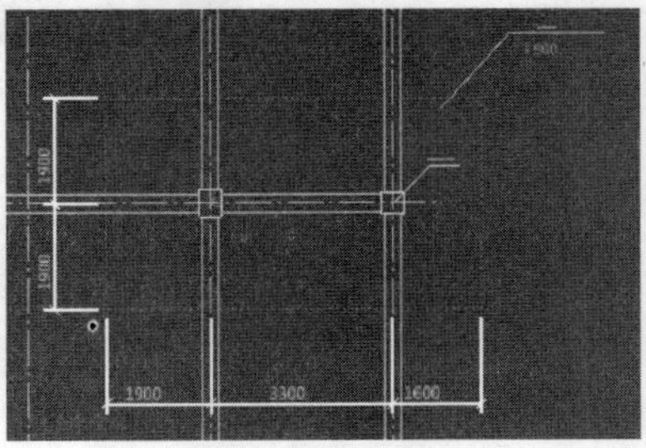

图 1.177　提取独立基础边线

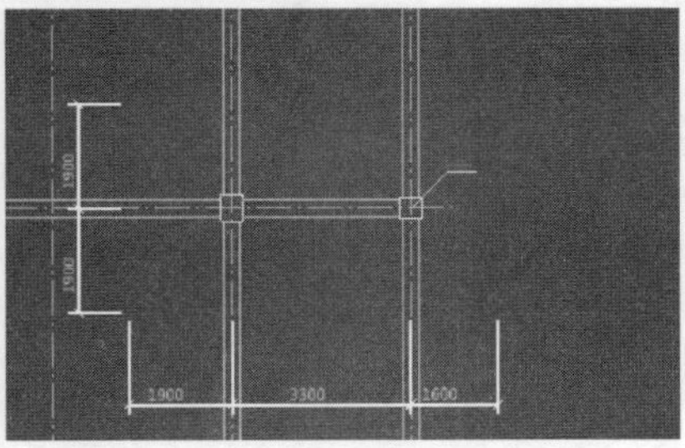

图 1.178　提取独立基础标识

操作步骤如下。

（1）自动识别或框选识别独立基础完成后，如果出现图纸与识别结果不一致，则自动弹出提示，如图 1.179 所示。

（2）双击定位到存在问题的独立基础，软件自动定位并选择此独立基础图元，可进行修改，如图 1.180 所示。

“校核内容”：在此可选择校核的内容，软件提供“无名称标识”和“有名称标识，但尺寸匹配错误”两个选项供选择。

“刷新”：当对有问题的独立基础修改后，单击“刷新”按钮，软件重新进行校核。

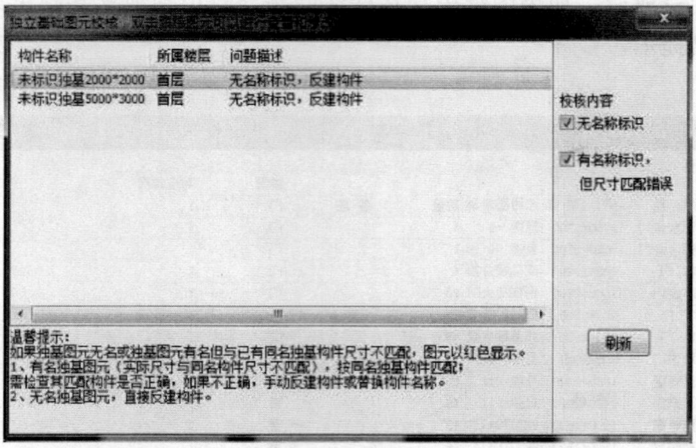

图 1.179　独立基础校核

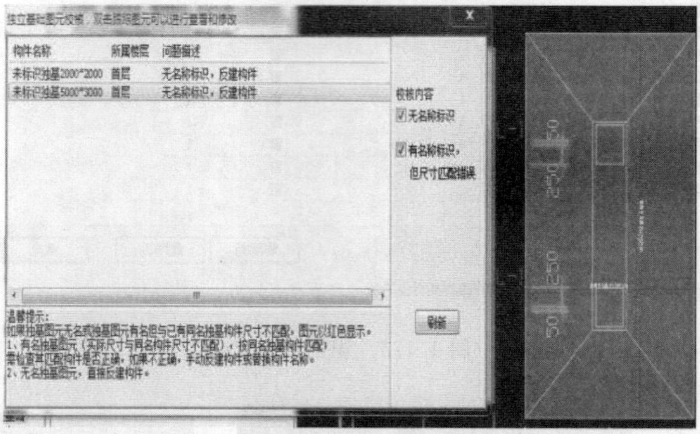

图 1.180　修改错误

学习项目 2　广联达 BIM 土建算量软件

【学习目标】

学生通过本学习项目的学习，了解广联达 BIM 土建算量软件的操作流程，掌握广联达土建算量软件的使用方法。

学习情境 2.1　土建算量软件算量原理

建筑工程量的计算是一项工作量大而繁重的工作，工程量计算的工具也随着信息化的技术发展，经历手算、计算器、计算机表格、计算机建模几个阶段，现在大多采用计算机建模方式来进行工程量的计算。

现在建筑设计输出的图纸绝大多数是采用二维设计，提供建筑平、立、剖面图纸，对建筑物进行表达。而建模算量则是将建筑平、立、剖面图结合，建立建筑的空间模型。模型的建立可以准确地表达各类构件之间的空间位置关系，土建算量软件则按计算规则计算各类构件的工程量，构件之间的扣减关系则根据图纸要求设定好程序进行处理，从而准确计算出各类构件的工程量。为了方便工程量的调用，将工程量以代码的方式提供，计算清单与定额时可以直接套用。

使用土建算量软件进行工程量计算，已经从手工计算的大量书写与计算转换为建立建筑模型。无论用手工算量还是软件算量，都有一个基本要求，那就是知道算什么、如何算。知道算什么是做好算量工作的第一步，手工算、软件算只是采用了不同的手段而已。

软件算量的重点：一是如何快速地按照图纸要求建立建筑模型；二是将算出来的工程量和工程量清单与定额进行关联；三是掌握特殊构件的处理及灵活应用。

学习情境 2.2　手工绘图操作流程

土建算量操作流程：启动软件→新建工程→工程设置→建立轴网→建立构件→绘制构件→汇总计算→打印报表→保存工程→退出软件，如图 2.1 所示。

2.2.1　新建工程

1. 启动软件

单击桌面上的图标 GCL2013，如图 2.2 所示。

2. 新建向导

新建向导如图 2.3 所示。

单击“新建向导”按钮，进入新建工程界面，弹出新建工程向导窗口。

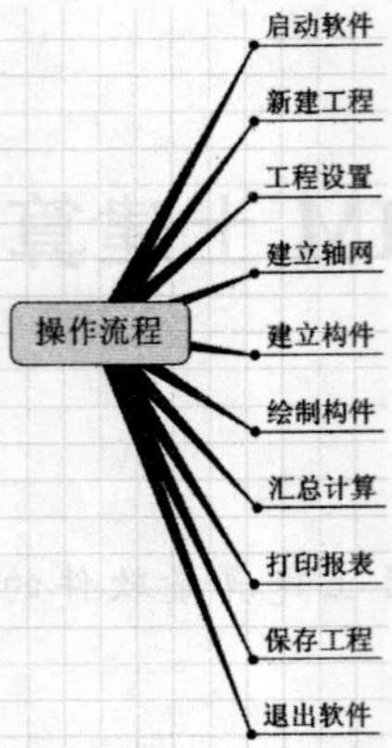

图 2.1　操作流程图

图 2.2　GCL2013 图标

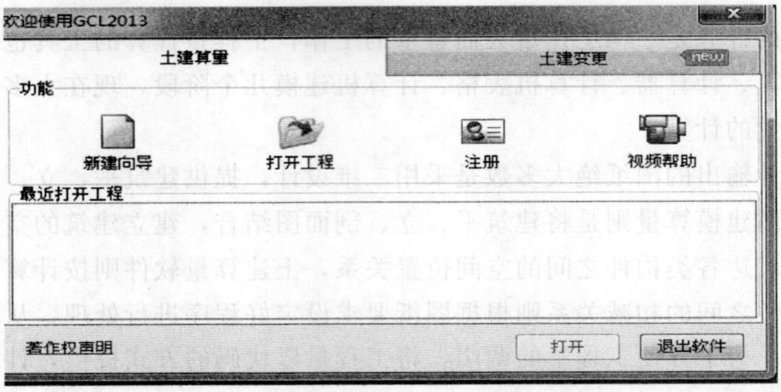

图 2.3　“新建向导”界面

3. 新建工程

新建工程，如图 2.4 所示。

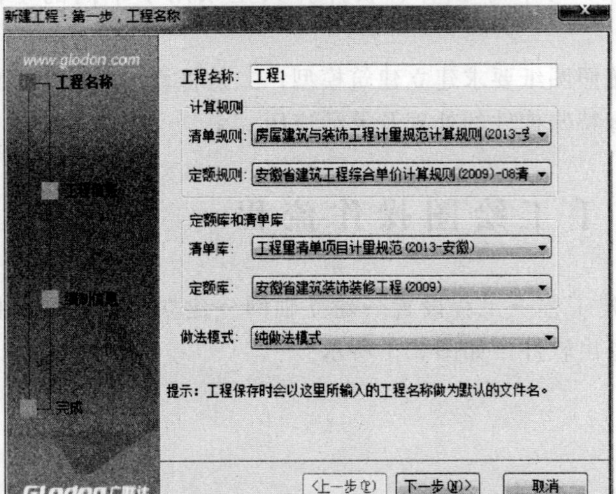

图 2.4　“新建工程”对话框

(1) 工程名称输入。

“工程名称”按图纸名称输入，保存时会作为默认的文件名。

“做法模式”选择“纯做法模式”。

软件提供两种做法模式：纯做法模式和工程量表达式。工程量表达式与纯做法模式的区别在于工程量表达式针对构件需要计算的工程量给出了参考列项。

注意：正确选择清单与定额规则，以及相应的清单库和定额库。

(2) 工程信息输入，如图 2.5 所示。

在“工程信息”界面中，室内外地坪相对于±0.000 标高的数值，需要根据实际工程的情况进行输入。表中黑色字体只起标

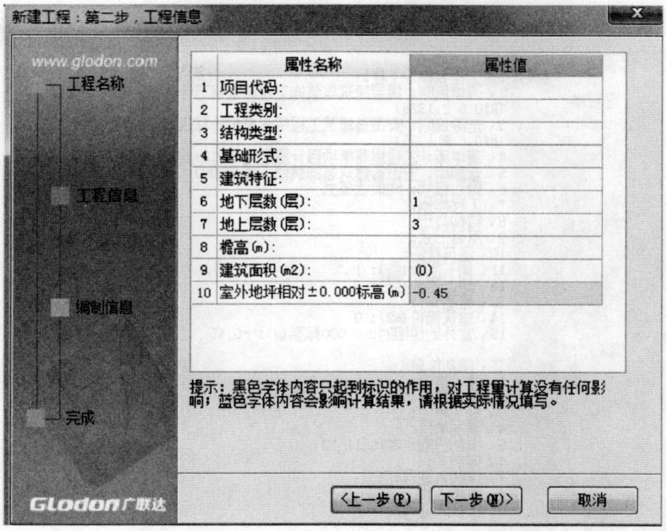

图 2.5 “工程信息”界面

示作用，蓝色字体会对计算结果产生影响。

输入完成后，单击“下一步”按钮。

(3) 编制信息，如图 2.6 所示。

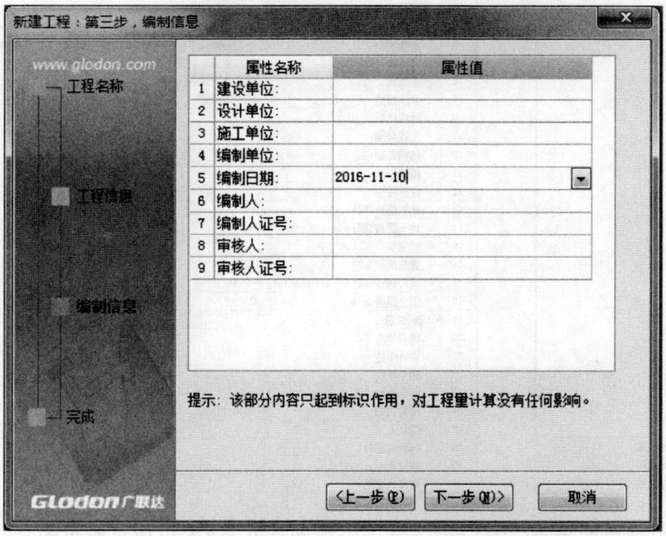

图 2.6 “编制信息”界面

单击“下一步”按钮，进入“完成”界面，这里显示了工程信息和编制信息。

(4) 完成界面，如图 2.7 所示。

设置完成后，单击“完成”按钮新建工程完成，软件会自动进入工程设置的界面。

左侧的模块导航栏共包括 4 个菜单，即工程设置、绘图输入、表格输入、报表预览。其中工程设置包括 5 个部分。

1) 工程信息，如图 2.8 所示。

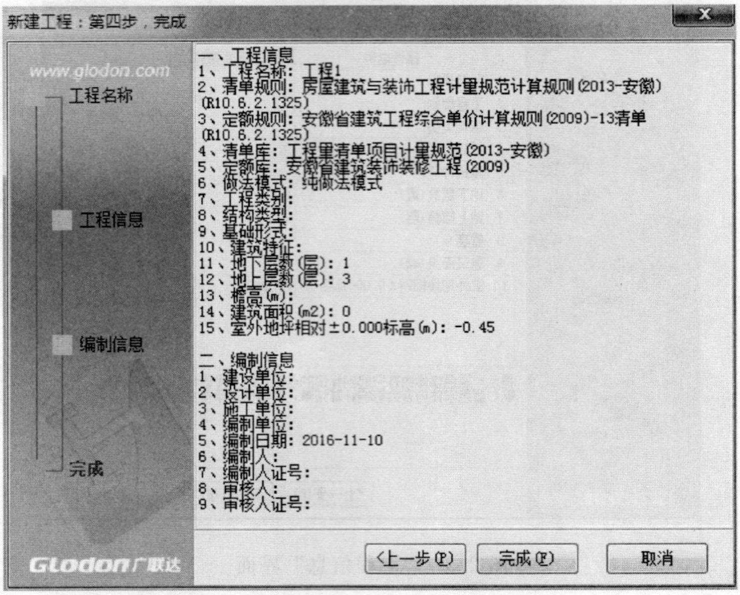

图 2.7 “完成”界面

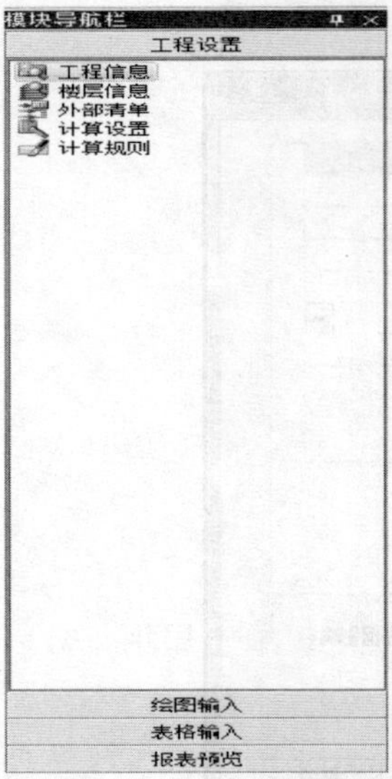

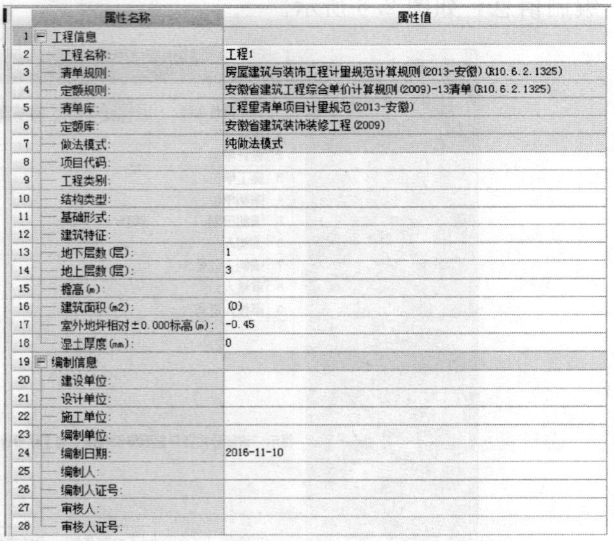

图 2.8 “工程设置”界面　　　　图 2.9 “工程信息”界面

所有在“工程信息”界面中输入的信息都会与报表的标题、页眉、页脚中的相应信息自动链接，如图 2.9 所示。

注意：工程信息中的清单规则、定额规则、清单库和定额库只能浏览，不能修改；工程信息中的“室外地坪相对标高”将影响外墙装修工程量和基础土方工程量的计算，应根据实际情况填写；工程信息会因地区规则的不同而有所差异。

2）楼层信息。在楼层信息界面可输入工程的立面信息，包括楼层设置和标号设置，如图 2.10 所示。

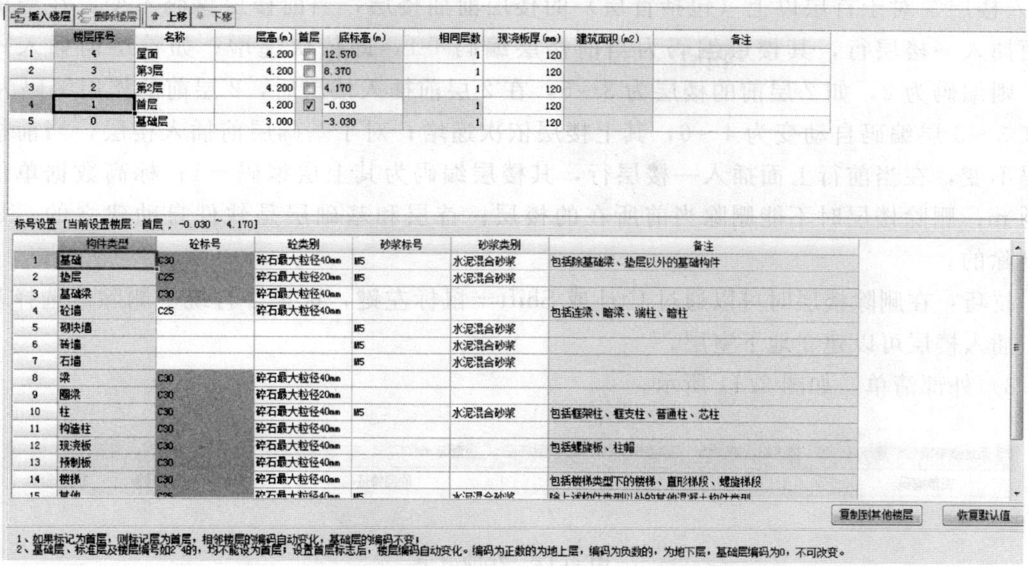

图 2.10 楼信息层

说明如下。

插入楼层：光标选中要插入的楼层，单击“插入楼层”按钮即可在选中的楼层前插入楼层。

删除楼层：可删除选择的楼层。

复制楼层：右键单击要复制的楼层，从弹出的快捷菜单中选择“复制楼层”命令，将选定的楼层行复制到剪贴板中。

粘贴楼层：右键单击要复制的楼层，从弹出的快捷菜单中选择“粘贴楼层”命令，将剪贴板中的楼层行粘贴到当前选择的区域，可以跨区域粘贴。

上移：可调整楼层顺序，将光标选中的楼层向上移一层，楼层的名称和层高等信息同时上移。

下移：将光标选中的楼层向下移一层。

编码：软件默认，不可修改，“0”表示基础层；“1”表示首层；地上层用正数表示，地下层用负数表示。

名称：楼层名称软件默认“第＊层”格式，可按工程需要修改楼层名称，如机房层。

首层：软件会将首层标识默认勾选在软件默认的首层上，可任意勾选调整，对于首层以下的楼层为地下室，以上楼层为地上层。

底标高：只需在首层输入图纸上的首层底标高，其他楼层的底标高软件自动计算，首层底标高默认为0.00m，建议按建筑标高定义输入。

层高：当前楼层的高度，单位为m；软件提供了Excel表格拖动复制的功能，可以快速调整层高数据。

相同层数：工程中遇到标准层时，只要将相同的数量输入即可，软件自动将编码改为“n～m”，底标高会自动叠加。

注意：该界面中的白色区域均可编辑，黄色区域不可编辑，绿色区域为修改过的；

“插入楼层”对于首层以上（包括首层）的楼层前插楼层，当前楼层编码不变，在当前行上面插入一楼层行，其楼层编码为当前楼层编码＋1，即依次递增；如首层前插入一楼层，则编码为 2，如 2 层前的楼层为 3～5，在 2 层前插入楼层后，2 层前的楼层编码为 3，原来 3～5 层编码自动变为 4～6，其上楼层依次递增；对于基础层前插入楼层，当前楼层编码不变，在当前行上面插入一楼层行，其楼层编码为其上层编码－1；标高数据单位一般为 m；删除楼层时不能删除当前所在的楼层；首层和基础层是软件自动建立的，是无法删除的。

技巧：在删除楼层时可以通过 Ctrl 或 Shift＋鼠标左键，选择多行统一删除。选择基础层，插入楼层可以建立地下室层。

3）外部清单，如图 2.11 所示。

图 2.11　外部清单

导入 Excel 清单项：单击“导入 Excel 清单表”按钮，选择需要导入的 Excel 文件。

4）计算设置，如图 2.12 所示。

有些计算信息在同一个工程中只需设置一次，不需要多次重复设置。

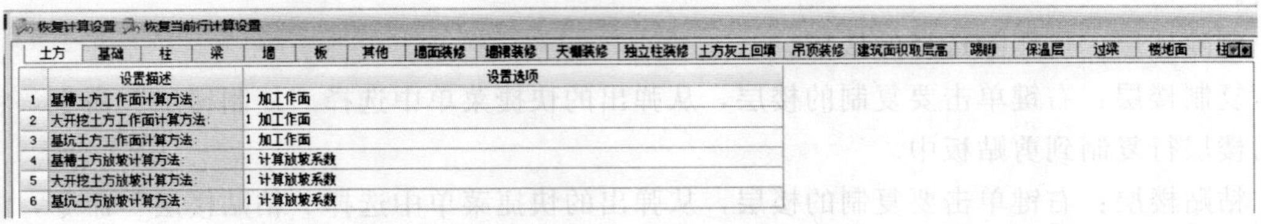

图 2.12　计算设置

注意：根据各地的清单及定额计算规则要求，软件已经将各构件的计算设置为正确的计算方法，一般不需要调整。

5）计算规则，如图 2.13 所示。

可以根据需要对选定的规则进行调整，使之更符合实际算量需求，明明白白算量。

导入规则：可导入保存的规则文件。

导出规则：可将自行修改的规则导出存为单独的规则文件以供其他工程导入时使用，清单规则默认导出文件扩展名为“. QDGZ”，定额规则默认导出文件扩展名为“. DEGZ”。

注意：根据各地的清单及定额计算规则要求，软件已经将各构件扣减计算规则设为正确的计算方法，一般不需要调整。

4. 建立楼层

(1) 分析图纸。

层高的确定按照图纸中的“结构层高”建立。

(2) 建立楼层，如图 2.14 所示。

在楼层设置界面，软件默认会出现首层和基础层，这两个楼层是不允许被删除的。选中

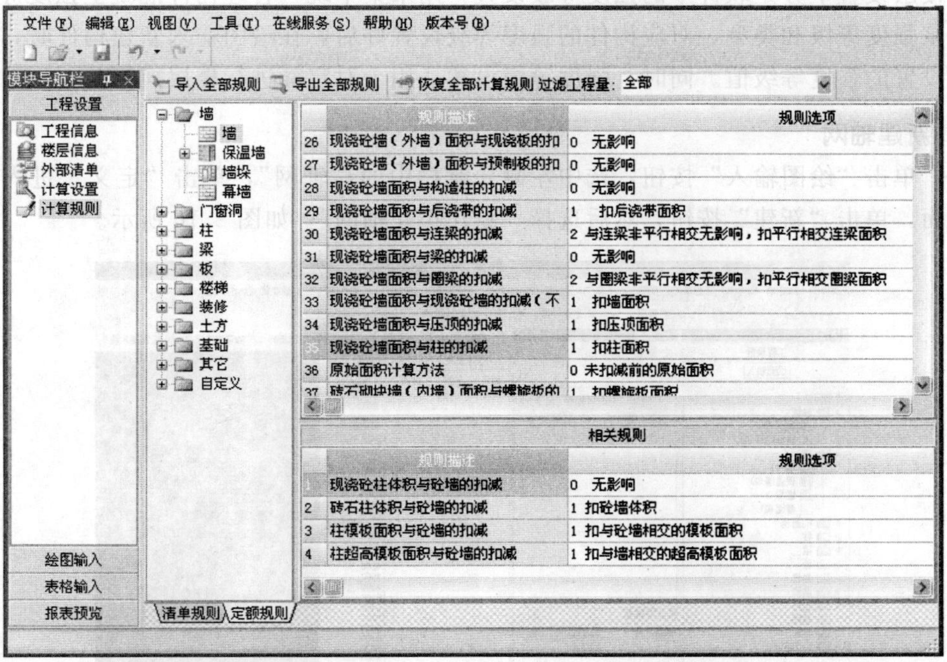

图 2.13 计算规则

	楼层序号	名称	层高(m)	首层	底标高(m)	相同层数	现浇板厚(mm)	建筑面积(m2)	备注
1	4	屋面	4.200	☐	12.570	1	120		
2	3	第3层	4.200	☐	8.370	1	120		
3	2	第2层	4.200	☐	4.170	1	120		
4	1	首层	4.200	☑	-0.030	1	120		
5	0	基础层	3.000		-3.030	1	120		

图 2.14 建立楼层

首层（首层会突出显示），单击“插入楼层”按钮即可插入地上层。如果先选中基础层再单击“插入楼层”按钮，则插入的是地下层。

（3）标号设置，如图 2.15 所示。

标号设置 [当前设置楼层: 屋面，12.570 ~ 16.770]

	构件类型	砼标号	砼类别	砂浆标号	砂浆类别	备注
1	基础	C30	碎石最大粒径40mm	M5	水泥混合砂浆	包括除基础梁、垫层以外的基础构件
2	垫层	C25	碎石最大粒径20mm	M5	水泥混合砂浆	
3	基础梁	C30	碎石最大粒径40mm			
4	砼墙	C25	碎石最大粒径40mm			包括连梁、暗梁、端柱、暗柱
5	砌块墙			M5	水泥混合砂浆	
6	砖墙			M5	水泥混合砂浆	
7	石墙			M5	水泥混合砂浆	
8	梁	C30	碎石最大粒径40mm			
9	圈梁	C30	碎石最大粒径20mm			
10	柱	C30	碎石最大粒径40mm	M5	水泥混合砂浆	包括框架柱、框支柱、普通柱、芯柱
11	构造柱	C30	碎石最大粒径40mm			
12	现浇板	C30	碎石最大粒径40mm			包括螺旋板、柱帽
13	预制板	C30	碎石最大粒径40mm			
14	楼梯	C30	碎石最大粒径40mm			包括楼梯类型下的楼梯、直形梯段、螺旋梯段
15	其他	C25	碎石最大粒径40mm	M5	水泥混合砂浆	除上述构件类型以外的其他混凝土构件类型

复制到其他楼层　恢复默认值

图 2.15 标号设置

从所给的图纸结构设计总说明中可知各层构件混凝土强度等级，然后输入对应的混凝土强度等级，最后设置相同楼层可以单击“复制到其他楼层”。

在楼层设置下方是软件中的强度等级设置，用来集中统一管理构件混凝土强度等级和类型、砂浆强度等级和类型，对应构件的强度等级设置好后，在绘图输入新建构件时，会自动取这里设置的强度等级值。同时，强度等级设置适用于对定额进行楼层换算。

2.2.2　新建轴网

（1）单击“绘图输入”按钮，选中左侧导航栏中的“轴网”，单击“定义”进入新建轴网的界面，单击“新建”按钮，然后选择“新建正交轴网”，如图2.16所示。

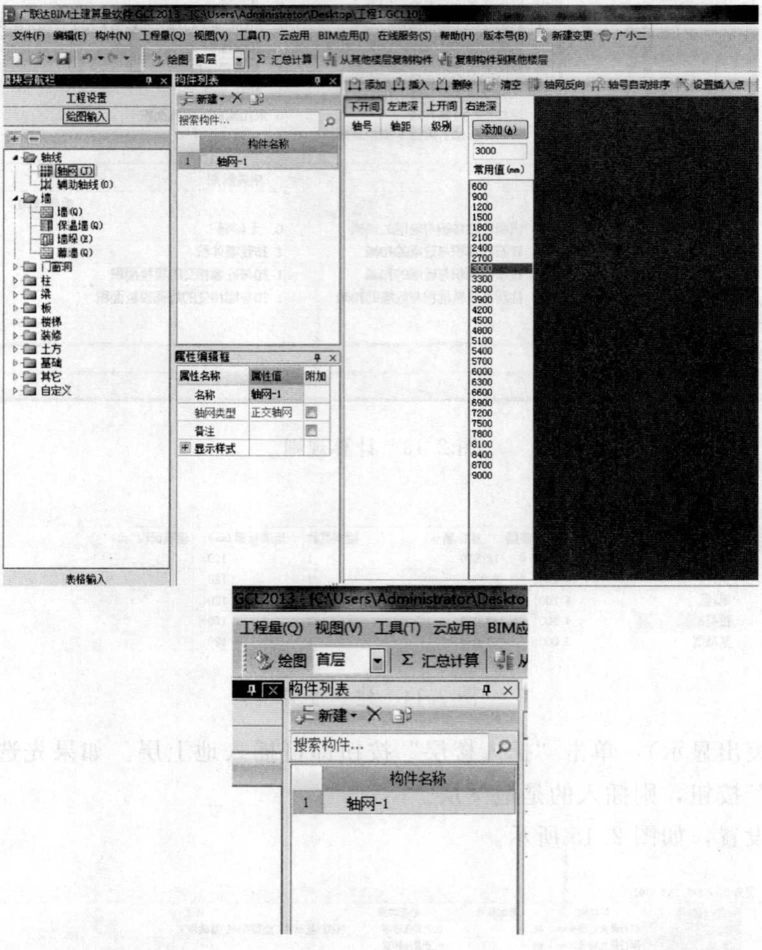

图2.16　新建轴网与轴网-1

（2）定义数据，根据图纸要求，依次在下开间、左进深、上开间、右进深中输入相应的尺寸。常用的数值可以直接双击，常用值中没有的数据直接添加即可。

（3）数据定义完成之后，单击“绘图”按钮，然后单击“确定”按钮，完成对轴网的绘制，如图2.17所示。

轴网的其他功能：设置插入点，用于轴网拼接，可以任意设置插入点（不在轴线交点处或者在整个轴网外都可以设置）；修改轴号，修改轴距：当检查到已经绘制的轴网有错误时，可以直接修改；软件提供了辅助轴线，用于构件辅助定位。辅助标识在任意图层都可以直接添加，辅助标识主要有两点、平行、点角、圆弧。

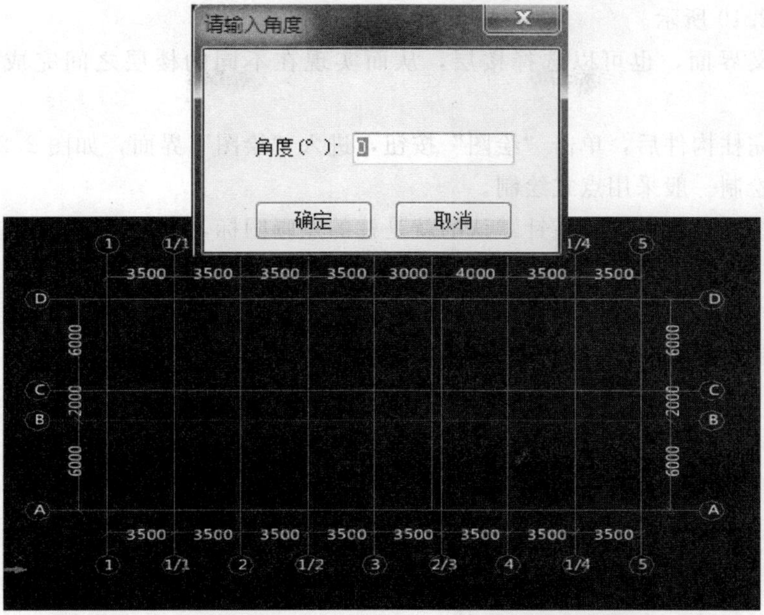

图 2.17 输入角度轴网建成

2.2.3 柱的工程量计算

（1）单击左侧导航栏中的“柱”，然后单击“定义”按钮，进入“柱的定义”界面。单击“新建”按钮，新建一个矩形柱，在页面下侧的“属性编辑框”中可以对矩形柱的属性进行设置。如图 2.18 所示。

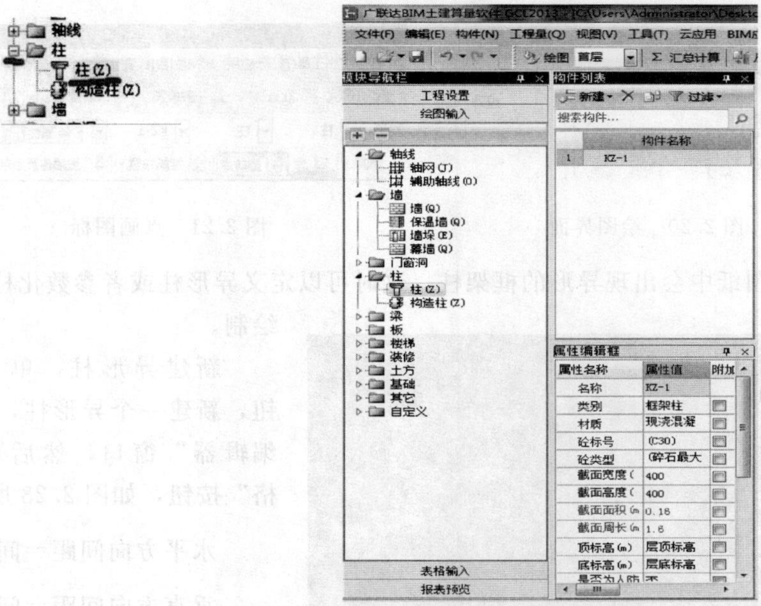

图 2.18 “柱的定义”界面

（2）定义完 KZ-1，如果图纸中还有其他的矩形柱，并且这些矩形柱的属性相同或者相似，可以使用复制命令，选中 KZ-1，单击“复制”按钮，即可产生与 KZ-1 属性相同的

KZ－2，如图 2.19 所示。

在构件定义界面，也可以选择楼层，从而实现在不同的楼层之间完成对构件定义或编辑。

(3) 定义完柱构件后，单击“绘图”按钮，进入“绘图”界面，如图 2.20 所示。

(4) 柱的绘制一般采用点式绘制。

进入“绘图”界面，鼠标指针默认的就是柱的点画图标，也可以单击“点”按钮，如图 2.21 所示。

此时鼠标指针会变成十字与方框相交的形状，紫色图标即为定义好的矩形柱。选择轴线的交点，单击鼠标左键，即可完成对柱的绘制，如图 2.22 所示。

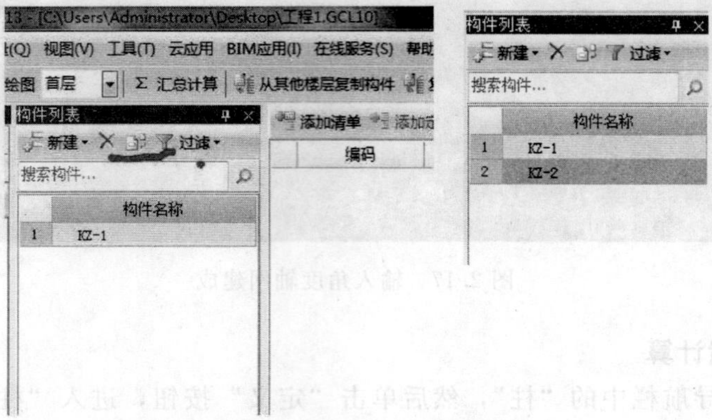

图 2.19　复制 KZ－1

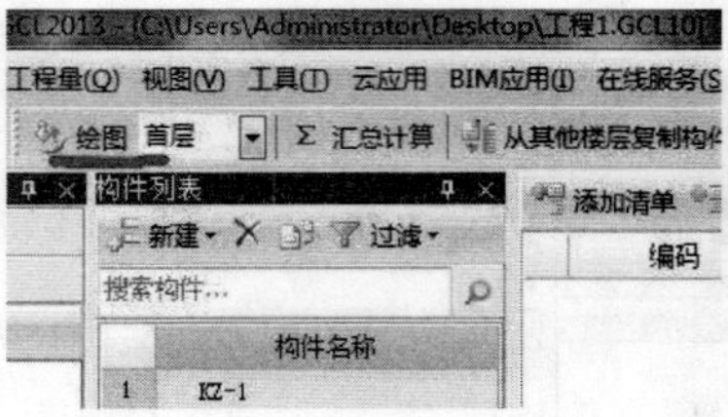

图 2.20　绘图界面

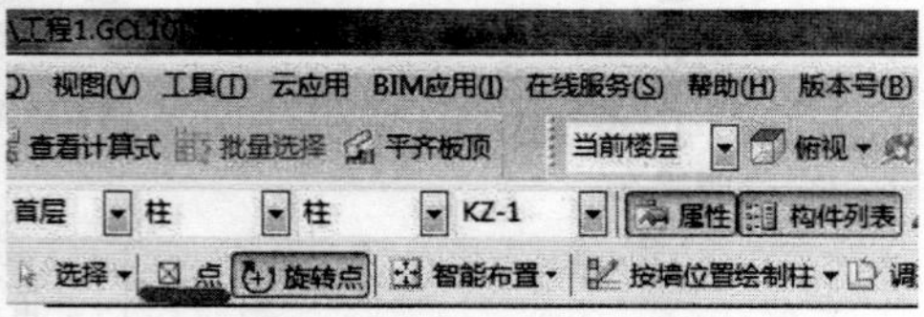

图 2.21　点画图标

(5) 有时图纸中会出现异形的框架柱，这时可以定义异形柱或者参数化柱利用旋转点来绘制。

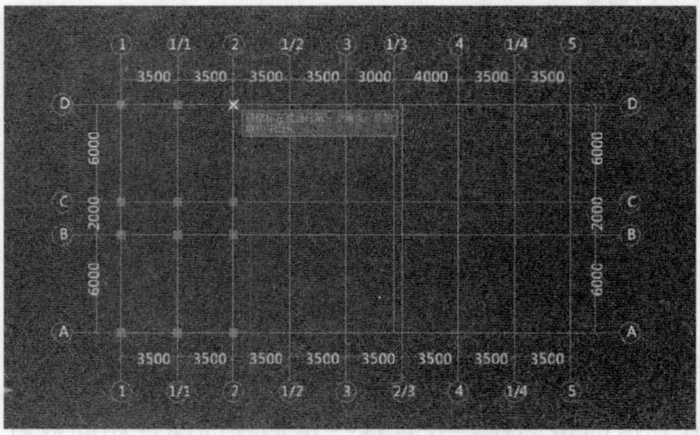

图 2.22　柱的绘制

新建异形柱，单击“新建”按钮，新建一个异形柱，弹出“多边形编辑器”窗口，然后单击“定义网格”按钮，如图 2.23 所示。

水平方向间距＝间距×个数

垂直方向间距＝间距×个数

定义好之后单击“确定”按钮，然后在定义好的网格中绘制图纸要求的异形柱，如图 2.24 所示。

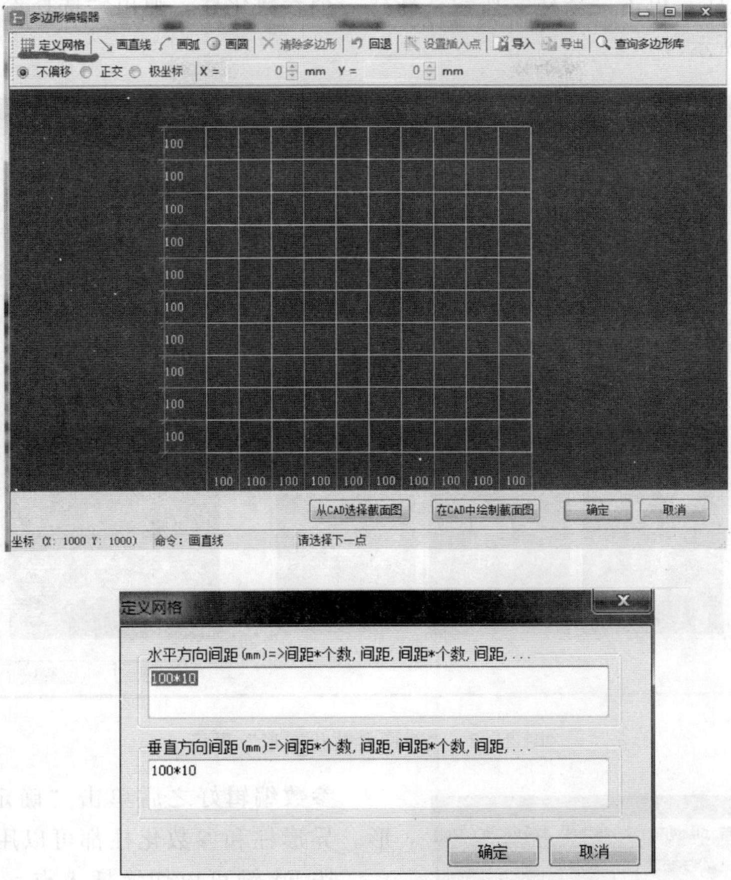

图 2.23　定义网格

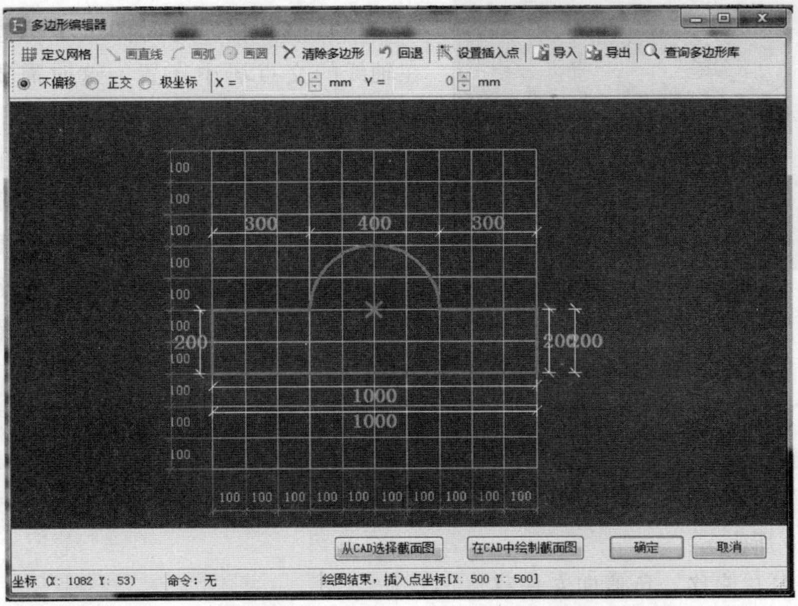

图 2.24　“多边形编辑器”界面

新建参数化柱，单击“新建”按钮，新建一个参数化柱，弹出“选择参数化图形”对话框，如图 2.25 所示。

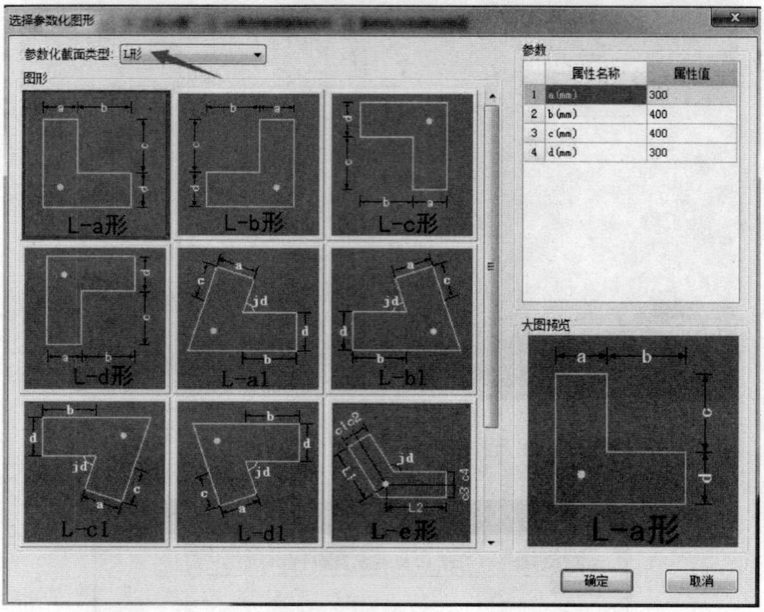

图 2.25 “选择参数化图形”界面

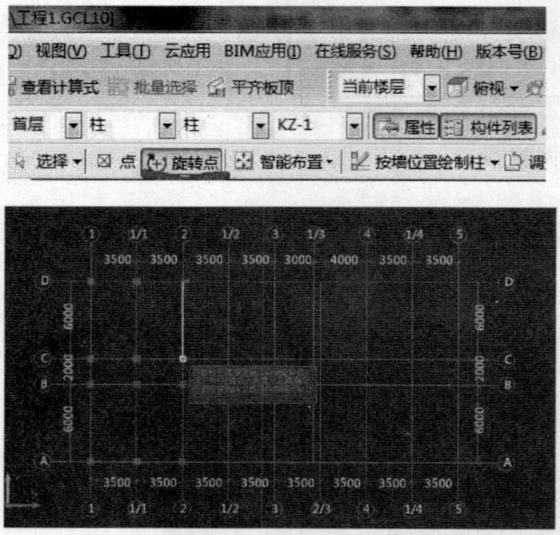

图 2.26 “绘制”界面

参数编辑好之后单击“确定”按钮绘制图形。异形柱和参数化柱都可以用旋转点绘制。

按 F4 键可以切换插入点，按 F3 键可以左右调整柱端头，按 Shift+F3 组合键可以上下调整柱端头，如图 2.26 所示。

（6）偏心柱。有时图纸中标注的柱并不是在轴线的交点居中布置，这时需要使用绘制偏心柱的功能。

单击“点”按钮，把鼠标放在轴线交点的位置，单击鼠标的同时按下 Ctrl 键，即可弹出偏心柱的设置界面，然后根据图纸输入相应的尺寸即可。在数字上单击鼠标左键即可对其进行修改，修改完成后，按 Enter 键即可，如图 2.27 所示。

（7）除了偏心柱，图纸中有时还会出现其他类型的柱，如与轴线没有任何交点的柱，这时就要使用偏移量来进行绘制。单击“点”按钮，单击鼠标左键的同时按住 Shift 键，弹出“输入偏移量”对话框，一般选中“正交偏移”单选钮，在 *X* 与 *Y* 框中输入相应的尺寸即可，如图 2.28 所示。

X：正值向右偏移，负值向左偏移。

Y：正值向上偏移，负值向下偏移。

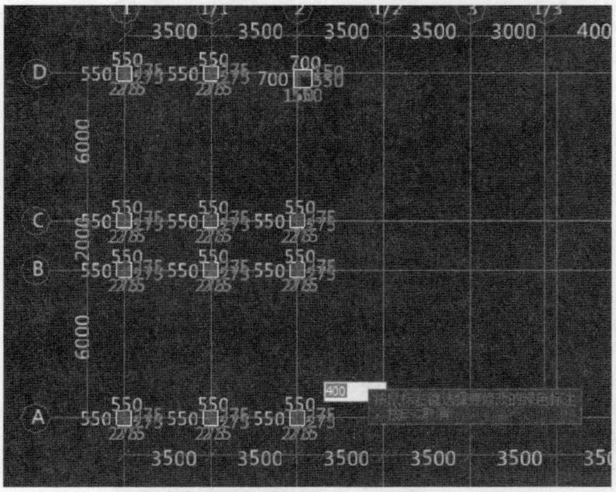

图 2.27 设置偏心柱

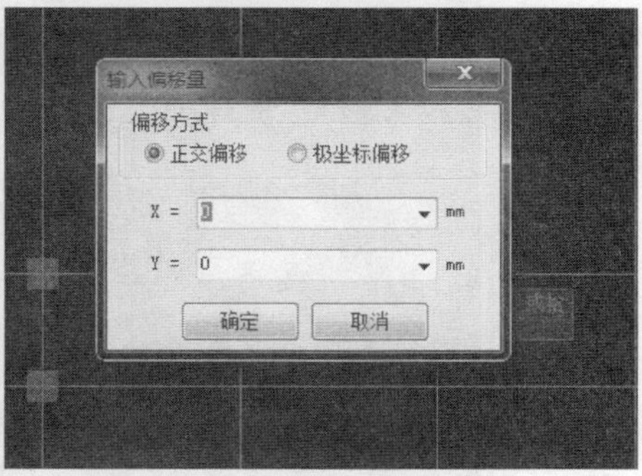

图 2.28 “输入偏移量”界面

(8) 如果左右、上下、两边的柱子是一样的，也可以采用镜像功能快速画好另一边。先框选左边画好的柱子，然后单击鼠标右键弹出快捷菜单，选择“镜像”命令绘制出右边的柱子，如图 2.29 所示。

(9) 柱绘制完成后，可以使用动态观察来查看三维效果，如图 2.30 所示。

(10) 已经绘制完成的柱，如果需要对其属性进行修改，可单击“属性”按钮，然后在页面左下侧出现的“属性编辑框”中进行修改即可，如图 2.31 所示。

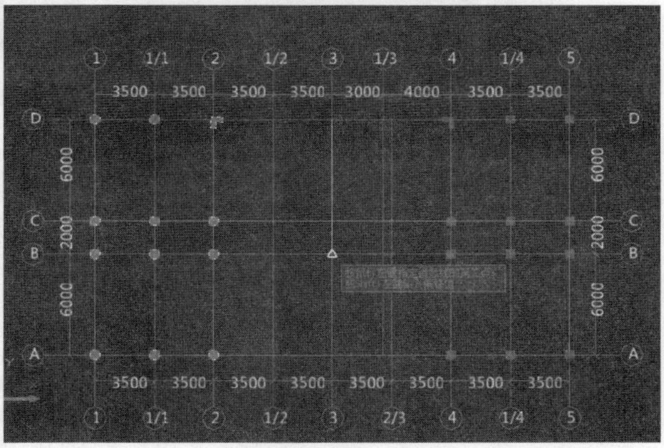

图 2.29 “镜像”界面

在属性编辑框中，蓝色的字体表示公有属性，黑色的字体表示私有属性。

(11) 如果图纸中有多种类型的柱，可以通过“构件列表”按钮来选择柱，如图 2.32 所示。

技巧：在柱图元的绘制过程中，按字母 Z 可以显示/隐藏柱图元，按 Shift＋Z 组合键可以显示/隐藏柱的名称及其他属性。

如果绘制参数化柱，按 F4 键可以切换插入点，按 F3 键可以左右调整柱端头，按 Shift＋F3 组合键可以上下调整柱端头。

若在绘制过程中不小心忘记切换构件，可选中画错图元，单击“属性”按钮，打开“属性编辑框”，在“名称”栏内直接修改图元名称即可。一般不要使用“修改构件图元名称”这个命令，有时会造成图元位置有偏移而不准确。

(12) 柱做法套用。

柱构件绘制好后，需要进行套用做法操作。有的人习惯在所有构件都绘制好后再套用做

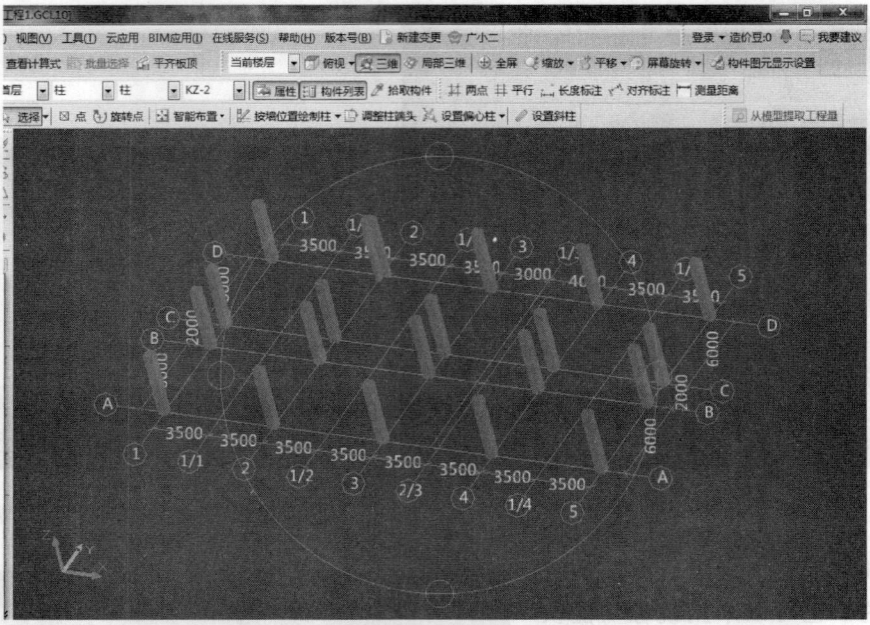

图 2.30　三维图

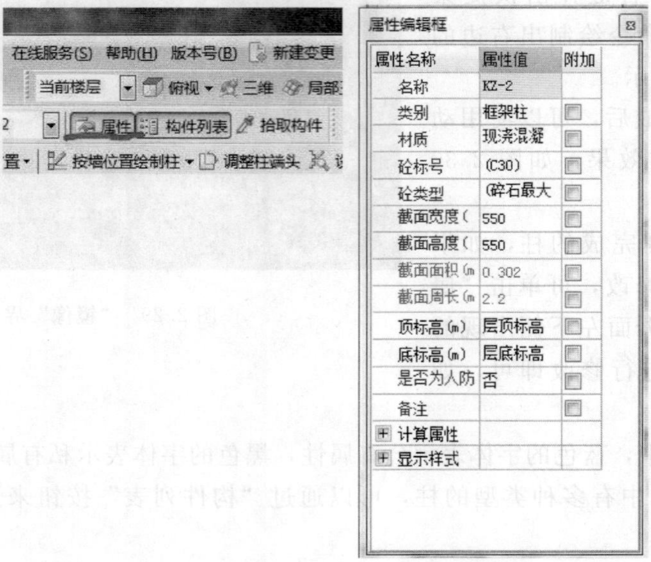

图 2.31　属性编辑框

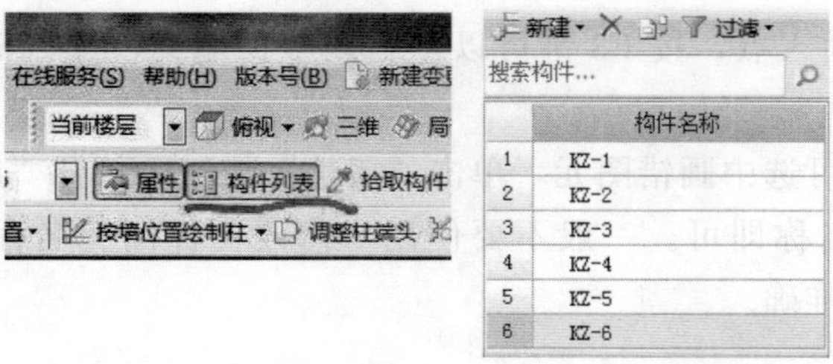

图 2.32　构件列表

法，通过做法刷将相似构件都套做好。套用做法是指构件按照计算规则计算汇总出做法工程量，方便进行同类项汇总，同时与计价软件数据接口。构件套做法，可以通过所给的清单定额汇总表手动添加。单击“添加清单”按钮，如图 2.33 所示。

弹出如图 2.34 所示界面。

图 2.33 单击“添加清单”按钮

图 2.34 “添加清单”界面

从清单定额汇总表中复制、粘贴“编码”和“项目特征”到这里，如图 2.35 所示。

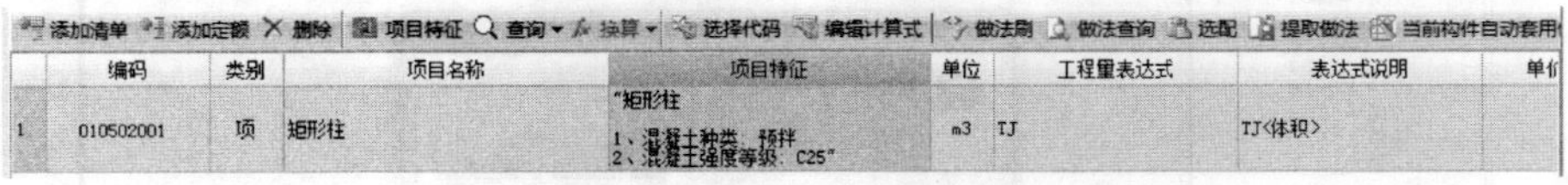

图 2.35 复制、粘贴

单击“添加定额”按钮，如图 2.36 所示。

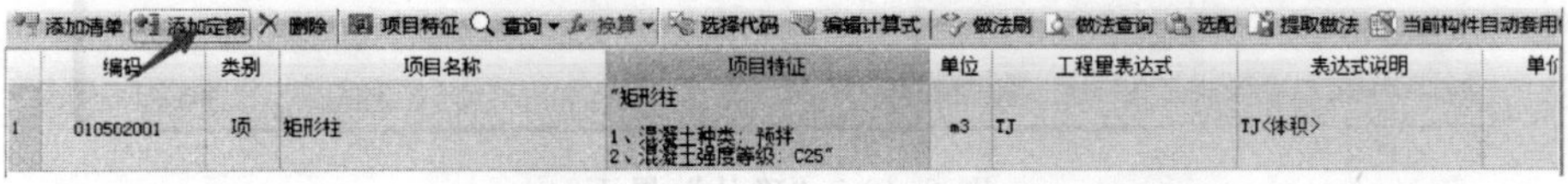

图 2.36 单击“添加定额”按钮

从清单定额汇总表中复制并粘贴定额的内容到这里，如图 2.37 所示。

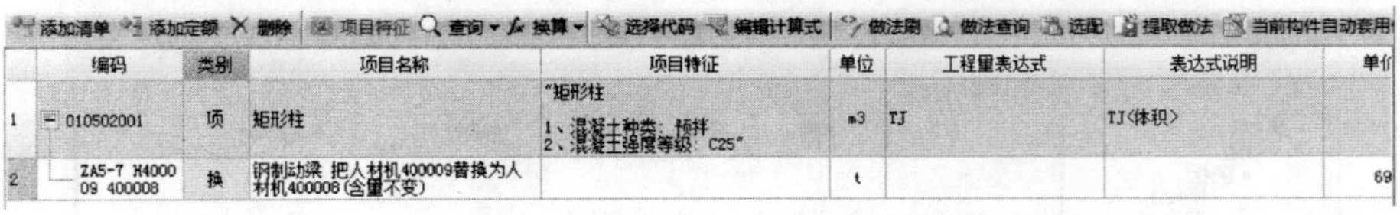

图 2.37 “添加定额”界面

选中清单定额，单击“做法刷”按钮，如图 2.38 所示。

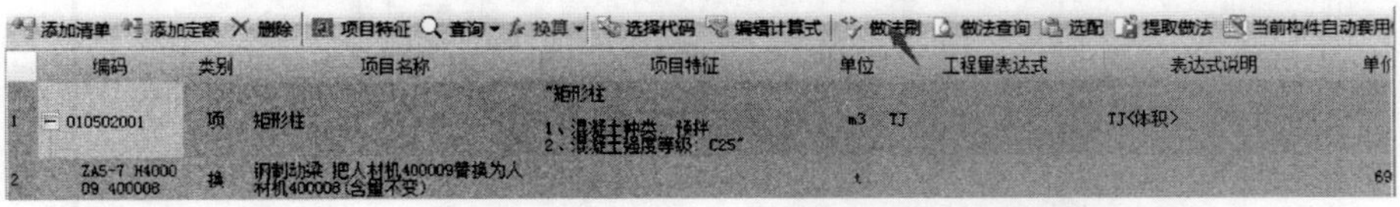

图 2.38 单击“做法刷”按钮

勾选相同构件，单击“确定”按钮，如图 2.39 所示。

弹出“确认”对话框，单击“是”按钮，如图 2.40 所示。

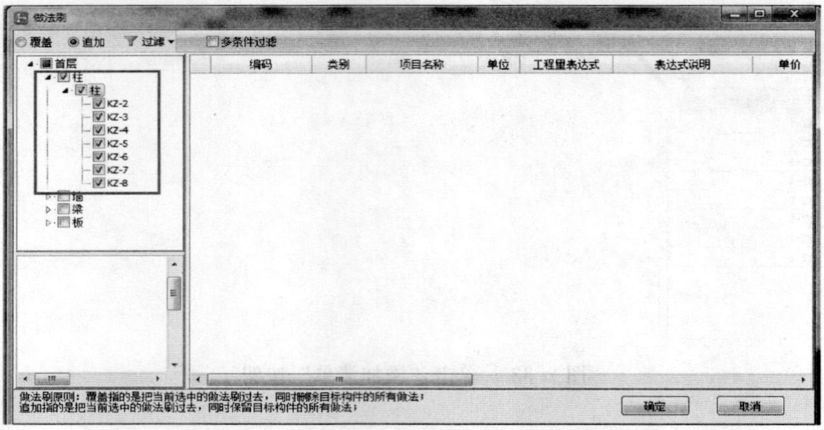

图 2.39 勾选相同构件

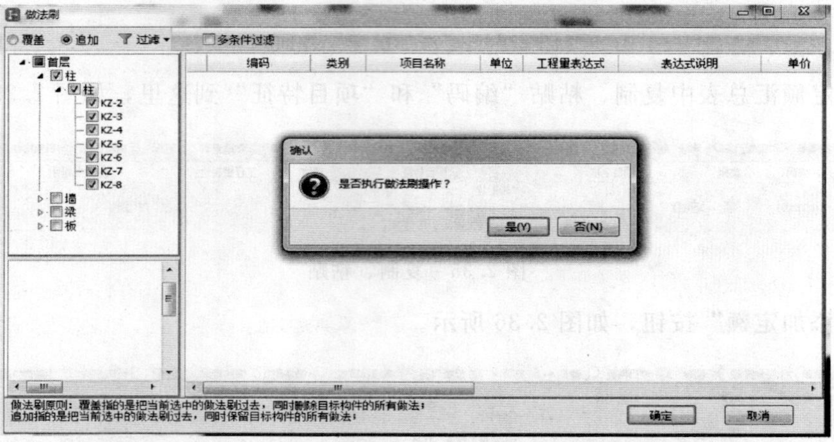

图 2.40 “确认”界面

做法刷操作成功，单击“确定”按钮，如图 2.41 所示。

相同构件做法刷成功，如图 2.42 所示。

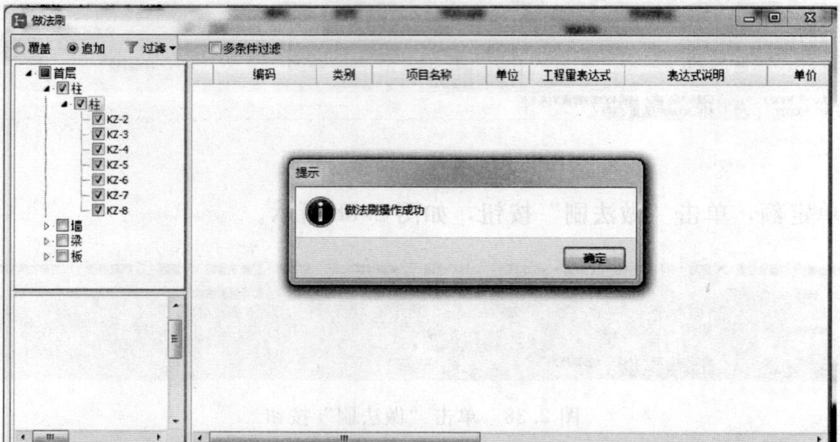

图 2.41 “提示”对话框

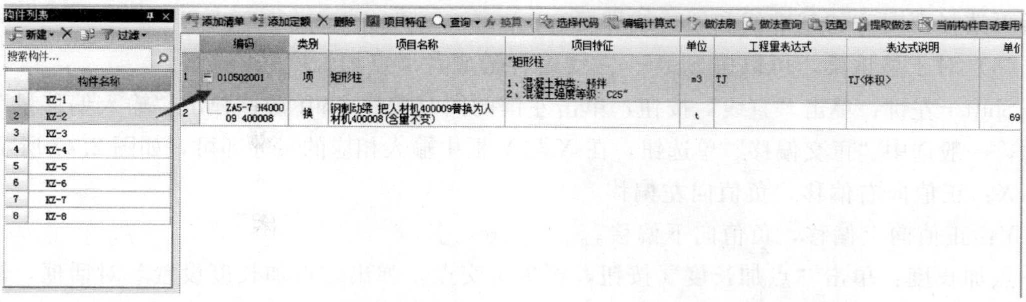

图 2.42 做法刷成功

2.2.4 梁的工程量计算

(1) 在左侧的导航栏中选中梁，单击“定义”按钮，进入“梁的定义”界面。

(2) 单击“新建”按钮，新建一个矩形梁。按照图纸的要求，在页面左下侧的“属性编辑框”中对梁的数据进行定义。“属性编辑框”中，蓝色的字体表示公有属性，黑色的字体表示私有属性，如图 2.43 所示。

(3) 定义完成后，单击“绘图”按钮，进入“绘图”界面，如图 2.44 所示。

定义完 KL－1，如果图纸中还有其他的矩形梁，并且这些矩形梁的属性相同或者相似，可以使用复制命令，选中 KL－1，单击“复制”按钮，即可产生与 KL－1 属性相同的 KL－2，如图 2.45 所示。

图 2.43 “梁的属性”编辑框

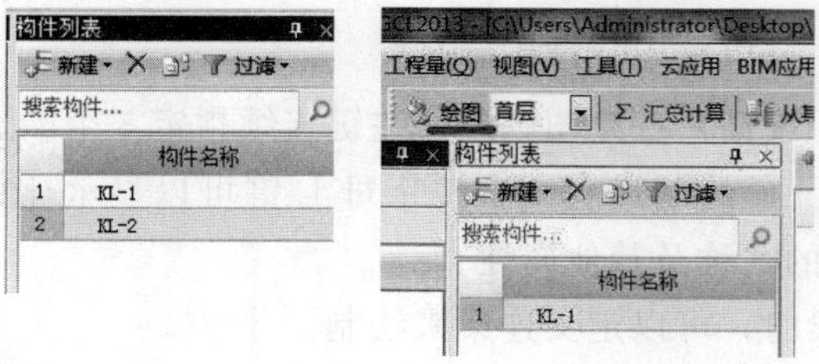

图 2.44 梁的绘图

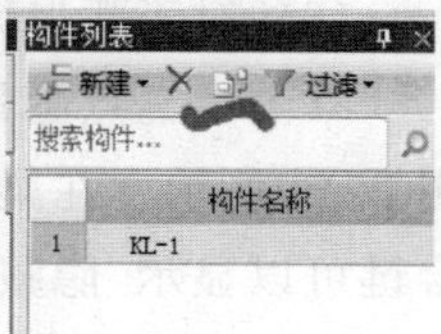

图 2.45 复制 KL－2

(4) 单击“直线”，然后捕捉轴线的交点处，参照图纸要求完成对梁的绘制。

线型构件在绘制的过程中只需找到起点与终点即可。在捕捉点的过程中，注意鼠标中间滑轮的灵活使用，控制图形的放大、缩小及移动，以保证捕捉到的点准确无误。梁绘制完成后，单击右键即可，如图 2.46 所示。

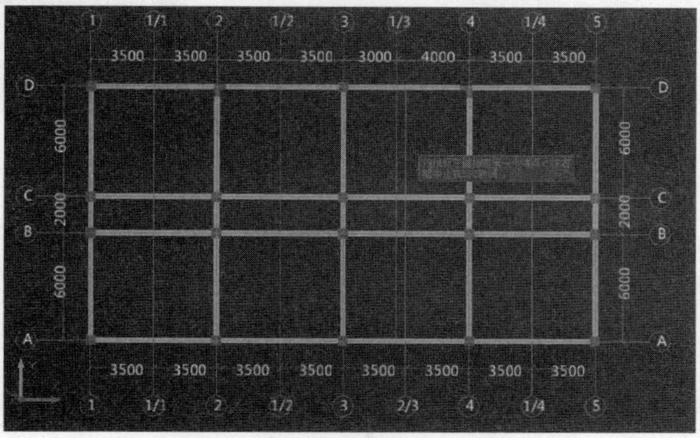

图 2.46 梁的绘制

当梁中心线不在轴线上时，除之前讲的按 Shift＋左键组合键的方法偏移绘制外，也可以在轴线上绘制完梁以后，单击左键选中梁，再单击右键选择快捷菜单中的“单对齐”命令，然后再选择要对齐的基准线和梁边线即可。

(5) 对于悬挑梁，可以按 Shift+左键组合键或者“点加长度”绘制。

Shift+左键：单击“直线”按钮，单击左键的同时按住 Shift 键，弹出“输入偏移量”对话框，一般选中“正交偏移”单选钮，在 X 与 Y 框中输入相应的尺寸即可，如图 2.47 所示。

X：正值向右偏移，负值向左偏移。

Y：正值向上偏移，负值向下偏移。

点加长度：单击“点加长度”按钮，再单击交点，弹出“点加长度设置”对话框，输入正向长度或者反向延伸长度即可，如图 2.48 所示。

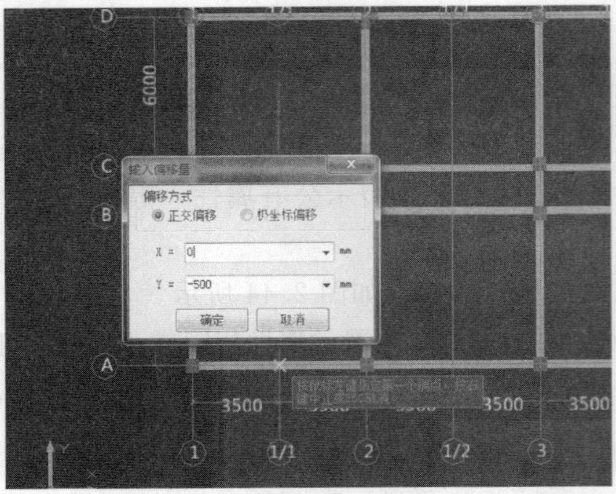

图 2.47　悬挑梁的绘制

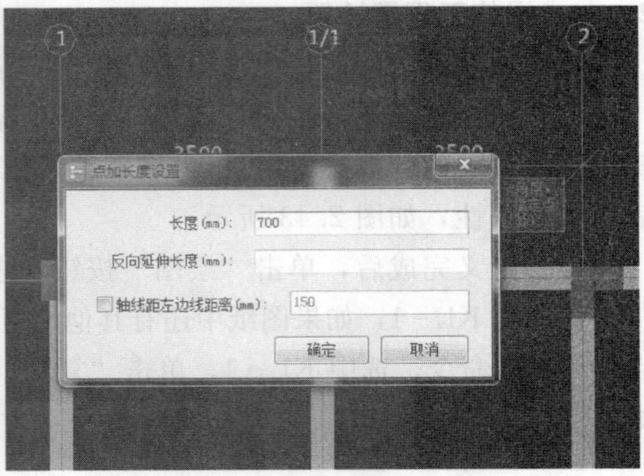

图 2.48　“点加长度设置”对话框

(6) 对于弧形梁，可以采用“三点画弧”。

单击“三点画弧”按钮，在绘图区单击左键连续指定 3 个端点，然后单击右键即可，如图 2.49 所示。在梁图元的绘制过程中，按字母 L 键可以显示/隐藏梁图元，按 Shift+L 组合键可以显示/隐藏梁的名称及其他属性。

(7) 图纸中有连梁时，可以定义连梁来绘制。

单击“连梁”，新建一个矩形连梁。按照图纸的要求，在页面左下侧的“属性编辑框”中对连梁的数据进行定义，如图 2.50 所示。

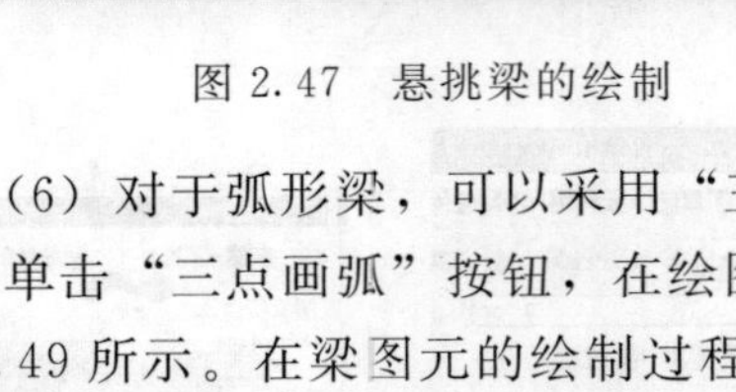

图 2.49　弧形梁的绘制

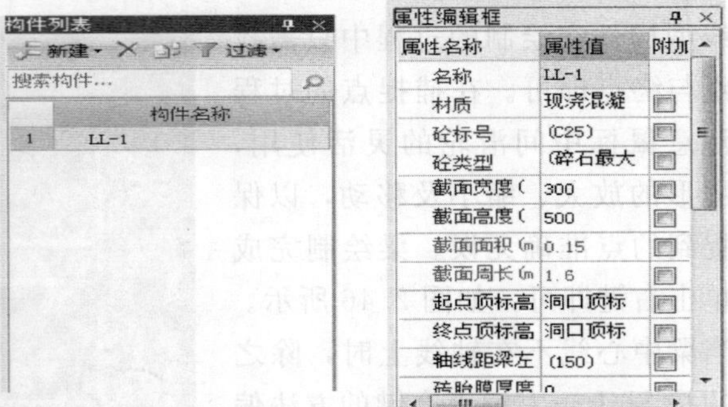

图 2.50　连梁的编辑

定义完成后，单击“绘图”按钮，进入“绘图”界面。

定义完 LL－1，如果图纸中还有其他的矩形连梁，并且这些矩形连梁的属性相同或者相似，可以使用复制命令，选中 LL－1，单击“复制”按钮，即可产生与 LL－1 属性相同的 LL－2。

连梁的绘制方法和其他一些功能与框架梁一致，这里就不再重复。

(8) 圈梁可以采用“直线”画法，方法同矩形梁的画法相同，这里不再重复。

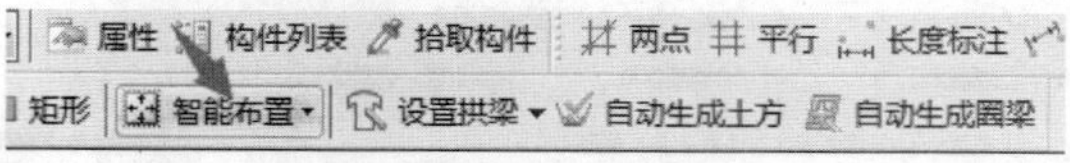

图 2.51 智能布置

单击“智能布置”按钮后选择“墙中心线”，如图 2.51 所示。

框选右击确定即可，如图 2.52 所示。

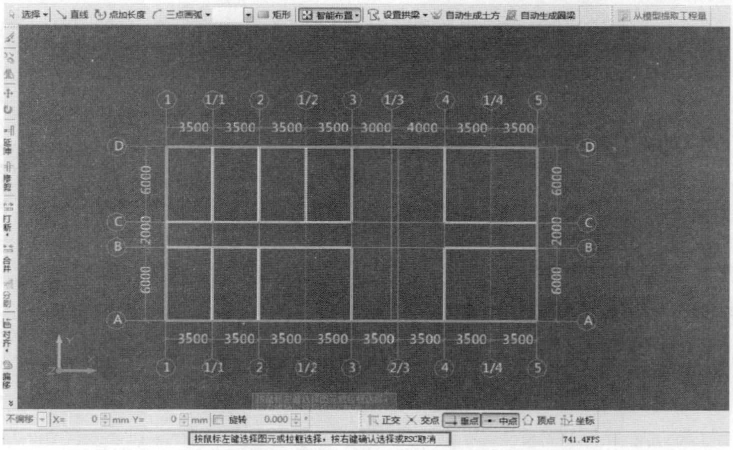

图 2.52 框选界面

成功生成圈梁，如图 2.53 所示。

对于圈梁，也可以采用“自动生成圈梁”的方法自动生成，如图 2.54 所示。

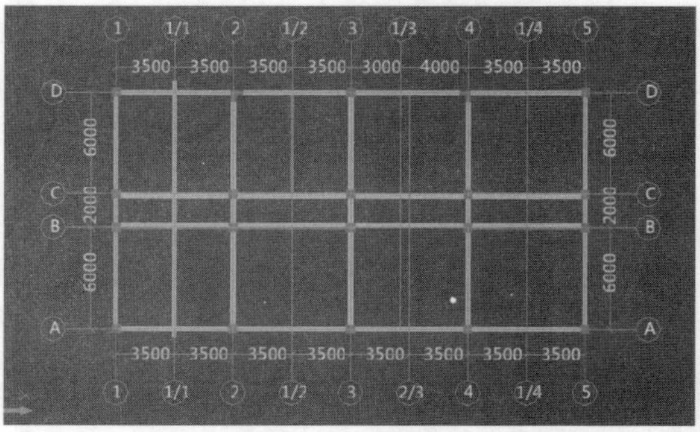

图 2.53 生成圈梁

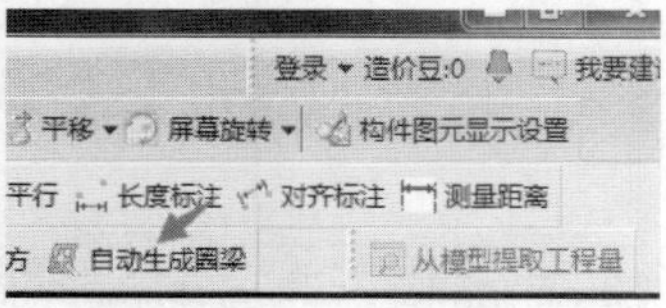

图 2.54 自动生成圈梁

单击“自动生成圈梁”按钮，弹出对话框，根据图纸要求填好“布置条件”选项，最后单击“确定”按钮，如果没有的选项也可以单击“新建”按钮，新建一些新的布置条件，如图 2.55 所示。

(9) 梁套用做法。

单击“添加清单”按钮，如图 2.56 所示。

单击“添加定额”按钮，如图 2.57 所示。

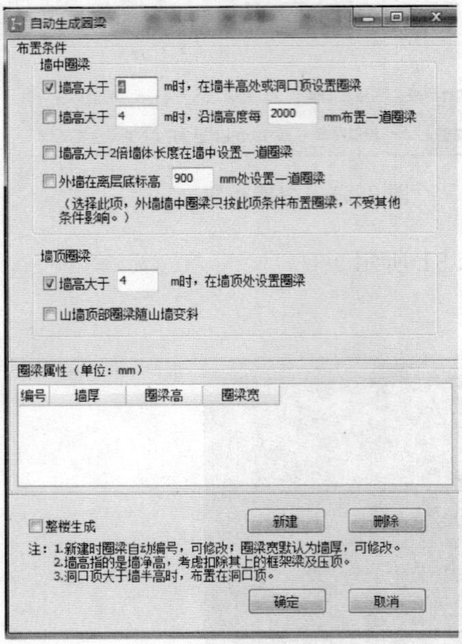

图 2.55　设置“布置条件”

图 2.56　添加清单

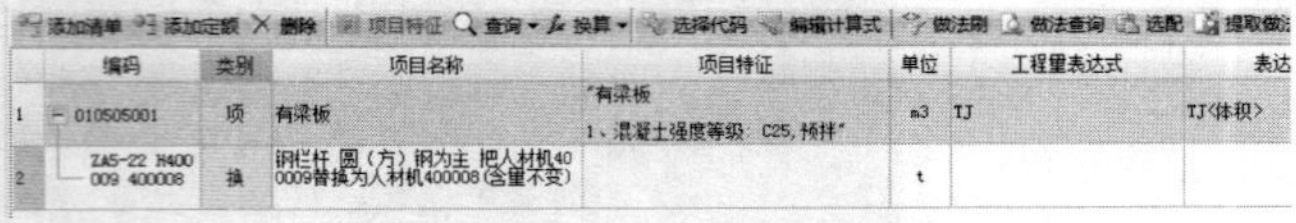

图 2.57　添加定额

相同构件做法刷成功，如图 2.58 所示。

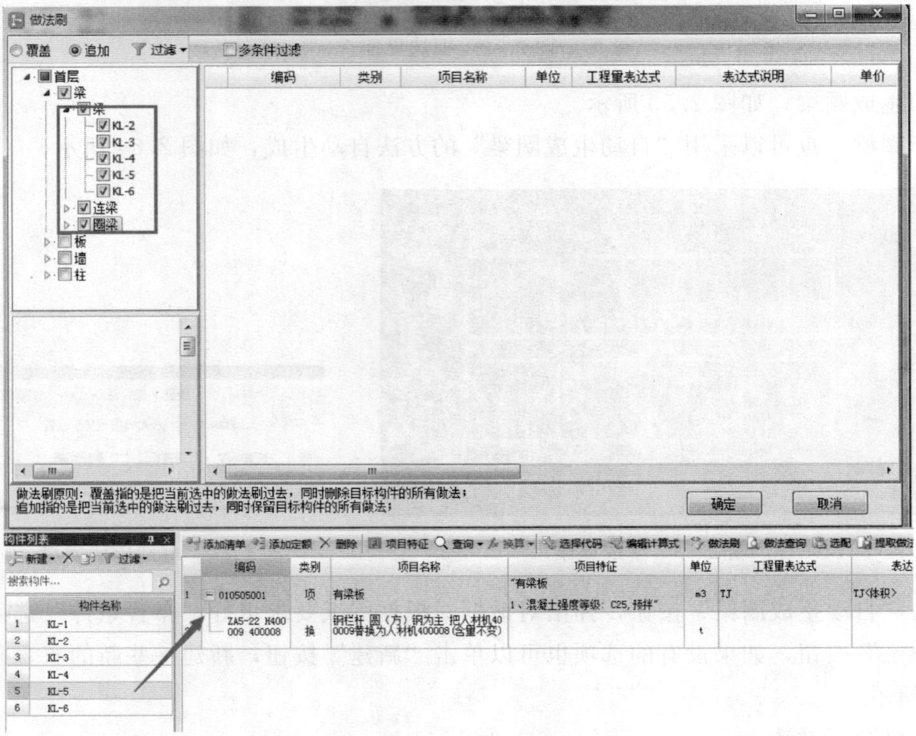

图 2.58　相同构件做法刷成功

2.2.5　板的工程量计算

（1）选中左侧导航栏中的“现浇板”，单击“定义”按钮，进入“现浇板的定义”界面，如图 2.59 所示。

（2）点击“新建”→新建“现浇板”，然后在页面左下侧的“属性编辑框”中完成对现浇板的定义，如图 2.60 所示。

（3）定义完成后，单击“绘图”按钮，进入“绘图”界面，如图 2.61 所示。

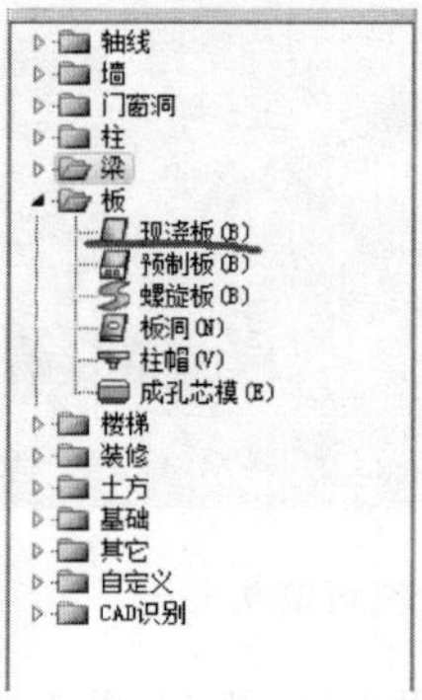

图 2.59　选择“现浇板”按钮

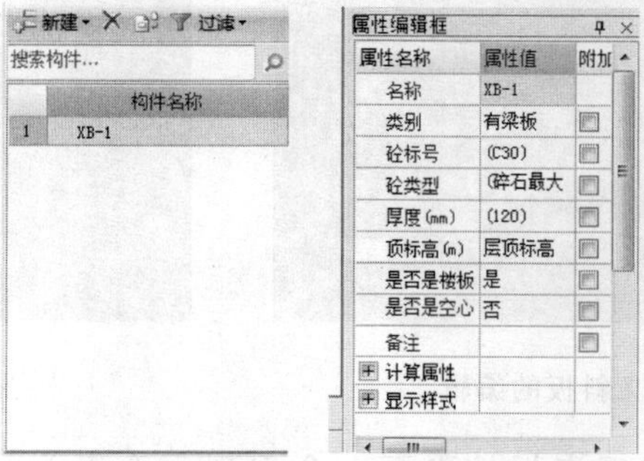

图 2.60　新建“现浇板”

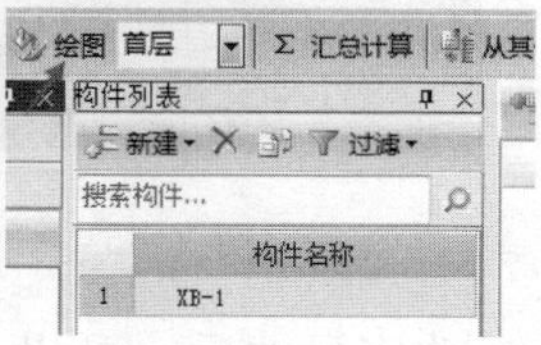

图 2.61　板的绘图

（4）进入“绘图”界面，选择“点”，然后就可以在以梁形成的封闭区域内进行点画。

如果现浇板布置在非封闭区域内或者不是以梁构件形成的封闭区域内，那么软件会弹出图 2.62 所示的提示。

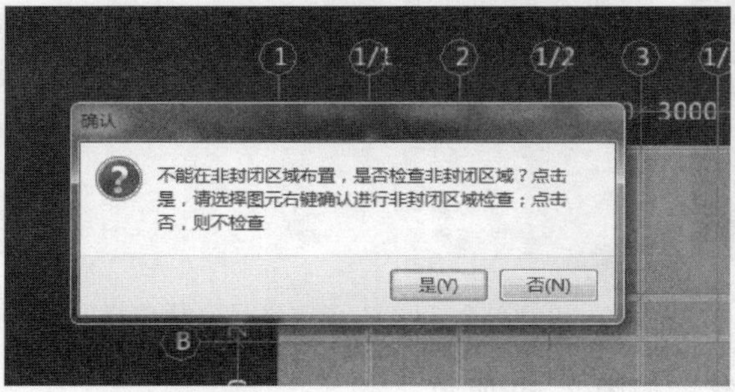

图 2.62　板的绘制

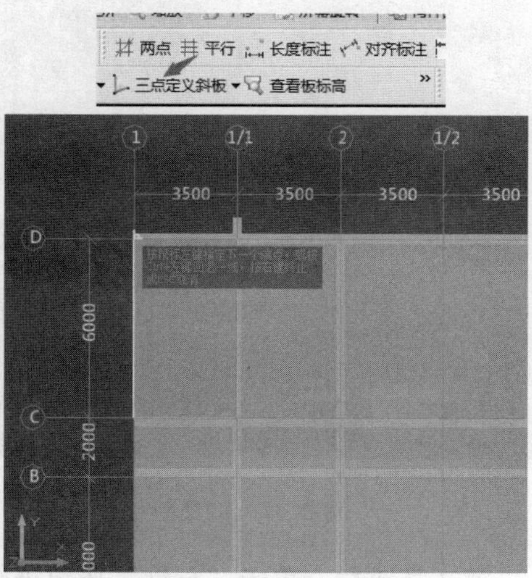

图 2.63　直线绘制板

此时选择“点”右侧的“直线”绘制现浇板，直线绘制现浇板的方法可以参照用直线画梁的操作，只需要选取现浇板的 4 个不同的端点即可，如图 2.63 所示。

（5）斜板的绘制。

对于斜板，主要使用“三点定义斜板”的功能。

1）斜板操作的对象是两块相邻的现浇板，单击“三点定义斜板”按钮，如图 2.64 所示。

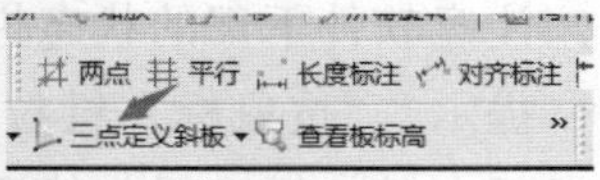

图 2.64　三点定义斜板

2）单击任意一个端点的标高，会出现图 2.65 所示的输入框。

在输入框中输入相应的数值后按 Enter 键，光标会自动跳转到下一个输入框中，软件默认的是修改 3 处的数值，如图 2.66 所示。

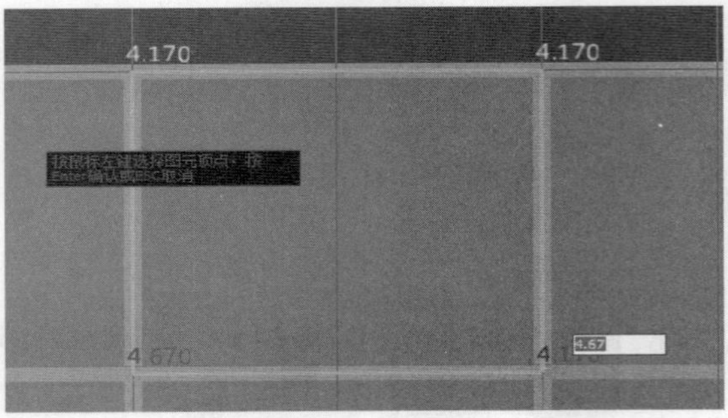

图 2.65　三点定义斜板的编辑

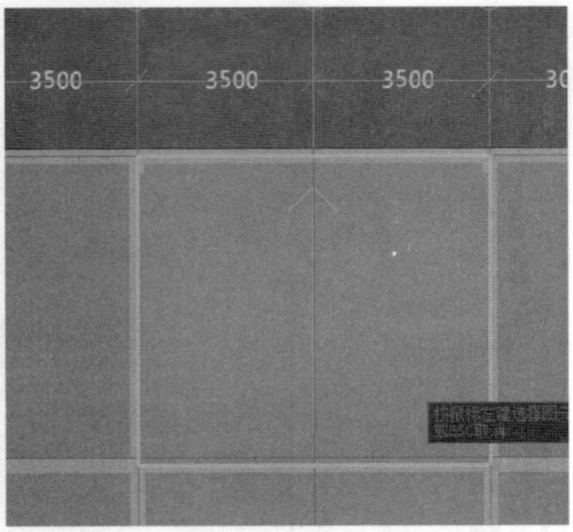

图 2.66　斜板箭头

改完尺寸后，可以发现现浇板的平面上会出现一个箭头，表示此现浇板向箭头方向倾斜。

3）单击“三维”按钮，查看刚才定义的斜板，如图 2.67 所示。

用同样的方法，可以对另一块现浇板进行三点定义，如图 2.68 所示。

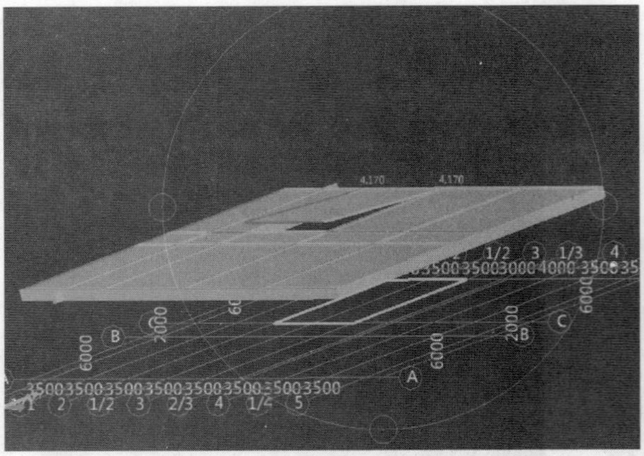

图 2.67　三维斜板

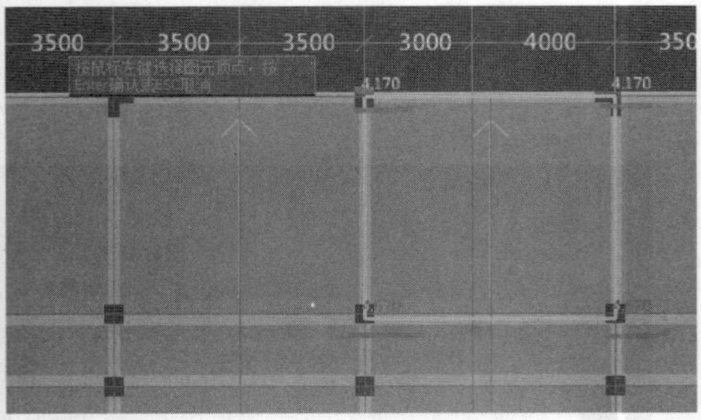

图 2.68　三点定义另一块斜板

定义完成后，单击“三维”按钮进行观察，如图 2.69 所示。

通过查看发现，虽然出现了斜板，但是柱、梁的标高并没有改变，这与实际工程是不符的，通过“平齐板顶”的功能来调整柱和梁的标高。

单击“平齐板顶”按钮，如图 2.70 所示。

注意软件下部的状态栏提示，如图 2.71 所示。

提示：“按鼠标左键拉框选择需要调整的墙、梁、柱图元，右键确认或 ESC 取消”，按住鼠标左键拉框选择，然后单击右键确认，如图 2.72 所示。

单击“是”按钮，完成对柱、墙、梁构件标高的调整。调成完成后，单击“三维”按钮观察，如图 2.73 所示。

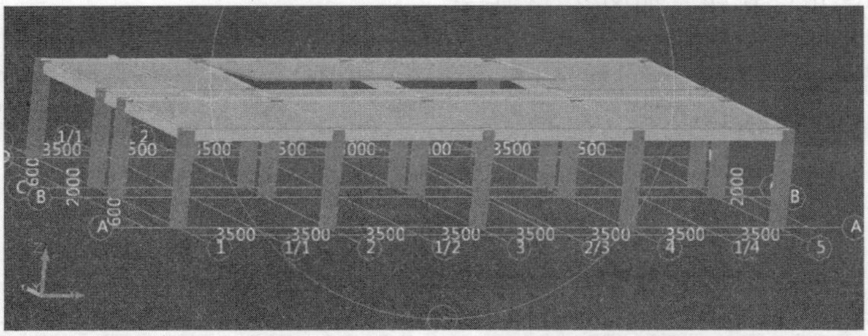

图 2.69　三维观察

图 2.70　平齐板顶设置

图 2.71　状态栏提示

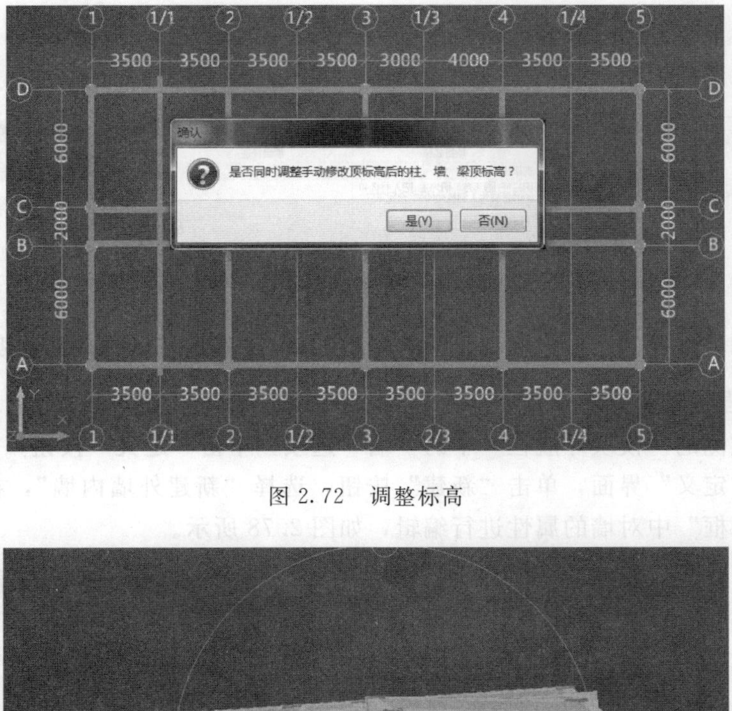

图 2.72　调整标高

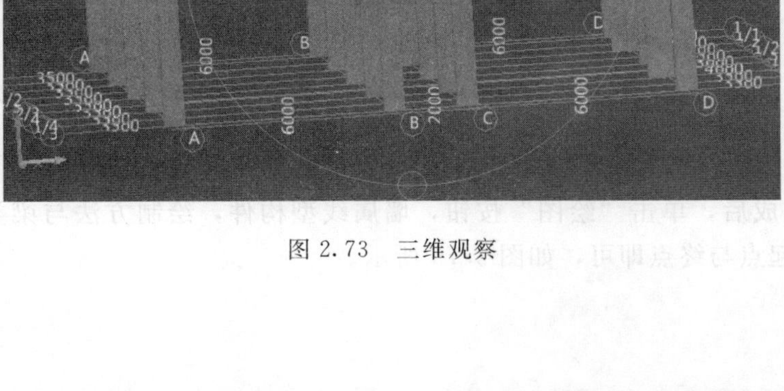

图 2.73　三维观察

(6) 板套用做法。

单击“添加清单”按钮，如图 2.74 所示。

图 2.74　添加清单

单击“添加定额”按钮，如图 2.75 所示。

图 2－75　添加定额

没有多种板厚的板子，所以不需要做法刷，如图 2.76 所示。

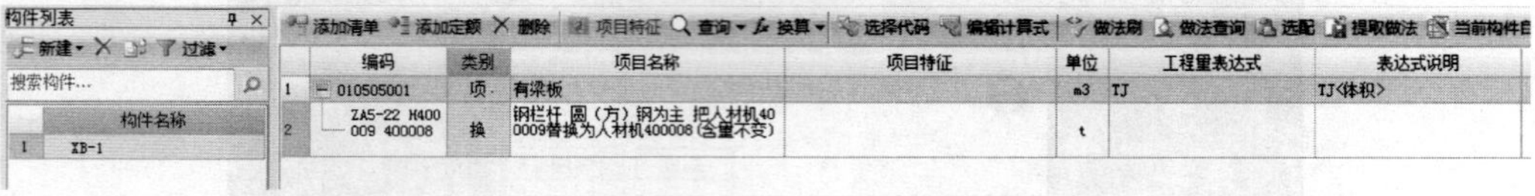

图 2.76　板的做法刷

注意：梁和板选择的清单定额都是“有梁板”，但这不是一定的，需要视情况而定。

2.2.6　墙的工程量计算

(1) 单击左侧的“模块导航栏”中的“墙”选项，单击“定义”按钮，如图 2.77 所示。

(2) 进入“定义”界面，单击“新建”按钮，选择“新建外墙内墙”，在页面左下侧弹出的“属性编辑框”中对墙的属性进行编辑，如图 2.78 所示。

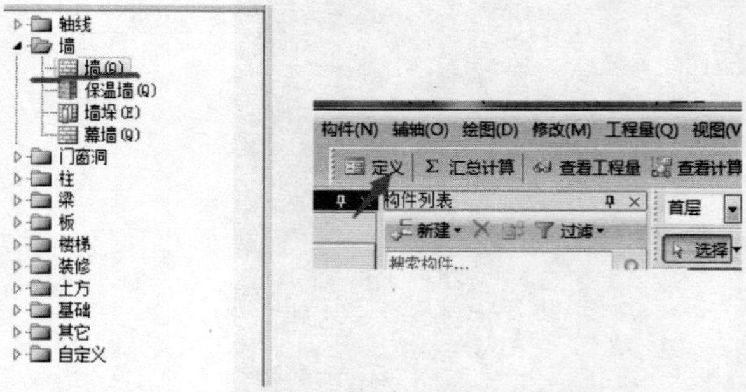

图 2.77　墙的定义

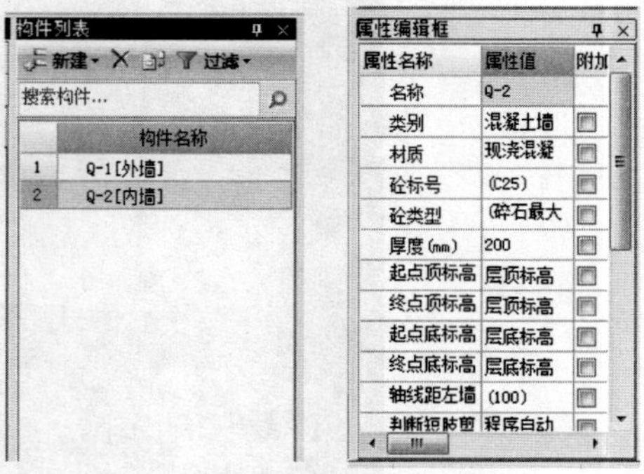

图 2.78　墙的“属性编辑框”

(3) 定义完成后，单击“绘图”按钮，墙属线型构件，绘制方法与梁类似，选择“直线”，只需确定起点与终点即可，如图 2.79 所示。

图 2.79　墙的绘图

另外，注意内外墙不再由程序根据图元位置判断，而是由图元属性直接区分，如图 2.80 所示。

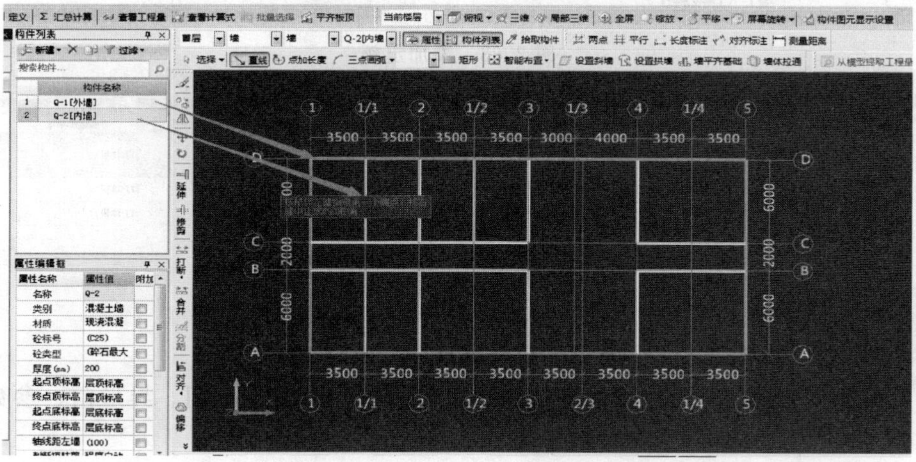

图 2.80　内外墙由图元属性区分

(4) 虚墙：本身不计算工程量，可以用来分割、封闭房间，虚墙定义通过修改墙体类别实现，如图 2.81 所示。

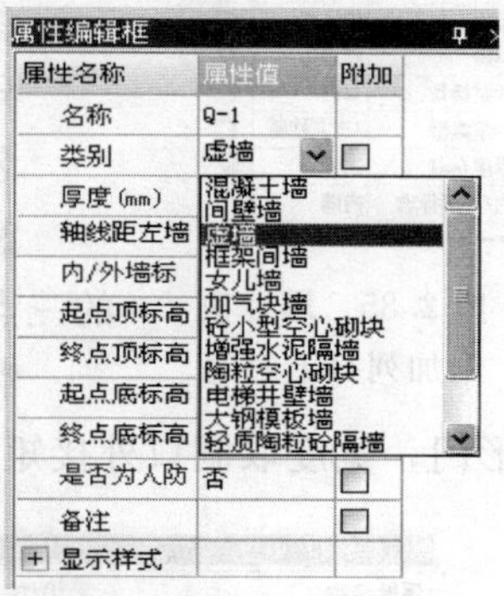

图 2.81　墙的“属性编辑框”设置

(5) 外墙套做法。单击“添加清单”按钮，如图 2.82 所示。

单击“添加定额”按钮，如图 2.83 所示。

内墙套做法与外墙方法一致，只是因为厚度不同，所以选择的清单定额也不同，如图 2.84 所示。

补充：在属性项附加列打上勾，可以将构件属性值附加显示到构件列表中构件名称上，方便绘图或在后面套用做法时快速定位构件。例如，图 2-85 所示的将墙材质及厚度附加到墙名称上，这种办法对柱、梁、板等都适用，如图 2.85 所示。

图 2.82　添加清单

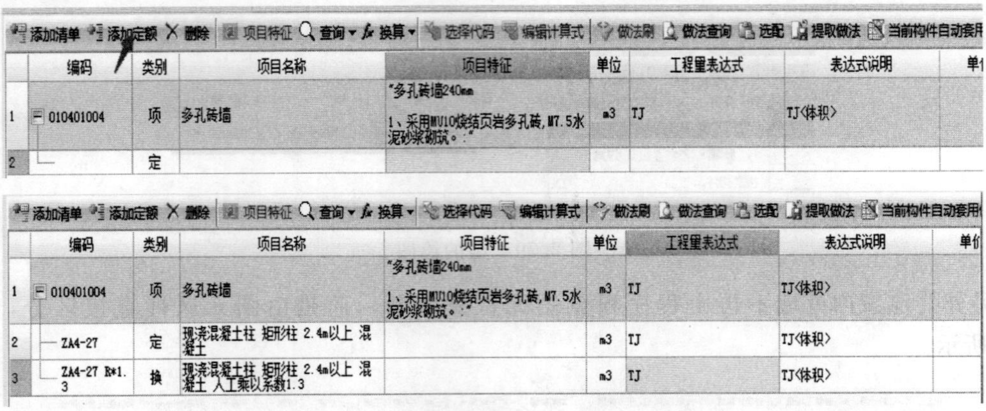

	编码	类别	项目名称	项目特征	单位	工程量表达式	表达式说明
1	010401004	项	多孔砖墙	"多孔砖墙240mm 1、采用MU10烧结页岩多孔砖，M7.5水泥砂浆砌筑。"	m3	TJ	TJ<体积>
2		定					

	编码	类别	项目名称	项目特征	单位	工程量表达式	表达式说明
1	010401004	项	多孔砖墙	"多孔砖墙240mm 1、采用MU10烧结页岩多孔砖，M7.5水泥砂浆砌筑。"	m3	TJ	TJ<体积>
2	ZA4-27	定	现浇混凝土柱 矩形柱 2.4m以上 混凝土		m3	TJ	TJ<体积>
3	ZA4-27 R*1.3	换	现浇混凝土柱 矩形柱 2.4m以上 混凝土 人工乘以系数1.3		m3	TJ	TJ<体积>

图 2.83　添加定额

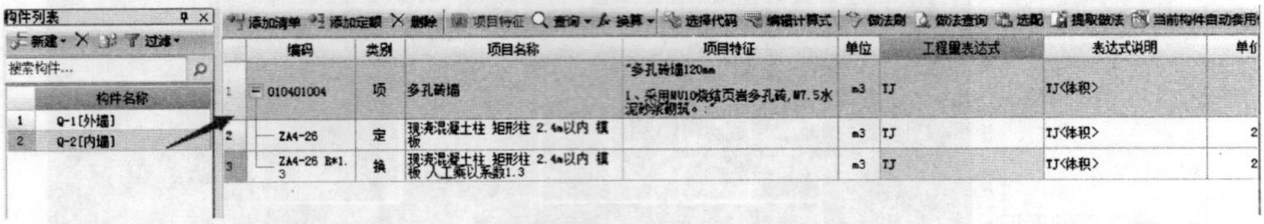

	编码	类别	项目名称	项目特征	单位	工程量表达式	表达式说明
1	010401004	项	多孔砖墙	"多孔砖墙120mm 1、采用MU10烧结页岩多孔砖，M7.5水泥砂浆砌筑。"	m3	TJ	TJ<体积>
2	ZA4-26	定	现浇混凝土柱 矩形柱 2.4m以内 模板		m3	TJ	TJ<体积>
3	ZA4-26 R*1.3	换	现浇混凝土柱 矩形柱 2.4m以内 模板 人工乘以系数1.3		m3	TJ	TJ<体积>

图 2.84　内墙清单定额

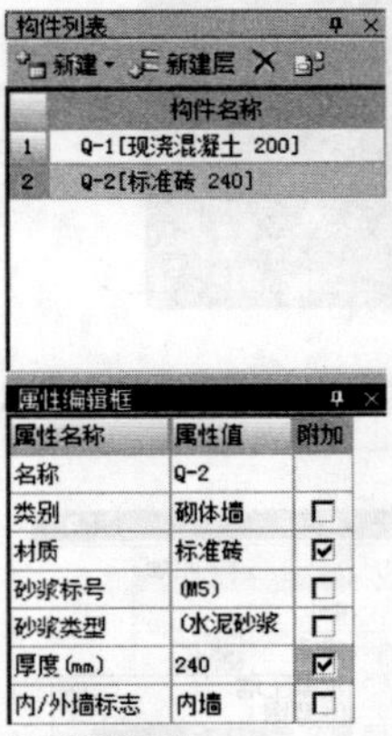

属性名称	属性值	附加
名称	Q-2	
类别	砌体墙	☐
材质	标准砖	☑
砂浆标号	(M5)	☐
砂浆类型	(水泥砂浆	☐
厚度(mm)	240	☑
内/外墙标志	内墙	☐

图 2.85　属性项附加列打上对勾

2.2.7　门窗洞的工程量计算

(1) 门构件按照洞口形状可以分为矩形门、异形门、参数化门和标准门 4 种类型。

图 2.86～图 2.88 所示为门的属性定义界面。

矩形门如图 2.86 所示。

参数化门如图 2.87 所示。

异形门如图 2.88 所示。

名称：根据图纸输入门名称，如 M－1。

截面形状：参数化门可以选择参数化图库，异形门可以单击该列的三点按钮，再次进入“多边形编辑器”窗口，进行重新绘制。

洞口宽度：对于矩形门，可以直接输入宽度值，对于参数化门和异形门，宽度取洞口外接矩形的宽度，对于标准门，直接取标准图集中门的宽度值。

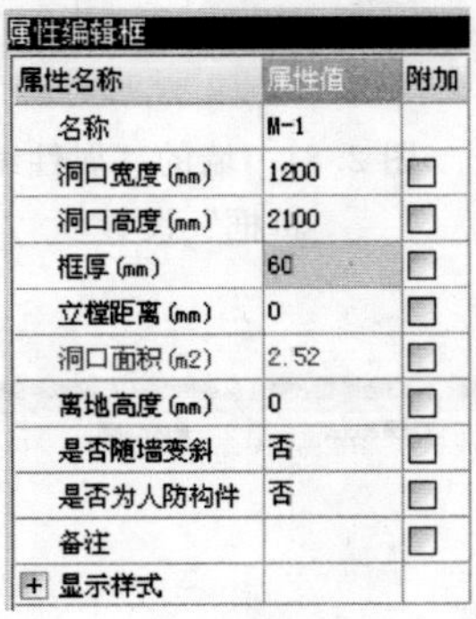

属性名称	属性值	附加
名称	M-1	
洞口宽度(mm)	1200	☐
洞口高度(mm)	2100	☐
框厚(mm)	60	☐
立樘距离(mm)	0	☐
洞口面积(m2)	2.52	☐
离地高度(mm)	0	☐
是否随墙变斜	否	☐
是否为人防构件	否	☐
备注		☐
+ 显示样式		

图 2.86　矩形门

属性名称	属性值	附加
名称	M-2	
截面形状	弧顶门窗	☐
洞口宽度(mm)	1200	☐
洞口高度(mm)	2700	☐
框厚(mm)	60	☐
立樘距离(mm)	0	☐
洞口面积(m2)	3.085	☐
离地高度(mm)	0	☐
是否随墙变斜	否	☐
是否为人防构件	否	☐
备注		☐
+ 显示样式		

图 2.87　参数化门

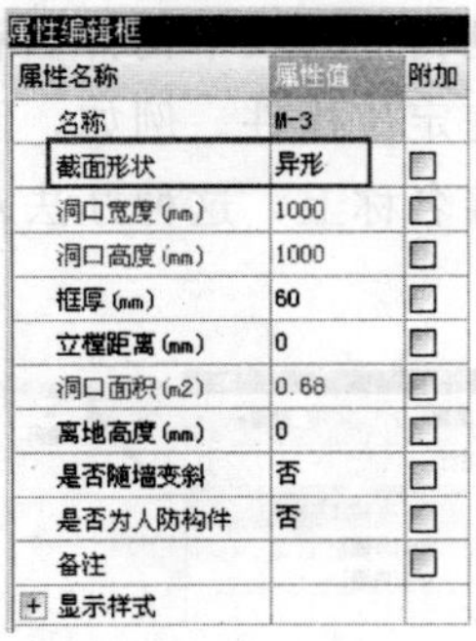

属性名称	属性值	附加
名称	M-3	
截面形状	异形	☐
洞口宽度(mm)	1000	☐
洞口高度(mm)	1000	☐
框厚(mm)	60	☐
立樘距离(mm)	0	☐
洞口面积(m2)	0.68	☐
离地高度(mm)	0	☐
是否随墙变斜	否	☐
是否为人防构件	否	☐
备注		☐
+ 显示样式		

图 2.88　异形门

洞口高度：对于矩形门，可以直接输入高度值，对于参数化门和异形门，高度取洞口外接矩形的高度，对于标准门，直接取标准图集中门的高度值。

离地高度：同窗“离地高度”，默认为0；是否随墙变斜：当门布置在斜墙上时，选择“是”时，门随斜墙变斜；选择“ 否”时，门不随墙变斜。

洞口面积：矩形门根据所输入的洞口宽度和洞口高度自动计算出面积，对于参数化门和异形门，软件将根据门的截面形状计算出面积。

框厚：输入门实际的框厚尺寸，对墙面、墙裙、踢脚块料面积的计算有影响。

立樘距离：门框中心线与墙中心间的距离，默认为“0”。如果门框中心线在墙中心线左边，该值为负；否则为正。

框左右扣尺寸：洞口宽度和框外围宽度的总差值。

框上下扣尺寸：洞口高度和框外围高度的总差值。

是否为人防构件：选择“是”时，门被定义为人防门；选择“否”时，门为普通门。

备注：该属性值仅仅是个标识，对计算不起任何作用。

显示样式：用于调整门的边框颜色、实体颜色和透明度。

(2）门的绘制。

单击左侧导航栏中的“门”按钮，然后单击“定义”按钮，进入“门的定义”界面。单击“新建”按钮，新建一个矩形门，根据图纸要求在页面左下侧的“属性编辑框”中对矩形门的属性进行设置，如图2.89所示。

单击“绘图”按钮，如图2.90所示。

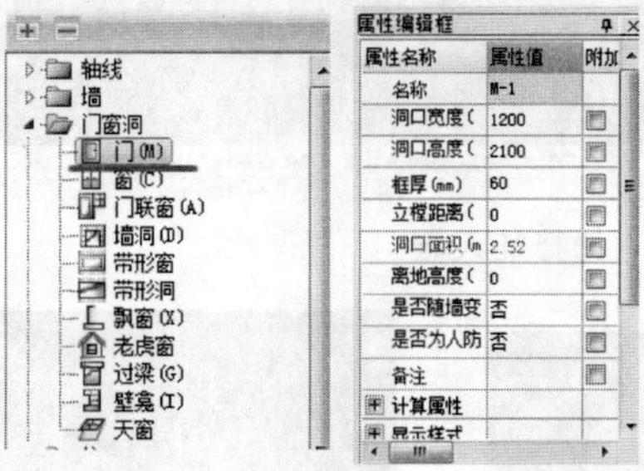

图2.89 门的定义

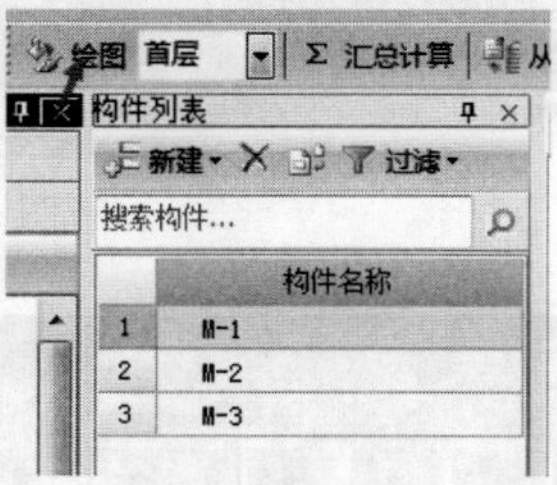

图2.90 门的绘制

单击“精确布置”按钮，如图2.91所示。

单击选择需要布置门的墙，如图2.92所示。

图2.91 精确布置

单击选择插入点，如图2.93所示。

根据图纸要求填写偏移值，注意正负值，如图2.94所示。

门绘制完成，如图2.95所示。

(3）门套做法。

单击“添加清单”按钮，如图2.96所示。

从清单定额汇总表中复制、粘贴“编码”，如图2.97所示。

单击“添加定额”按钮，如图2.98所示。

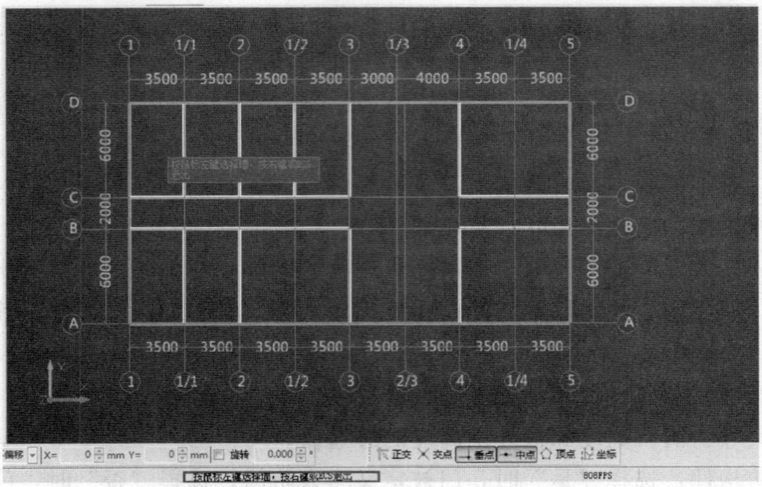

图 2.92 墙的选择

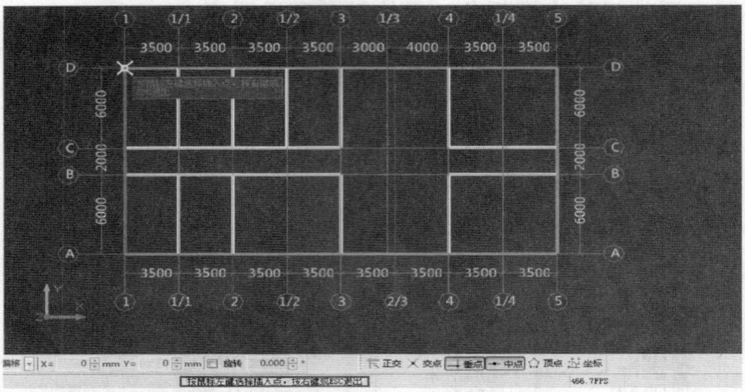

图 2.93 选择插入点

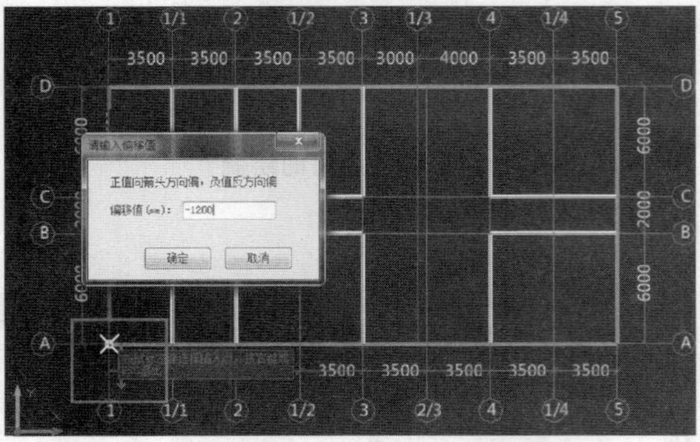

图 2.94 填写偏移值

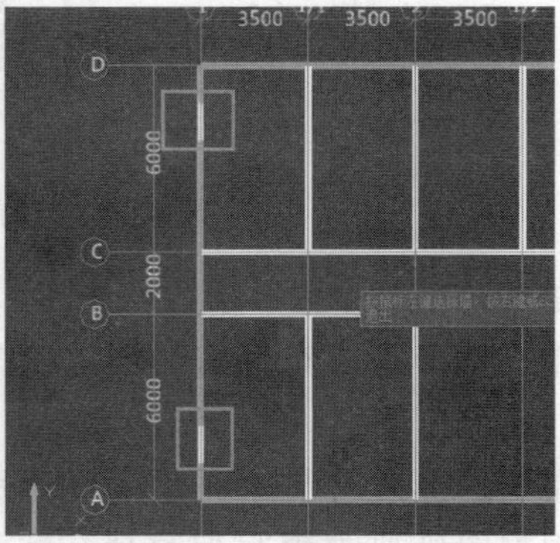

图 2.95 门绘制完成

图 2.96 添加清单

图 2.97　复制粘贴

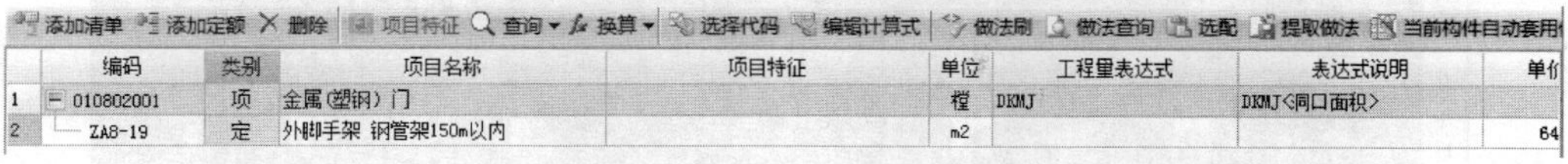

图 2.98　添加定额

其他门窗的绘制与套做法均与此 M－1 做法一致，故不再说明。

2.2.8　基础、土方的工程量计算

1. 独立基础

独立基础的定义与前面讲到的构件定义方法略有不同，因此在定义独立基础的过程中要格外注意。定义独立基础之前，首先注意将楼层标签切换到“基础层”。

(1) 选中左侧导航栏中的“独立基础”选项，如图 2.99 所示。

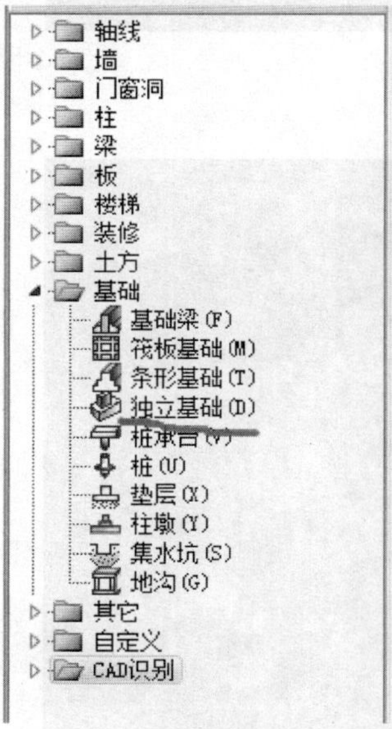

图 2.99　选择“独立基础”选项

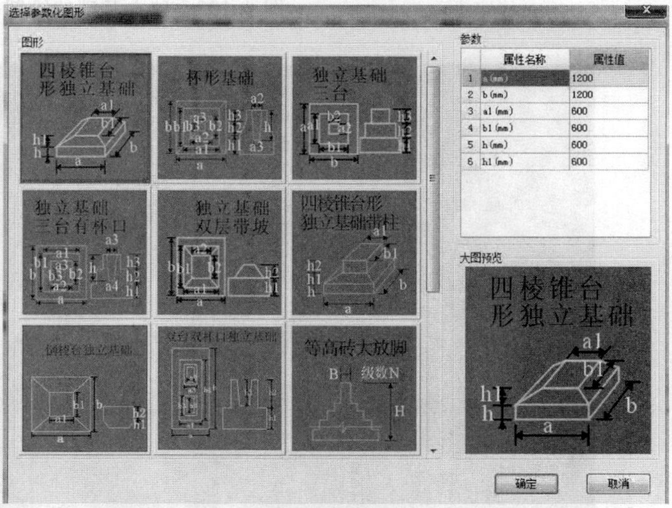

图 2.100　选择“参数化图形”对话框

(2) 单击“定义”按钮，再单击“新建”按钮，选择“新建独立基础”，然后再单击“新建”，选择“新建参数化独立基础单元”，弹出“选择参数化图形”对话框，如图 2.100 所示。

(3) 定义完成后，单击“绘图”按钮，如图 2.101 所示。

对于独立基础，一般选择点画即可。单击“点”按钮，根据图纸要求，完成独立基础的绘制，如图 2.102 所示。

在绘制独立基础的过程中，按 Shift＋左键组合键同样适用。

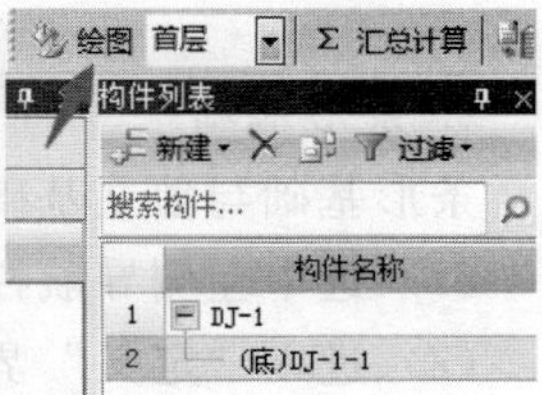

图 2.101　独立基础的绘图

(4) 单击“三维”按钮，查看刚才绘制的独立基础，如图

2.103 所示。

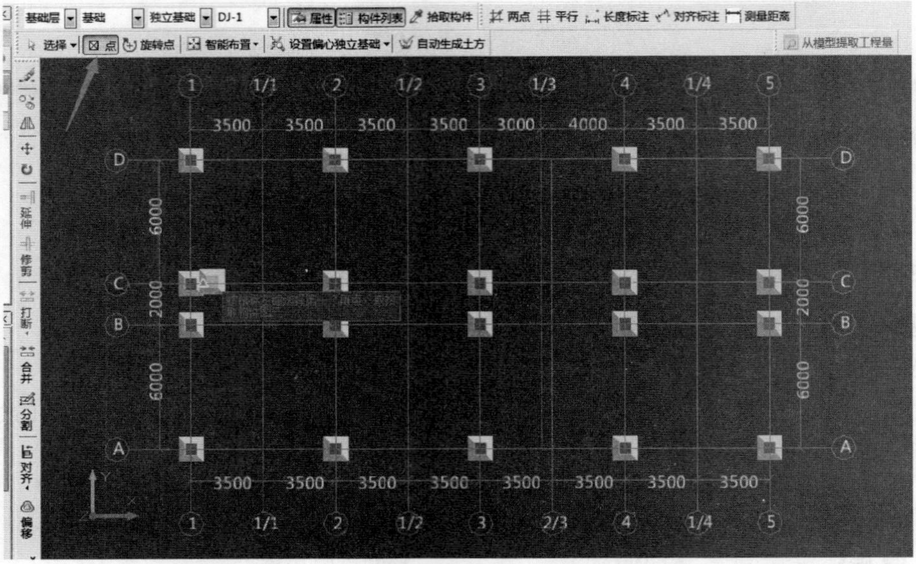

图 2.102　独立基础的绘制

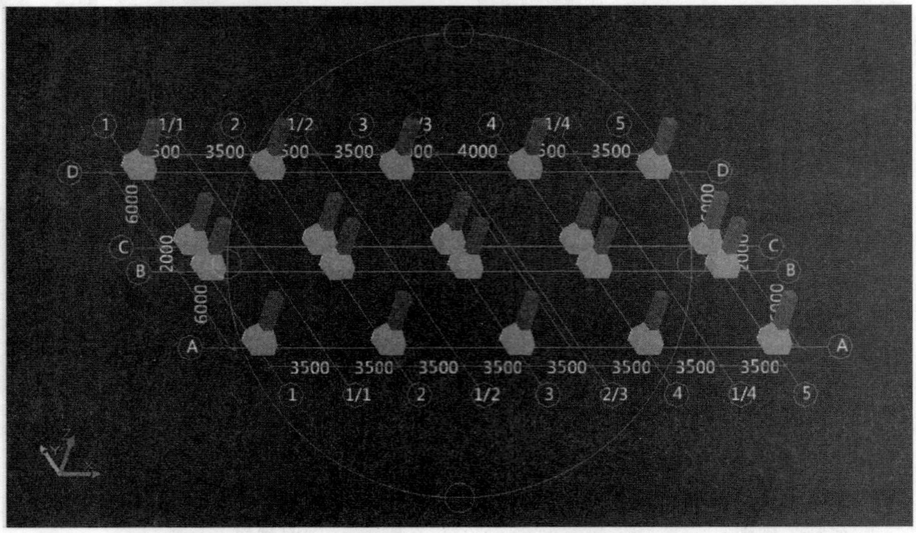

图 2.103　三维观察

2. 条形基础

条形基础与独立基础的定义类似。

(1) 选中左侧导航栏中的“条形基础”选项，如图 2.104 所示。

(2) 进入“定义”界面后，单击“新建”按钮，选择“新建条形基础”，然后再单击“新建”，选择“新建矩形条形基础单元”。在页面左下侧进行属性编辑，如图 2.105 所示。

(3) 单击“绘图”按钮，进入“绘图”界面。

条形基础属于线型构件，采用直线画法即可。

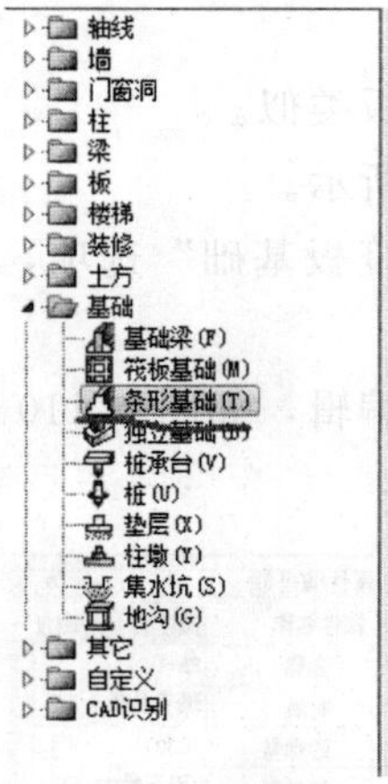

图 2.104　选择“条形基础”选项

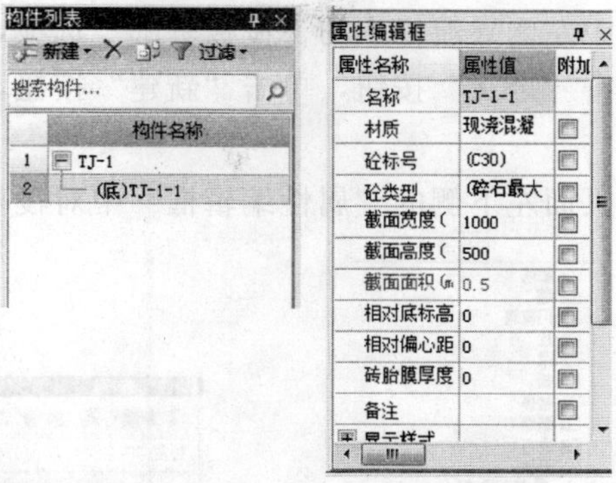

图 2.105　条形基础编辑界面

单击“直线”按钮，根据图纸要求，只需确定条形基础的起点与终点，绘制完成后，单击右键即可，如图 2.106 所示。

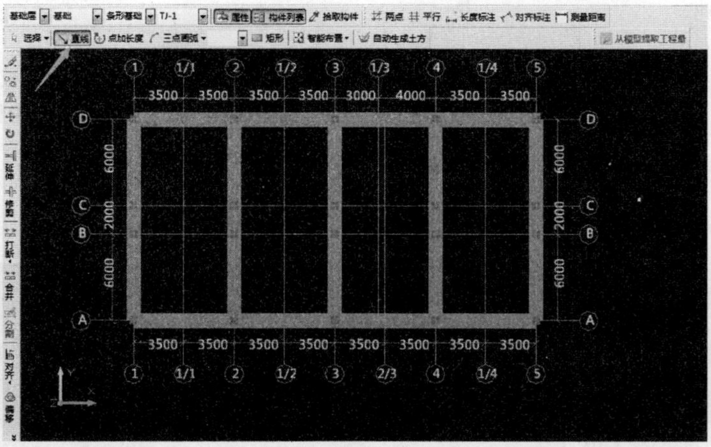

图 2.106　条形基础绘制

（4）单击“三维”按钮，查看刚才绘制的条形基础，如图 2.107 所示。

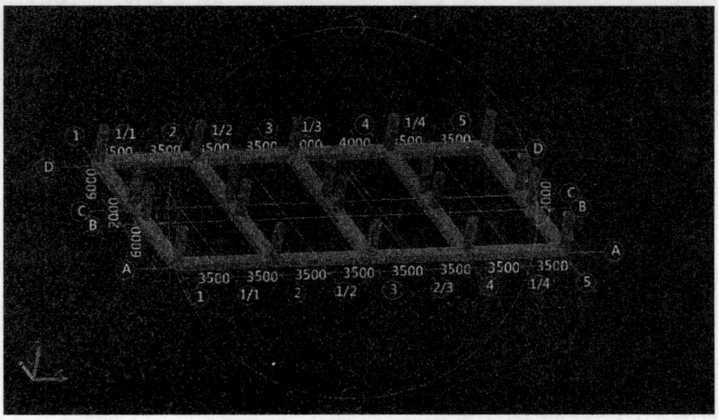

图 2.107　三维观察

3. 筏板基础

筏板与现浇板同属于面式构件，定义及绘制方法也与现浇板类似。

（1）选中左侧导航栏中的“筏板基础”选项，如图 2.108 所示。

（2）单击“定义”按钮，单击“新建”按钮，选择“新建筏板基础”选项，如图 2.109 所示。

（3）在页面左下侧的“属性编辑框”中对筏板的属性进行编辑，如图 2.110 所示。

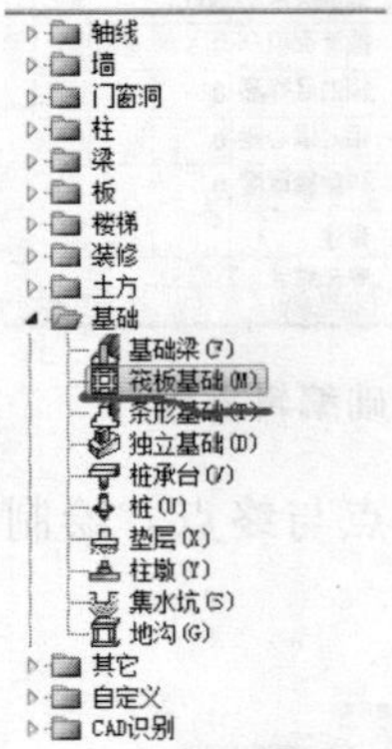

图 2.108　筏板基础

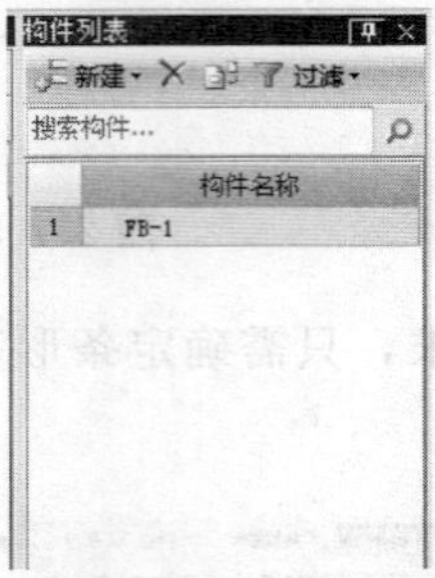

图 2.109　筏板基础

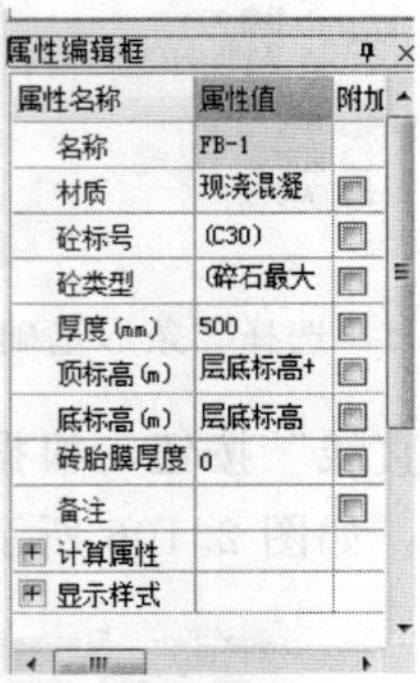

图 2.110　筏板基础的“属性编辑框”

（4）定义完成后，单击“绘图”按钮，进入“绘图”界面，如图 2.111 所示。

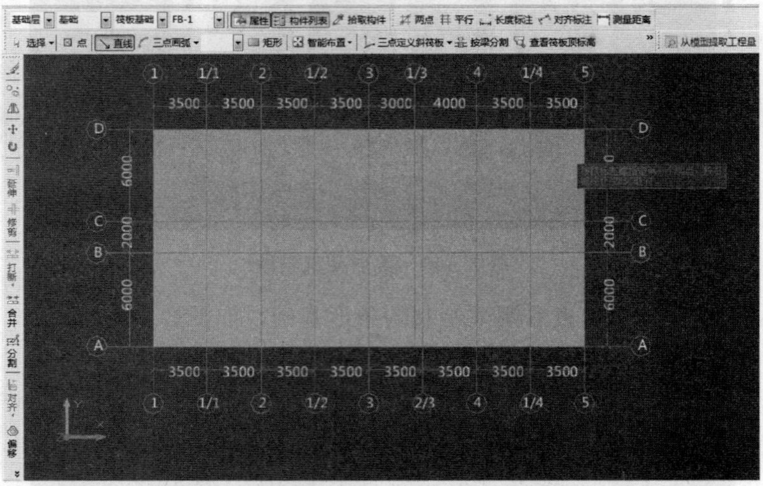

图 2.111　“筏板基础绘制”界面

对于筏板，一般采用直线绘制的方法，单击“直线”按钮，根据图纸，单击确定筏板的 4 个端点，单击右键确定。

图 2.112～图 2.114 所示为“基础梁的属性定义”界面。

（1）矩形基础梁如图 2.112 所示。

（2）异形基础梁如图 2.113 所示。

（3）参数化基础梁如图 2.114 所示。

属性编辑框

属性名称	属性值	附加
名称	JL-1	
类别	基础主梁	
材质	现浇混凝	
砼类型	(预拌砼)	
砼标号	(C30)	
截面宽度(mm)	300	
截面高度(mm)	500	
截面面积(m2)	0.15	
截面周长(m)	1.6	
起点顶标高(m)	基础顶标	
终点顶标高(m)	基础顶标	
轴线距梁左边线	(150)	
备注		
+ 显示样式		

图 2.112 矩形基础梁

属性编辑框

属性名称	属性值	附加
名称	JL-2	
类别	基础主梁	
材质	现浇混凝	
砼类型	(预拌砼)	
砼标号	(C30)	
截面形状	异形	
截面宽度(mm)	200	
截面高度(mm)	200	
截面面积(m2)	0.031	
截面周长(m)	0.628	
起点顶标高(m)	基础顶标	
终点顶标高(m)	基础顶标	
轴线距梁左边线	(100)	
备注		
+ 显示样式		

图 2.113 异形基础梁

属性编辑框

属性名称	属性值	附加
名称	JL-3	
类别	基础主梁	
材质	现浇混凝	
砼类型	(预拌砼)	
砼标号	(C30)	
截面形状	花篮形-b	
截面宽度(mm)	600	
截面高度(mm)	600	
截面面积(m2)	0.23	
截面周长(m)	2.154	
起点顶标高(m)	基础顶标	
终点顶标高(m)	基础顶标	
轴线距梁左边线	(300)	
备注		
+ 显示样式		

图 2.114 参数化基础梁

名称：根据图纸输入基础梁名称，如 JL-1。

类别：选择基础梁类别，属性值选项为“基础主梁”和“基础次梁”。

材质：不同材质的基础梁对应不同的计算规则。

混凝土强度等级：当前构件的混凝土强度等级，可以根据实际情况进行调整。这里的默认取值与楼层信息界面强度等级设置里的混凝土强度等级一致。

混凝土类型：当前构件的混凝土类型，可以根据实际情况进行调整。这里的默认取值与楼层信息界面标号设置里的混凝土类型一致。

截面形状：参数化梁可以选择参数化图形，异形梁可以单击该列的三点按钮再次进入“多边形编辑器”窗口，进行重新绘制。

截面宽度：基础梁的截面宽度，对于参数化基础梁和异形基础梁，宽度取截面外接矩形的宽度。

截面高度：基础梁的截面高度，对于参数化基础梁和异形基础梁，高度取截面外接矩形的高度。

截面面积：软件根据所输入的宽度和高度自动计算出的数值。对于参数化基础梁和异形基础梁，软件会按照基础梁本身的属性去计算截面面积。

截面周长：软件根据所输入的宽度和高度自动计算出的数值。对于参数化基础梁和异形基础梁，软件会按照基础梁本身的属性去计算截面周长。

起点顶标高：在绘制基础梁的过程中，鼠标起点处基础梁的顶面标高。软件还提供标高变量，使用标高变量时，标高随标高变量的变化而变化，不用手工调整。

终点顶标高：在绘制基础梁的过程中，鼠标终点处基础梁的顶面标高。软件还提供标高变量，使用标高变量时，标高随标高变量的变化而变化，不用手工调整。

轴线距梁左边线：同梁“轴线距梁左边线距离”。

4. 大开挖土方

图 2.115 所示为“大开挖土方的属性定义”界面。

名称：根据实际情况输入大开挖土方名称，如 DKW-1。

顶标高：选择或直接输入大开挖土方的顶标高，默认为“底标高加深度”。

底标高：选择或直接输入大开挖土方的底标高，默认为“层底标高”。

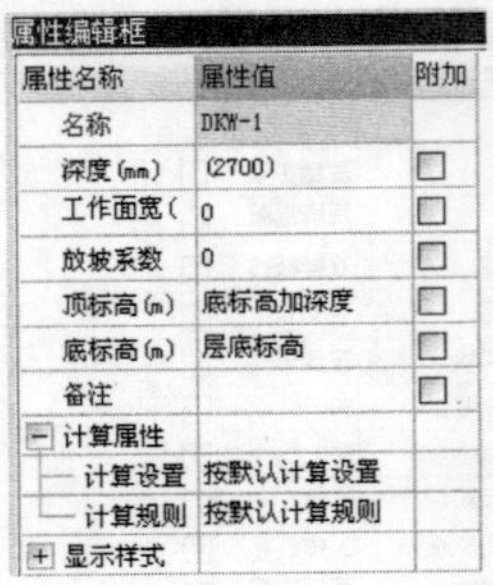

图 2.115　大开挖土方的属性定义界面

深度：输入大开挖土方的深度，默认为室外地坪距大开挖底的距离。

工作面宽：输入基础施工时单边增加的工作面宽度，单位为 mm。

放坡系数：为放坡宽度 B 和挖土深度 H 的比值，如 0.33，放坡系数设置为“0”时，表示不放坡。

计算属性：用于调整大开挖土方与其他构件的扣减计算。

土壤类别：手动修改土壤类别，属性值选项为“一类土”“二类土”“三类土”“四类土”，用来实现自动套用做法功能的一个属性，不影响计算。

挖土方式：手动修改挖土方式，属性值选项为“人工开挖”“人工凿石”“人工打眼爆破”“机械打眼爆破”“石方控制爆破”“松动爆破”，用来实现自动套用做法功能的一个属性，不影响计算。

土质成分：手动修改土壤类别，属性值选项为“淤泥、流砂”“松石”“坚石”“岩石”“松次坚石石”“普坚石”，用来实现自动套用做法功能的一个属性，不影响计算。

补充：工作面：在挖土时按基础和垫层的双向尺寸向周边放出一定范围的操作面积，作为工人施工时的操作空间，这个单边放出宽度就称为基础施工所需增加的工作面。

5. 基槽土方

图 2.116 所示为“基槽土方的属性定义”界面。

图 2.116　基槽土方的属性定义界面

名称：根据实际情况输入基槽土方名称，如 JC－1。

底标高：基槽的底标高，默认为层底标高，可以根据实际情况调整。

槽深：室外地坪标高至基槽底的距离，可根据实际情况调整。

槽底宽：输入基槽底的宽度，不含工作面宽度。

左、右工作面宽：输入基础施工时单边增加的工作面宽度，单位为 mm。

左、右放坡系数：为放坡宽度 B 和挖土深度 H 的比值，如 0.33，放坡系数设置为“0”时，表示不放坡。

轴线距基槽左边线距离：同梁“轴线距梁左边线距离”。

起点底标高：在绘制基槽土方的过程中，光标起点处基槽土方的底面标高。软件还提供标高变量，使用标高变量时，标高随标高变量的变化而变化，不用手工调整。

终点底标高：在绘制基槽土方的过程中，光标终点处基槽土方的底面标高。软件还提供标高变量，使用标高变量时，标高随标高变量的变化而变化，不用手工调整。

注意：只有放坡系数设置为“0”时，基槽才会计算挡土板的面积，当放坡系数不为 0 时，挡土板面积为 0。

工作面是指在挖土时按基础和垫层的双向尺寸向周边放出一定范围的操作面积，作为工人施工时的操作空间，这个单边放出宽度就称为基础施工所需增加的工作面。

6. 基坑土方

基坑土方构件按照截面可以分为矩形基坑和异形基坑两种类型。

图 2.117 和图 2.118 为基坑土方的属性定义界面。

(1) 矩形基坑土方如图 2.117 所示。

(2) 异形基坑土方如图 2.118 所示。

名称：根据实际情况输入基坑土方名称，如 JK－1。

顶标高：基坑的顶标高，默认为标高变量“底标高加深度”，可以根据实际情况进行调整。

底标高：基坑的底标高，默认为标高变量“层底标高”，可以根据实际情况进行调整。

深度：室外地坪标高至基坑底的距离，可根据实际情况调整。

属性编辑框

属性名称	属性值	附加
名称	JK-1	
顶标高(m)	底标高加深度	☐
底标高(m)	层底标高	☐
深度(mm)	(2700)	☐
坑底长(mm)	3000	☐
坑底宽(mm)	3000	☐
工作面宽(	0	☐
放坡系数	0	☐
备注		☐
⊟ 计算属性		
计算设置	按默认计算设置	
计算规则	按默认计算规则	
⊞ 显示样式		

图 2.117 矩形基坑土方

属性编辑框

属性名称	属性值	附加
名称	JK-2	
顶标高(m)	底标高加深度	☐
底标高(m)	层底标高	☐
深度(mm)	(2700)	☐
截面形状	异形	☐
坑底长(mm)	4000	☐
坑底宽(mm)	4000	☐
工作面宽(	0	☐
放坡系数	0	☐
备注		☐
⊟ 计算属性		
计算设置	按默认计算设置	
计算规则	按默认计算规则	
⊞ 显示样式		

图 2.118 异形基坑土方

截面形状：可以单击该列的三点按钮再次进入“多边形编辑器”窗口，进行重新绘制截面形状。

坑底长：基坑的底长，对异形基坑底长取截面外接矩形的长度。

坑底宽：基坑的底宽，对异形基坑底宽取截面外接矩形的宽度。

工作面宽：基础施工时单边增加的工作面宽度，单位为 mm，如图 2.119 所示。

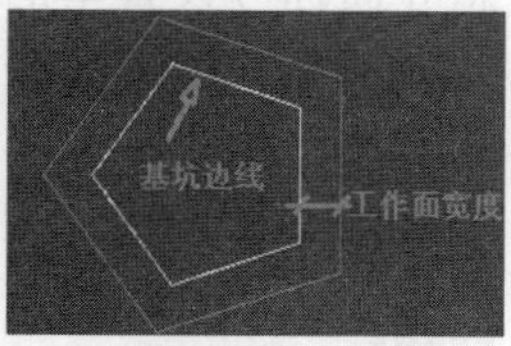

图 2.119 工作面宽度

放坡系数：为放坡宽度和挖土深度的比值，如 0.33，放坡系数设置为“0”时，表示不放坡。

计算属性：用于调整基坑土方与其他构件的扣减计算。

说明：工作面在挖土时按基础和垫层的双向尺寸向周边放出一定范围的操作面积，作为工人施工时的操作空间，这个单边放出宽度就称为基础施工所需增加的工作面。基础土方的套做法与柱梁板的方法一致，在给定的清单定额汇总表中复制、粘贴。

2.2.9 其他构件的工程量计算

1. 散水

图 2.120 所示为“散水的属性定义”界面。

名称：根据图纸输入散水名称，如 SS－1。

厚度：输入散水的厚度。

属性编辑框

属性名称	属性值	附加
名称	SS-1	
材质	现浇混凝	□
厚度(mm)	100	□
砼类型	(预拌砼)	□
砼标号	(C20)	□
备注		□
+ 显示样式		

图 2.120　散水的属性定义界面

属性编辑框

属性名称	属性值	附加
名称	TAIJ-1	
材质	现浇混凝	□
砼类型	(预拌砼)	□
砼标号	(C20)	□
顶标高(m)	层底标高	□
台阶高度(mm)	450	□
踏步个数	1	□
踏步高度(mm)	450	□
备注		□
+ 显示样式		

图 2.121　台阶的属性定义界面

2. 台阶

图 2.121 所示为“台阶的属性定义”界面。

名称：根据实际情况输入台阶名称，如 TAIJ－1。

材质：选择台阶的实际材质，属性选项值为“现浇混凝土，砖，石”。

混凝土强度等级：当前构件的混凝土强度等级，可以根据实际情况进行调整。这里的默认取值与楼层信息界面标号设置里的混凝土强度等级一致，当材质选择为混凝土时显示此属性。

混凝土类型：当前构件的混凝土类型，可以根据实际情况进行调整。这里的默认取值与楼层信息界面标号设置里的混凝土类型一致，当材质选择为混凝土时显示此属性。

砂浆强度等级：当前构件的砂浆强度等级，可以根据实际情况进行调整。这里的默认取值与楼层信息界面标号设置里的砂浆强度等级一致，当材质选择为砖、石时显示此属性。

砂浆类型：当前构件的砂浆类型，可以根据实际情况进行调整。这里的默认取值与楼层信息界面标号设置里的砂浆类型一致，当材质选择为砖、石时显示此属性。

顶标高：输入台阶的顶标高，单位为 m。

台阶高度：输入台阶的总高度。

踏步个数：输入踏步个数。

属性编辑框

属性名称	属性值	附加
名称	YP-1	
材质	现浇混凝	□
砼类型	(预拌砼)	□
砼标号	(C20)	□
板厚(mm)	100	□
顶标高(m)	层顶标高	□
建筑面积计	不计算	□
备注		□
+ 显示样式		

图 2.122　雨篷的属性定义界面

台阶高度：台阶高度为台阶总高度/踏步个数，只读不可修改。

技巧：踏步宽度在“设置踏步台阶边”时给出。

3. 雨篷

图 2.122 所示为“雨篷的属性定义”界面。

名称：根据图纸输入雨篷名称，如 YP－1。

板厚：输入雨篷板的厚度。

顶标高：输入雨篷板的顶标高。

建筑面积计算方式：该属性用于处理雨篷计算建筑面积的方式，用户可以控制，包括计算全部、计算一半、不计算。

雨篷示意图如图 2.123 所示。

4. 屋面

图 2.124 所示为“屋面的属性定义”界面。

名称：根据图纸输入屋面名称，如 WM－1。

顶标高：屋面顶的标高，可以根据实际情况进行调整。

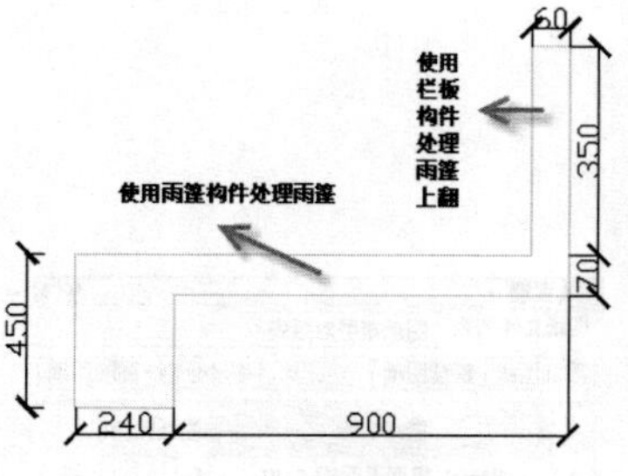

图 2.123　雨篷示意图

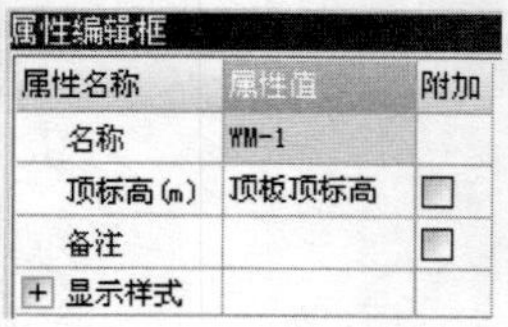

图 2.124　屋面的属性定义界面

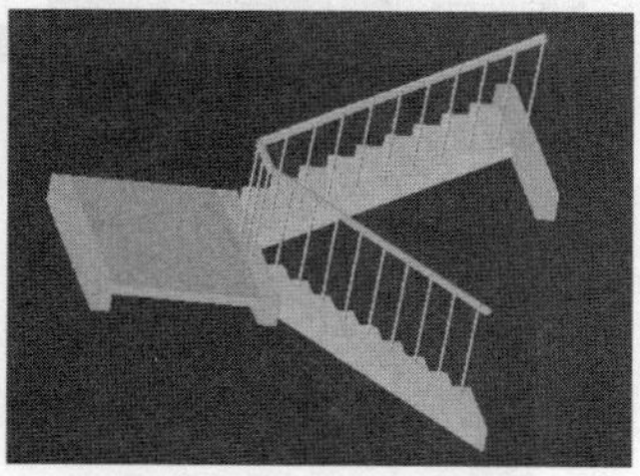

图 2.125　参数化楼梯的三维显示

5. 楼梯

参数化楼梯的三维显示效果如图 2.125 所示。

注意：计算规则中计算楼梯工程量时，如果规定宽度小于 500mm（或 300mm）的楼梯井的面积不扣除，那么楼梯井就可以不绘制；楼梯也可以使用“新建组合构件”功能新建组合楼梯。室内楼梯建筑面积已经包含在建筑面积图元内，为避免重复计算，室内楼梯的建筑面积计算方式一般选择为“不计算”；如果楼梯是室外楼梯，那么根据不同的建筑面积计算规则可以选择计算一半或计算全部；本楼梯构件只计算投影面积量。

所有工程做完之后一定要记得保存汇总计算。

学习情境 2.3　CAD 导 图 流 程

2.3.1　添加图纸

在进行导图操作前，把需要用到的图纸添加到图纸文件列表中。

（1）在导航栏中单击“CAD 识别”→“CAD 草图”→“图纸管理”→“添加图纸”，如图 2.126 所示。

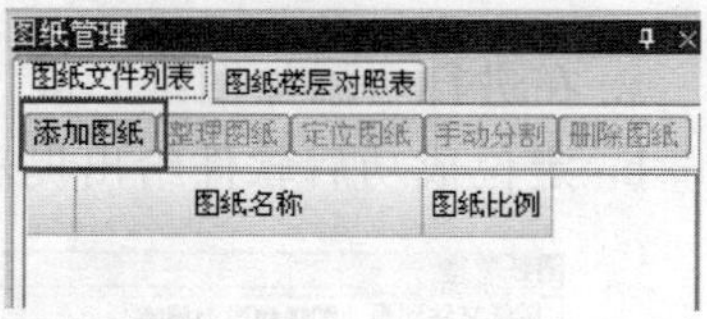

图 2.126　添加图纸

（2）找到需要的图纸，单击“打开”按钮（可只选一张图纸，也可选多张图纸），如图 2.127 所示。

（3）添加好的图纸显示在列表里，当需要对某张图纸进行操作时，双击图纸名称即可，当前图纸在列表中以绿色字体显示，如图 2.128 所示。

1）“整理图纸”操作步骤。当一个 CAD 文件中存放多张图纸时，需要用此功能将各图纸拆分，然后再进行导图操作。

a. 添加图纸，把需要用到的图纸添加到“图纸文件列表”中。

b. 单击“整理图纸”按钮，软件会自动根据图纸文件中图框图层及图纸名称图层进行图纸拆分。拆分后，图形文件列表中显示二级节点，如图 2.129 所示。

2）“定位图纸”操作步骤。各图纸整理分割完成后，各个图纸的默认原点存在不一致的情况，此时需要将各图纸定位在一个原点，然后再进行导图的操作。

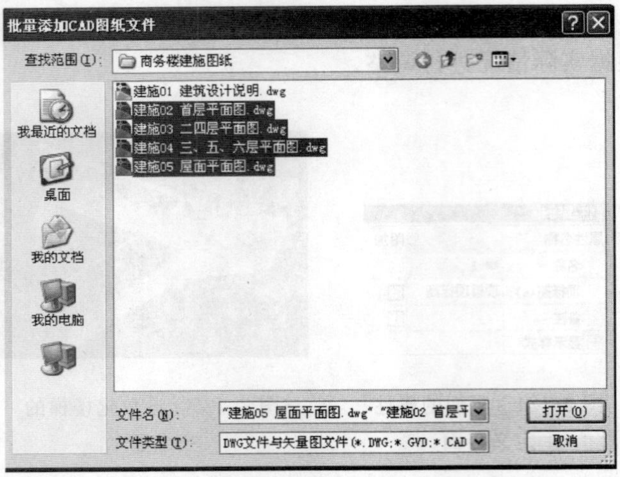

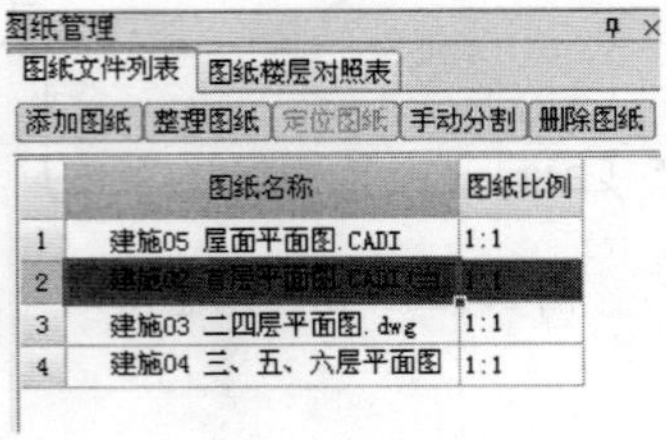

图 2.127　打开图纸文件　　　　图 2.128　图纸管理

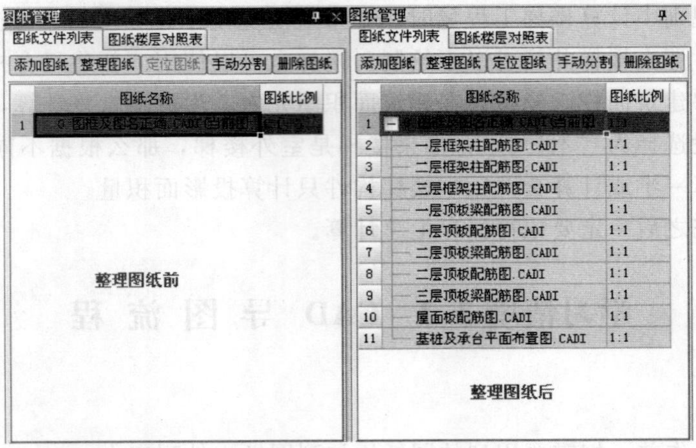

图 2.129　图纸整理

a. 在进行“添加图纸”或“整理图纸”后，单击“定位图纸”按钮，如图 2.130 所示。

b. 定位成功后软件给出提示，单击“确定”按钮即可，如图 2.131 所示。

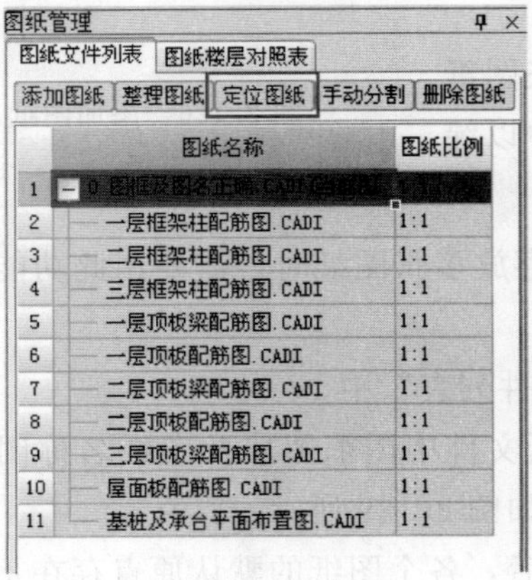

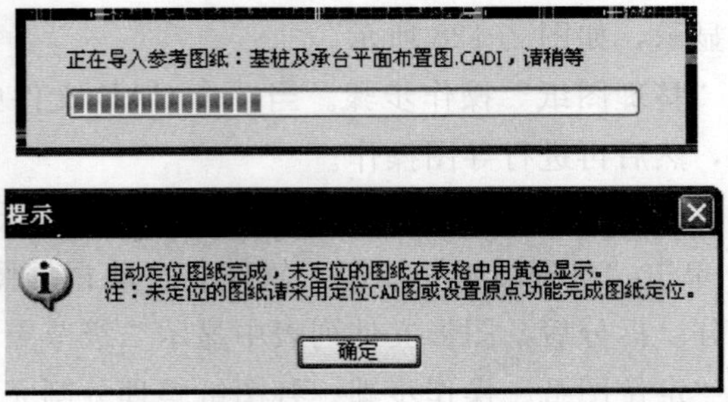

图 2.130　定位图纸　　　　图 2.131　定位成功

3)“手动分割”操作步骤。当“整理图纸”功能无法将图纸自动拆分时，需要使用此功能进行手动分割图纸。

a.“添加图纸”并“整理图纸”。

b. 当“整理图纸”功能不能自动拆分图纸时，单击“手动分割”按钮，如图 2.132 所示。

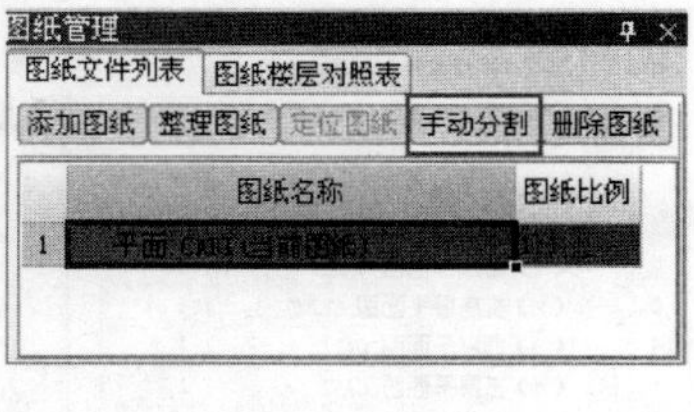

图 2.132 手动分割

c. 用鼠标左键拉框选择 CAD 图元，单击右键确认，如图 2.133 所示。

图 2.133 鼠标左键拉框选择 CAD 图元

d. 在弹出的对话框中输入被分割图纸的名称，并单击“确定”按钮，如图 2.134 所示。

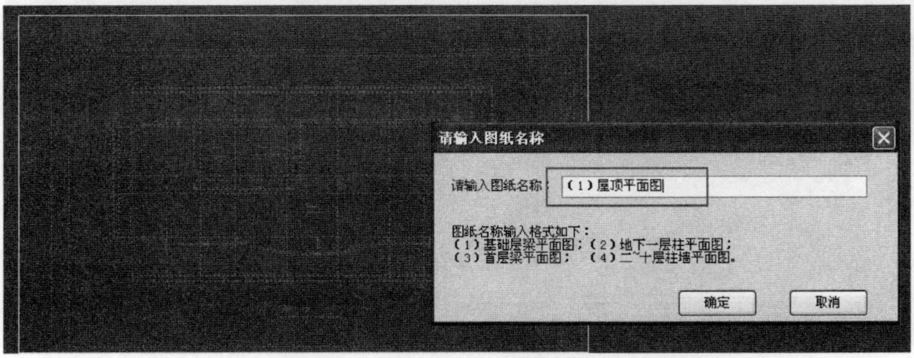

图 2.134 确定界面

e. 按上述方法分割所有需要拆分的图纸，如图 2.135 所示。

说明：软件支持导入的 CAD 图形文件有 dwg、gvd、cadi 格式。

2.3.2 开始识别轴网

1. 提取轴线

(1) 单击菜单栏中的“CAD 识别”→“提取轴线”命令，在 CAD 图中选择轴线，选择的方法可以单击“选择”，也可以拉框选择，还可以按住 Ctrl 键同时选择相同图层的 CAD 图元，也可以按住 Alt 键同时选择相同颜色的 CAD 图元，如图 2.136 所示。

(2) 选择完成后单击鼠标右键确认，这些图元在图中消失，提取完成，如图 2.137 所示。

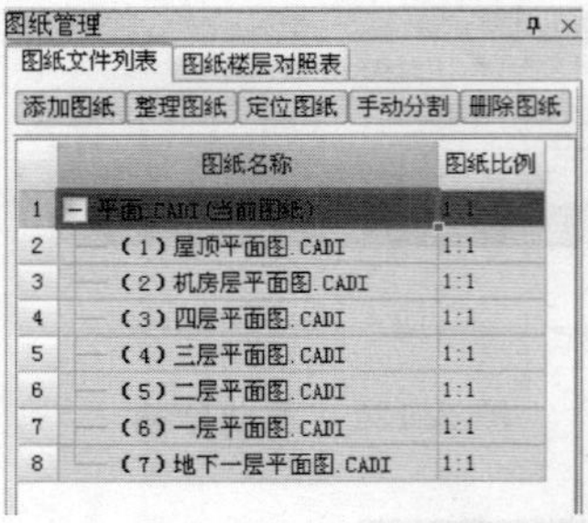

图 2.135　拆分图纸

注意：如果没有一次性选择完所有需要选择的图元而不慎单击右键结束了，还可以再次执行此命令，继续提取没有提取完的图元。

2. 提取轴线标识

（1）选择菜单栏中的“CAD识别”→“提取轴线”命令，在CAD图中选择轴线，选择的方法可以单击选择，也可以拉框选择，还可以按住Ctrl键同时选择相同图层的CAD图元，也可以按住Alt键同时选择相同颜色的CAD图元，如图2.138所示。

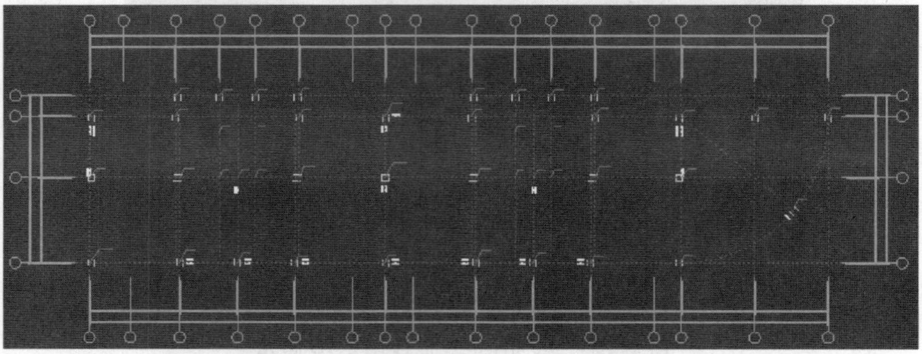

图 2.136　提取轴线

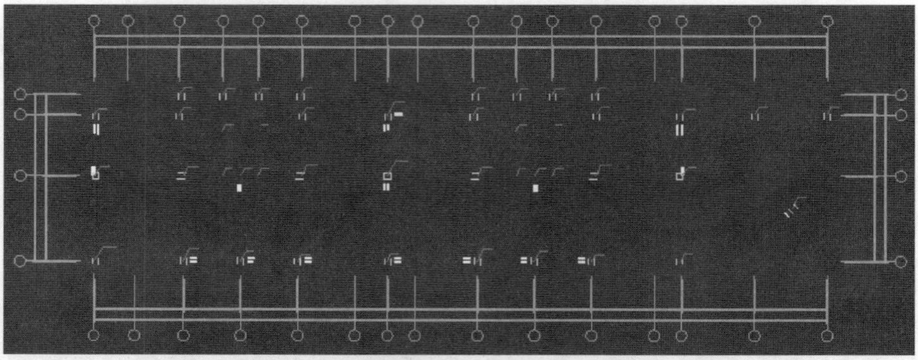

图 2.137　提取完成

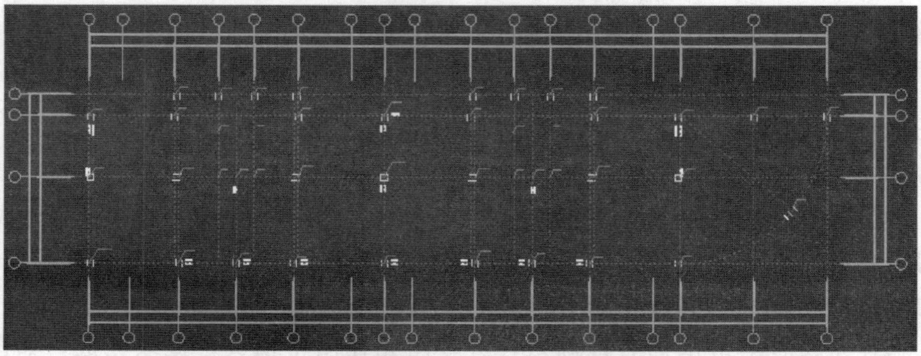

图 2.138　提取轴线标识

(2) 选择完成后单击右键确认，这些图元在图中消失，提取完成，如图 2.139 所示。

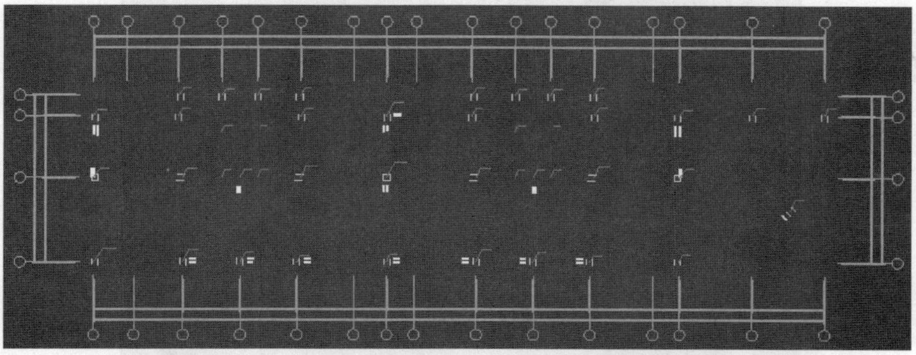

图 2.139 提取完成

注意：如果没有一次性选择完所有需要选择的图元而不慎单击右键结束了，还可以再次执行此命令，继续提取没有提取完的图元。

3. 自动识别轴网

提取轴线和轴线标识后，选择菜单栏中的“CAD 识别”→“自动识别轴网”命令，软件自动完成轴网识别，如图 2.140 所示。

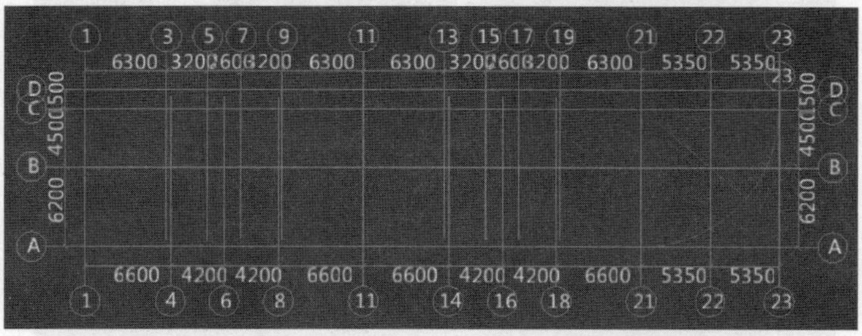

图 2.140 自动识别轴网

2.3.3 识别柱大样

1. 提取柱边线

(1) 首先看图纸给的是柱大样还是柱表，选择菜单栏中的“CAD 识别”→“提取柱边线”命令，在 CAD 图中选择柱图元，选择的方法可以单击选择，也可以拉框选择，还可以按住 Ctrl 键同时选择相同图层的 CAD 图元，也可以按住 Alt 键同时选择相同颜色的 CAD 图元，如图 2.141 所示。

(2) 选择完成后单击右键确认，这些图元在图中消失，提取完成，如图 2.142 所示。

说明：如果没有一次性选择完所有需要选择的图元而不慎单击右键结束了，还可以再次执行此命令，继续提取没有提取完成的图元。

2. 提取柱标识

(1) 选择菜单栏中的“CAD 识别”→“提取柱标识”命令，在 CAD 图中选择柱标识，可以单击选择，也可以拉框选择，还可以按住 Ctrl 键同时选择相同图层的 CAD 图元，也可以按住 Alt 键同时选择相同颜色的 CAD 图元，如图 2.143 所示。

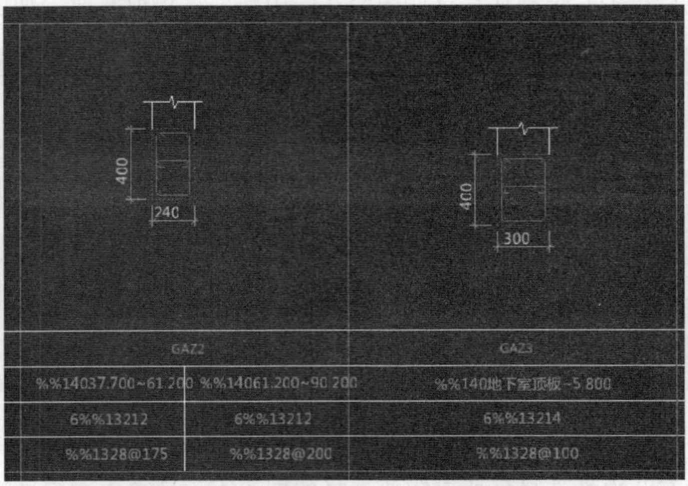

图 2.141　提取柱边线

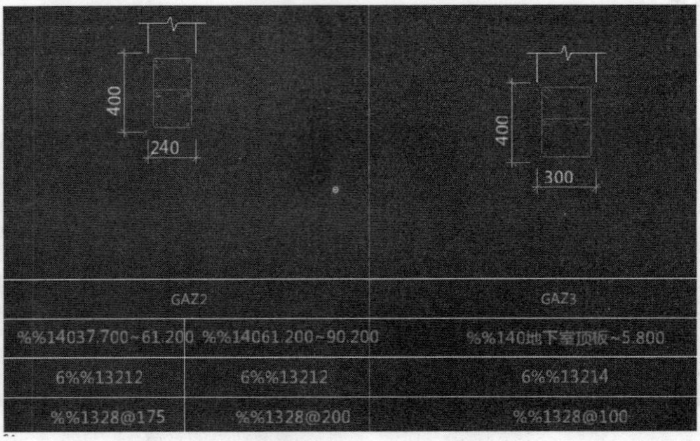

图 2.142　提取完成

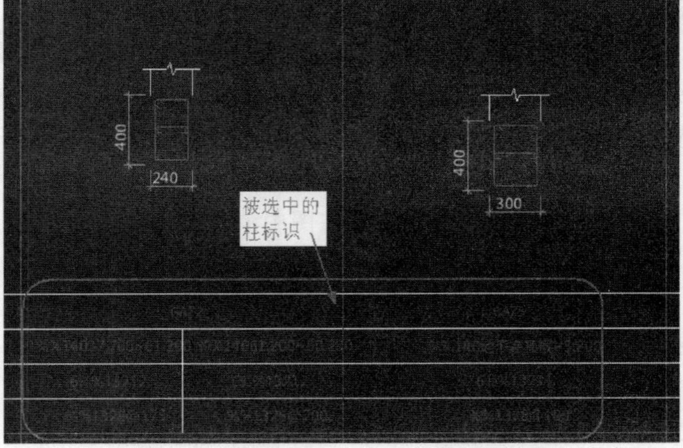

图 2.143　提取柱标识

(2) 选择完成后单击右键确认，这些图元在图中消失，提取完成，如图 2.144 所示。

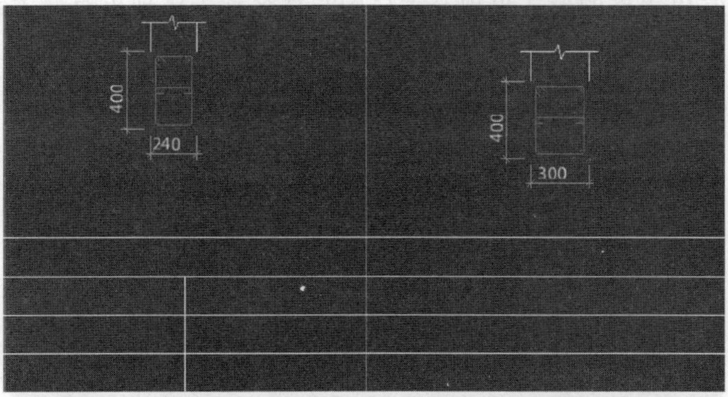

图 2.144　提取完成

注意：提取柱标识时要将大样图中柱的标注尺寸也提取过来，因为软件在识别柱大样时是按尺寸标注识别的，不是按截面图形识别的，如图 2.145 所示。

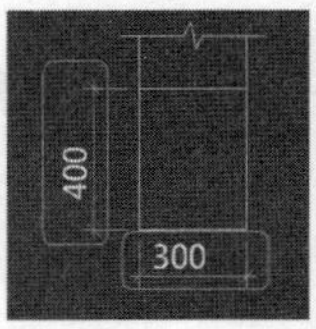

图 2.145　尺寸标注识别

图 2.146　识别完毕

3. 自动识别柱大样

提取柱边线和柱标识后，选择菜单栏中的“CAD 识别”→“自动识别柱大样”命令，弹出“提示”对话框，如图 2.146 所示。

单击“确定”按钮，完成柱大样识别，如图 2.147 所示。

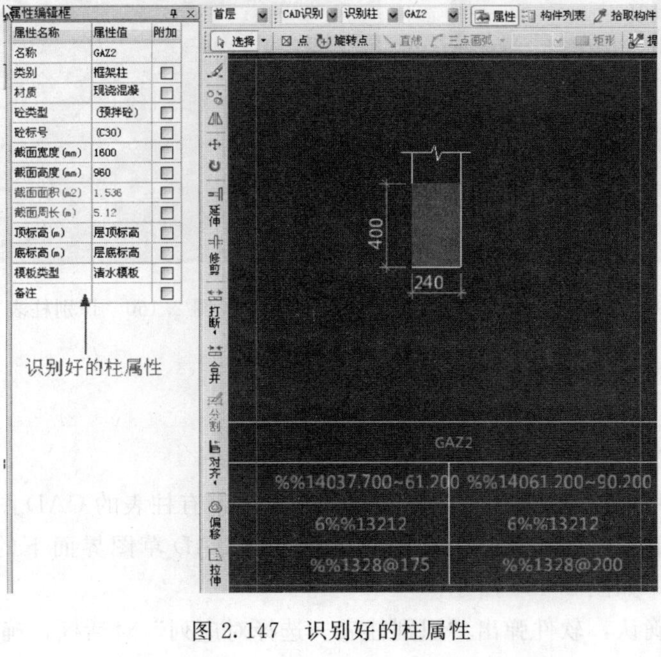

图 2.147　识别好的柱属性

4. 点选识别柱大样

由于柱大样通常以表格的形式出现，大样图与柱名称未体现出直属关系，所以要用点选识别柱大样，如图 2.148 所示。

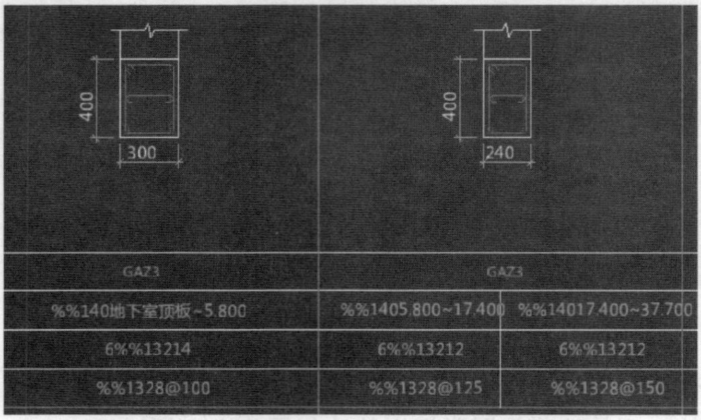

图 2.148　点选识别柱大样

提取柱和柱标识后，选择菜单栏中的“CAD 识别”→“点选识别柱”命令，在图中单击已经提取的柱边线，再单击已经提取的柱名称，输入该柱的标高及楼层范围信息，单击“确定”按钮，该柱识别完毕，如图 2.149 所示。

继续单击其他柱，直到完成所有柱识别。

图 2.149　识别完毕

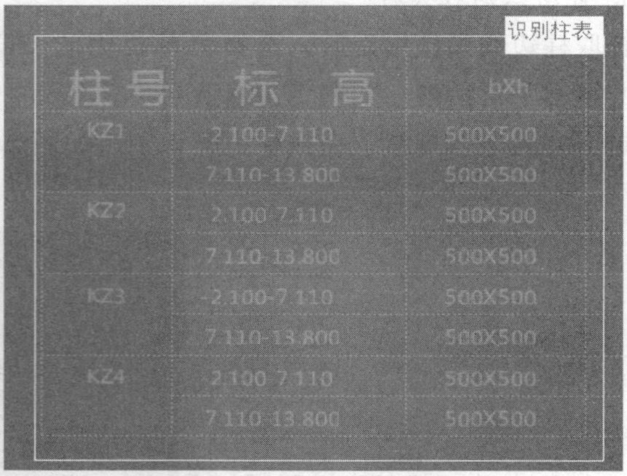

图 2.150　识别柱表

2.3.4 识别柱

1. 识别柱表

(1) 建立楼层信息（手动建立楼层或识别楼层表）。

(2) 在 CAD 草图界面，使用“图形管理”功能将带有柱表的 CAD 图纸添加到软件中。

(3) 把视图缩放到恰好显示整个柱表，然后单击 CAD 草图界面下的“识别柱表”，在图中拉框选中柱表，如图 2.150 所示。

(4) 单击右键确认，软件弹出“识别柱表—选择对应列”对话框，确认柱号、标高、截面信息准确无误后单击“确定”按钮即可，如图 2.151 所示。

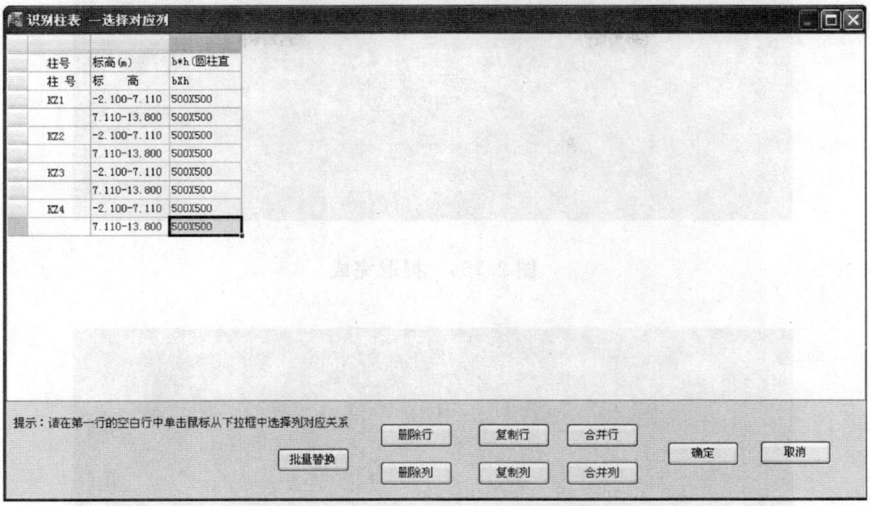

图 2.151　“识别柱表—选择对应列”对话框

(5) 识别完成后软件弹出识别成功的“提示”对话框，单击“确定”按钮即可，软件会按照柱表中的标高信息将识别好的柱构件分配到各个楼层，如图 2.152 所示。

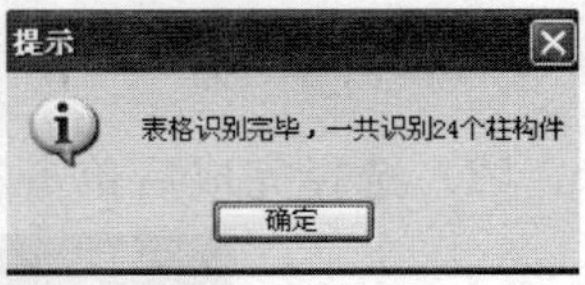

图 2.152　表格识别完毕

2. 提取柱边线

(1) 选择菜单栏中的“CAD 识别”→“提取柱边线”命令，在 CAD 图中选择柱图元，选择的方法可以单击选择，也可以拉框选择，还可以按住 Ctrl 键同时选择相同图层的 CAD 图元，也可以按住 Alt 键同时选择相同颜色的 CAD 图元，如图 2.153 所示。

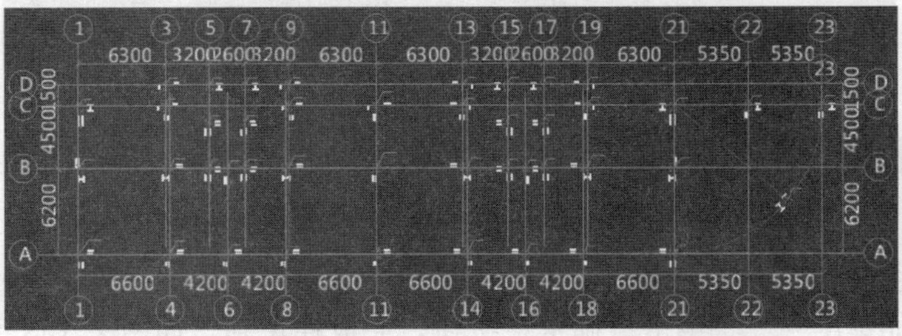

图 2.153　提取柱边线

(2) 选择完成后单击右键确认，这些图元在图中消失，提取完成，如图 2.154 所示。

注意：如果没有一次性选择完所有需要选择的图元而不慎单击右键结束了，还可以再次执行此命令，继续提取没有提取完的图元。

3. 提取柱标识

(1) 选择菜单栏中的“CAD 识别”→“提取柱标识”命令，在 CAD 图中选择柱标识，选择的方法可以单击选择，也可以拉框选择，还可以按住 Ctrl 键同时选择相同图层的 CAD 图元，也可以按住 Alt 键同时选择相同颜色的 CAD 图元，如图 2.155 所示。

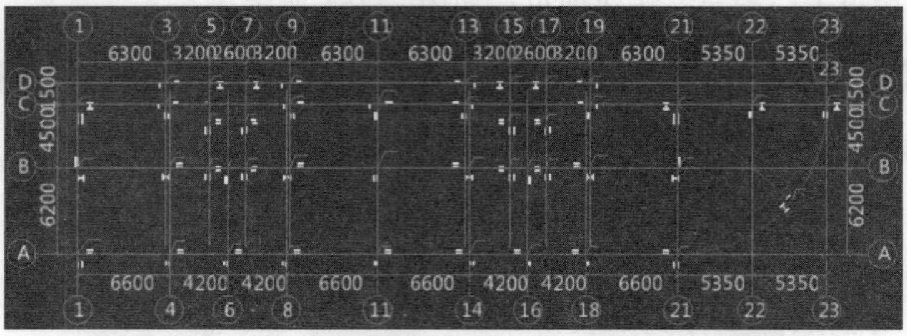

图 2.154　提取完成

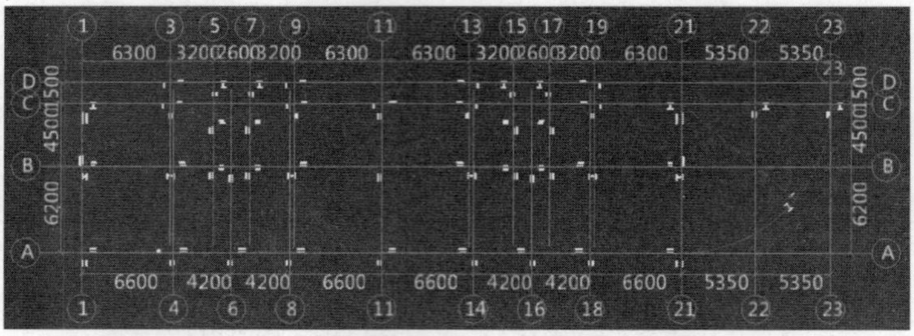

图 2.155　提取柱标识

(2) 选择完成后单击右键确认，这些图元在图中消失，提取完成，如图 2.156 所示。

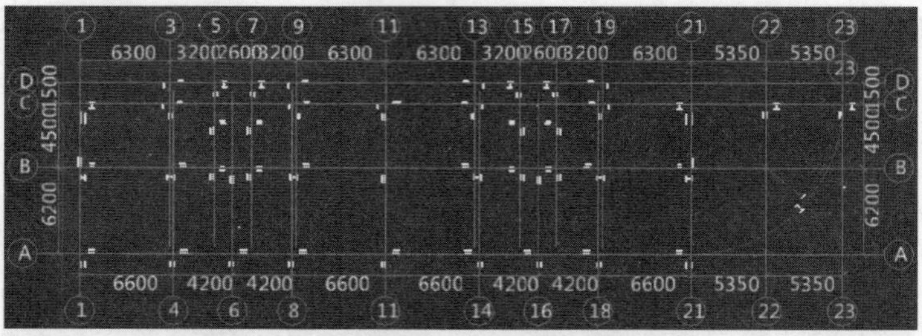

图 2.156　提取完成

图 2.157　自动识别柱

4. 自动识别柱

提取柱和柱标识后，选择菜单栏中的“CAD 识别”→“自动识别柱”命令，弹出“提示”对话框，如图 2.157 所示。

单击“确定”按钮，完成柱识别，如图 2.158 所示。

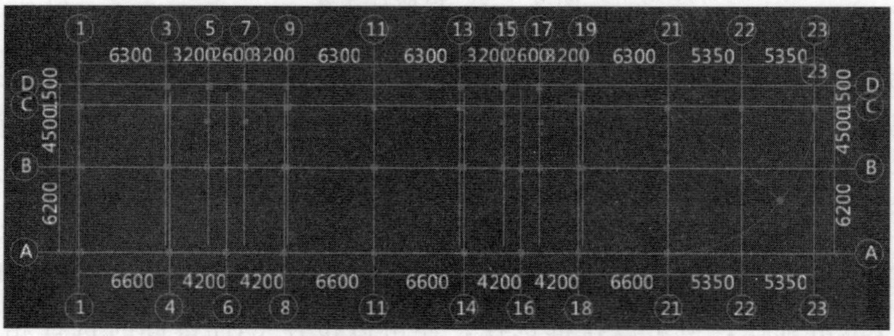

图 2.158　完成柱识别

5. 点选识别柱

提取柱和柱标识后，选择菜单栏中的“CAD 识别”→“点选识别柱”命令，在图中单击已经提取的柱边线，该柱识别完毕，如图 2.159 所示。

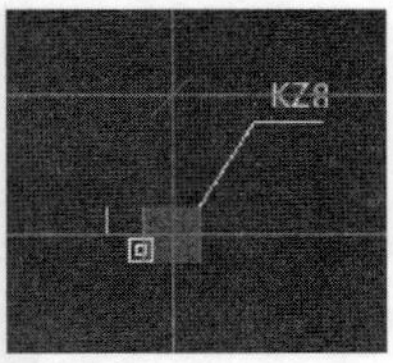

图 2.159　点选识别柱

继续单击其他柱，直到完成所有柱识别，如图 2.160 所示。

6. 柱图元校核

（1）在“提取柱边线”“提取柱标识”识别柱后，单击“柱图元校核”，校核出问题的会弹出图 2.161 所示对话框。

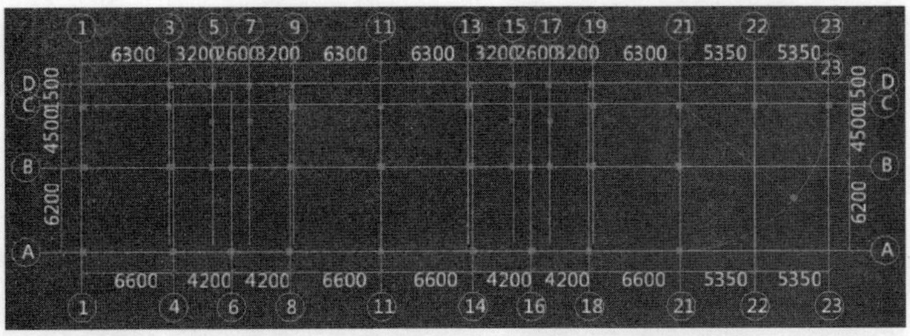

图 2.160　完成所有柱识别

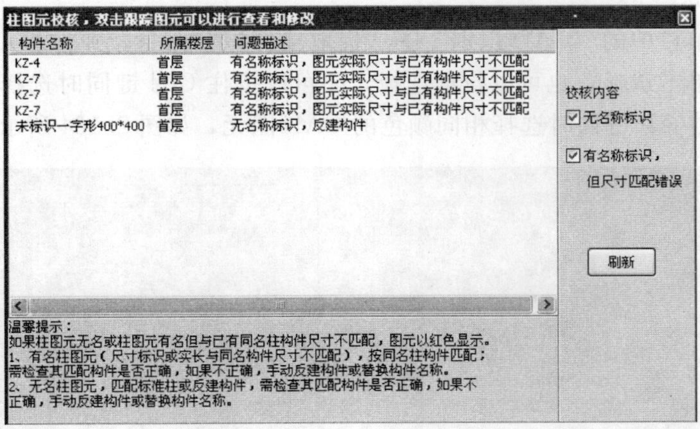

图 2.161　柱图元校核

（2）在提示框中双击有问题的图元，进行查看或修改。

2.3.5　识别梁

1. 提取梁线

（1）选择菜单栏中的“CAD 识别”→“提取梁边线”命令，在 CAD 图中选择梁图元，选择的方法可以单击选择，也可以拉框选择，还可以按住 Ctrl 键同时选择相同图层的 CAD 图元，也可以按住 Alt 键同时选择相同颜色的 CAD 图元，如图 2.162 所示。

（2）选择完成后单击右键确认，这些图元在图中消失，提取完成，如图 2.163 所示。

说明：如果没有一次性选择完所有需要选择的图元而不慎单击右键结束了，还可以再次执行此命令，继续提取没有提取完的图元。

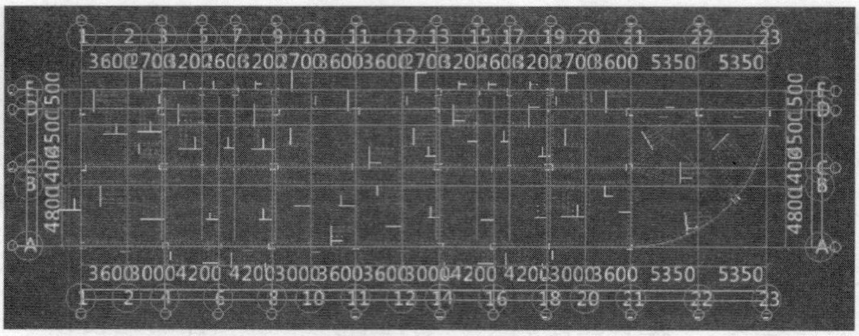

图 2.162　提取梁线

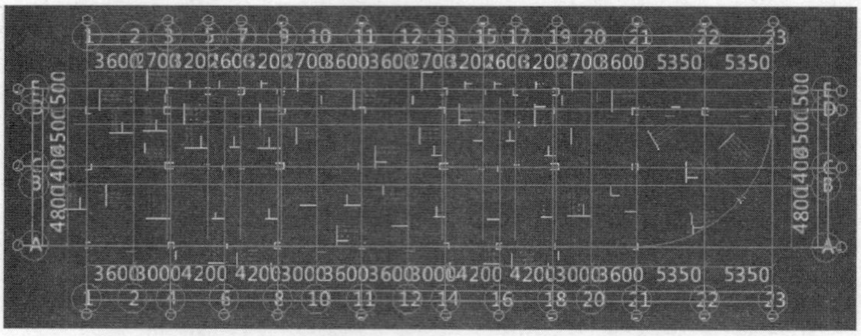

图 2.163　提取完成

2. 提取梁标识

（1）选择菜单栏中的“CAD识别”→“提取梁标识”命令，在CAD图中选择梁标识，选择的方法可以单击选择，也可以拉框选择，还可以按住Ctrl键同时选择相同图层的CAD图元，也可以按住Alt键同时选择相同颜色的CAD图元，如图 2.164 所示。

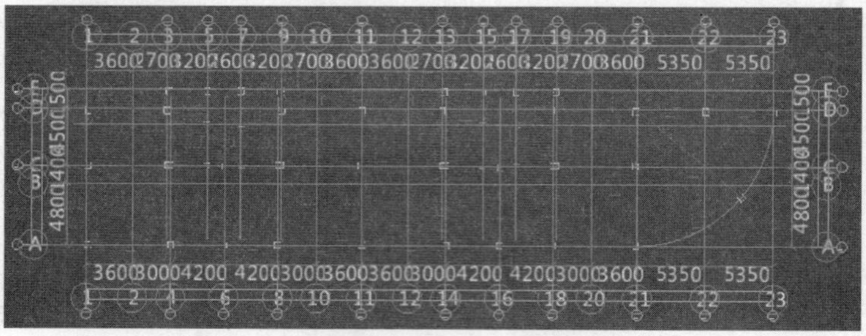

图 2.164　提取梁标识

（2）选择完成后单击右键确认，这些图元在图中消失，提取完成，如图 2.165 所示。

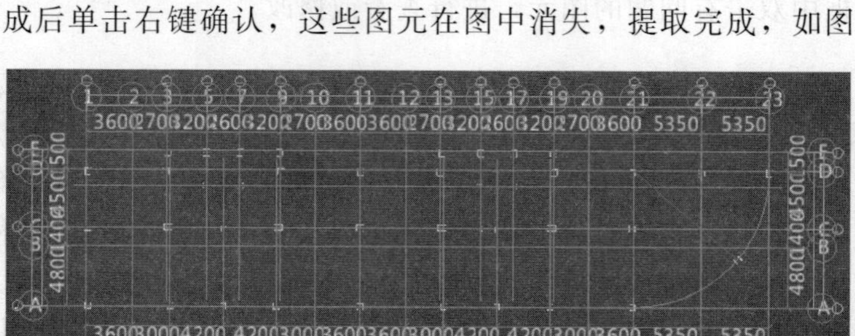

图 2.165　提取完成

3. 自动识别梁

提取梁和梁标识后，选择菜单栏中的“CAD 识别”→“自动识别梁”命令，弹出“确认”对话框，如图 2.166 所示。

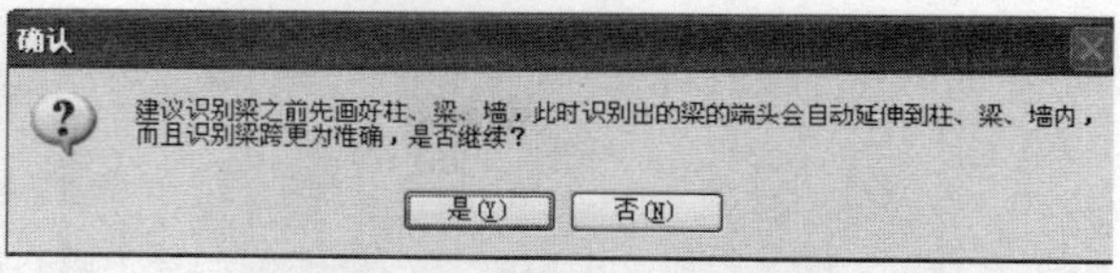

图 2.166　自动识别梁

这个“确认”对话框的意思是：在识别梁之前，应先识别或者画完柱、墙、其他梁，这样识别出来的梁才会自动延伸到现有的柱、墙、梁中，从而更准确。单击“是”按钮，完成梁识别，如图 2.167 所示。

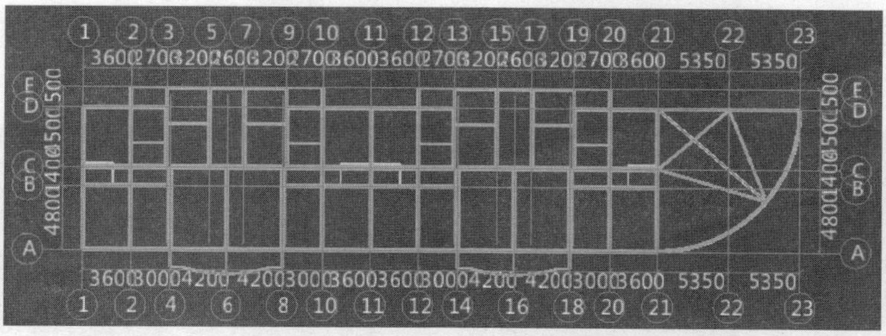

图 2.167　完成梁识别

4. 点选识别梁

(1) 提取梁和梁标识后，选择菜单栏中的“CAD 识别”→“点选识别梁”命令，弹出“梁信息”对话框，如图 2.168 所示。

(2) 在绘图区域中单击梁名称，则“梁信息”对话框中显示该梁的信息，如图 2.169 所示。

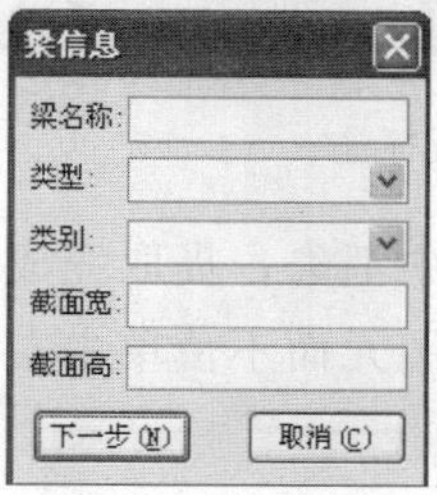

图 2.168　点选识别梁

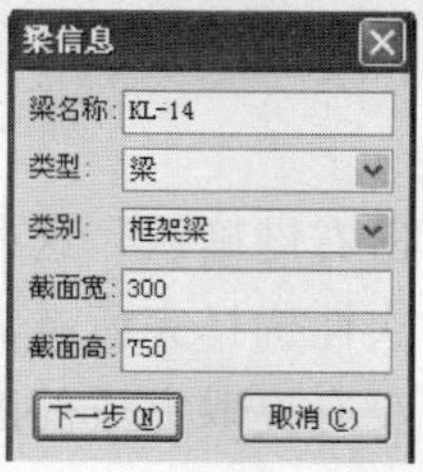

图 2.169　梁信息

注意：这里一定要单击“梁名称”，若单击在梁信息的其他位置，则这里的梁名称就会显示单击位置的信息。

(3) 单击右键确定后，在绘图区域中单击该梁边线，梁颜色变成蓝色，如图 2.170 所示。

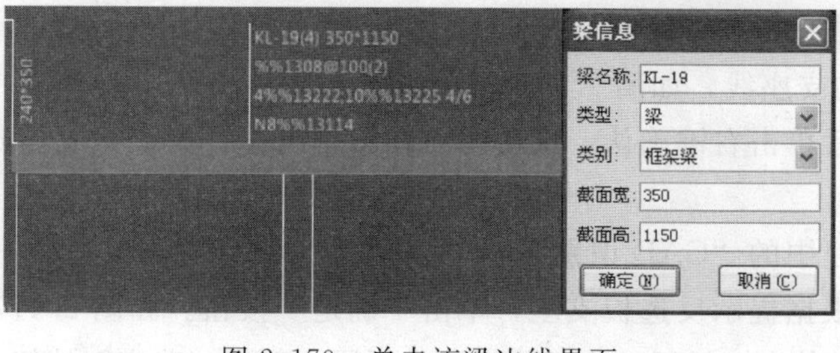

图 2.170　单击该梁边线界面

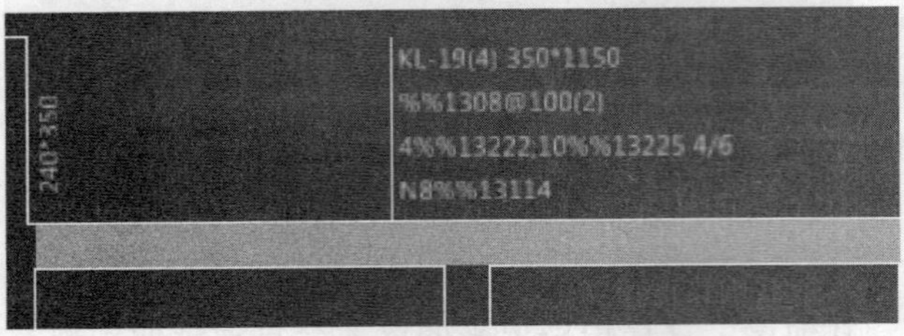

图 2.171 梁识别完毕

继续单击图中所有同名称的梁，结束后单击右键确定，则该梁识别完毕，如图 2.171 所示。

（4）用同样的方法识别其他梁，直到完成。

2.3.6 识别板

1. 提取板标注

（1）选择菜单栏中的“CAD 识别”→“识别板”→“提取板标注”命令，按鼠标左键或 Ctrl＋左键选择板标注，如图 2.172 所示。

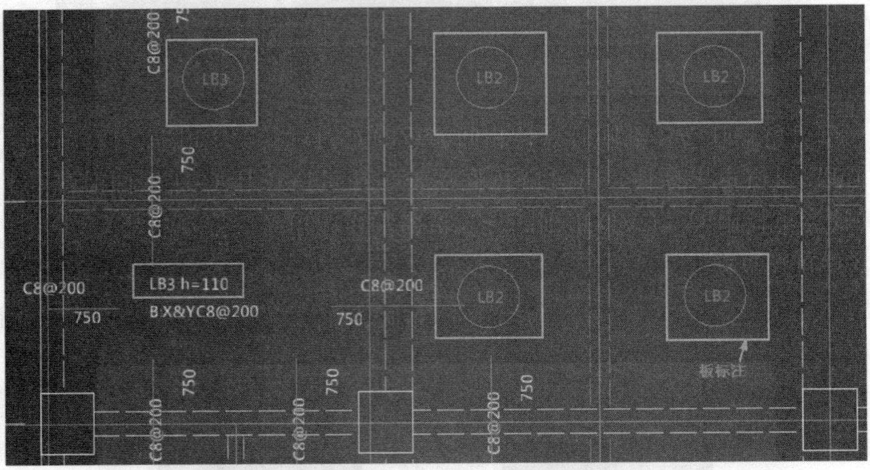

图 2.172 提取板标注

（2）选择完成后单击右键确认，这些图元在图中消失，提取完成。

注意：如果没有一次性选择完所有需要选择的图元而不慎单击右键结束了，还可以再次执行此命令，继续提取没有提取完成的图元。

2. 提取支座线

（1）选择菜单栏中的“CAD 识别”→“识别板”→“提取支座线”命令，按鼠标左键或 Ctrl＋左键选择板的支座线，如图 2.173 所示。

（2）选择完成后单击右键确认，这些图元在图中消失，提取完成，如图 2.174 所示。

3. 提取板洞线

（1）选择菜单栏中的“CAD 识别”→“识别板”→“提取板洞线”命令，单击左键或 Ctrl＋左键选择板的支座线，如图 2.175 所示。

（2）选择完成后单击右键确认，这些图元在图中消失，提取完成，如图 2.176 所示。

4. 自动识别板

（1）选择菜单栏中的“CAD 识别”→“识别板”→“自动识别板”命令，弹出“识别板选项”对话框，根据提示反选板支座，单击“确定”按钮。如图 2.177 所示。

（2）确定板构件信息。设置“未标注板”的板厚，单击“确定”按钮。如图 2.178 所示。

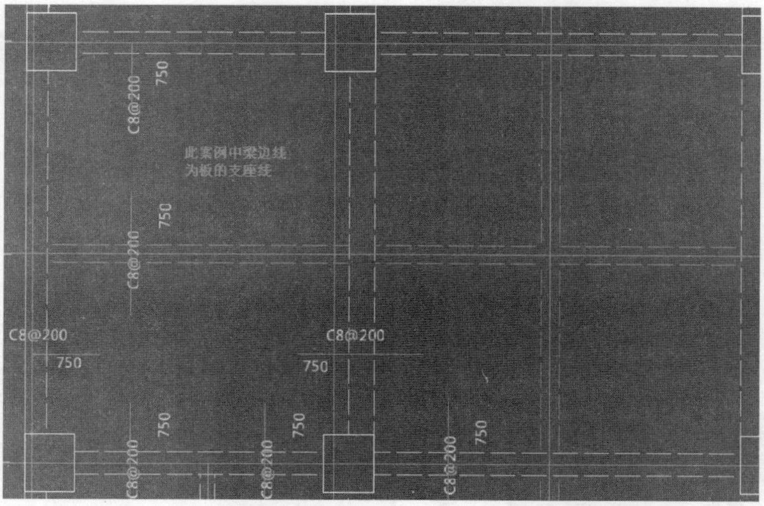

图 2.173　提取板标注

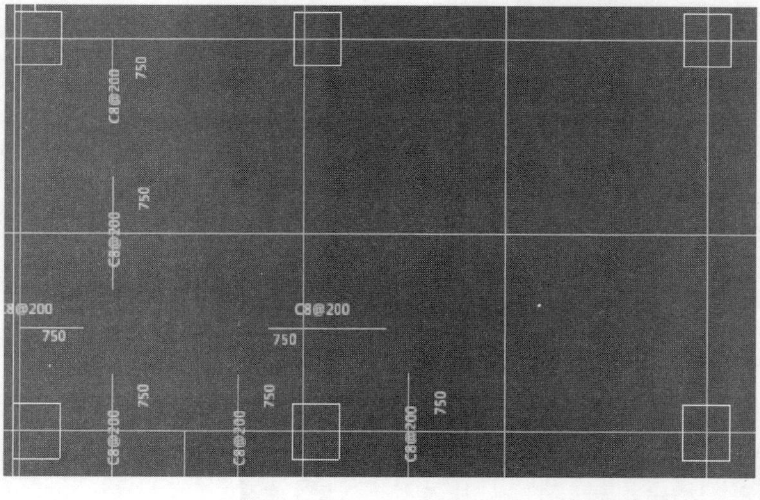

图 2.174　提取完成

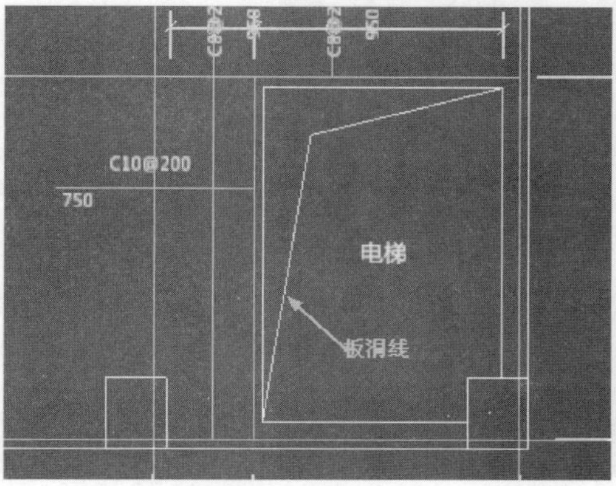

图 2.175　提取板洞线

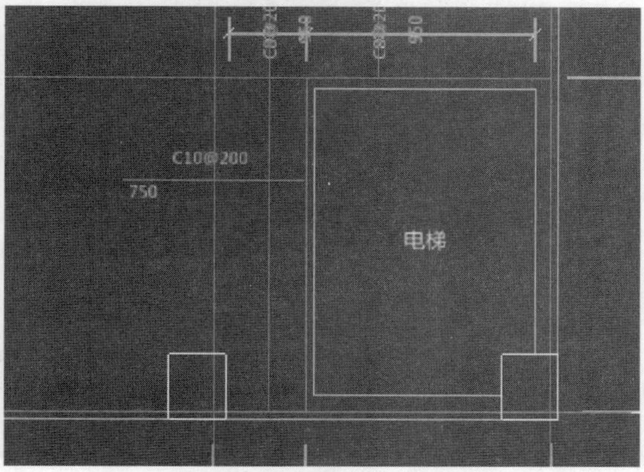

图 2.176　提取完成

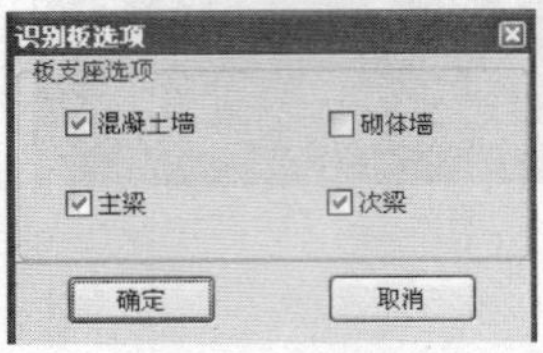

图 2.177　自动识别板

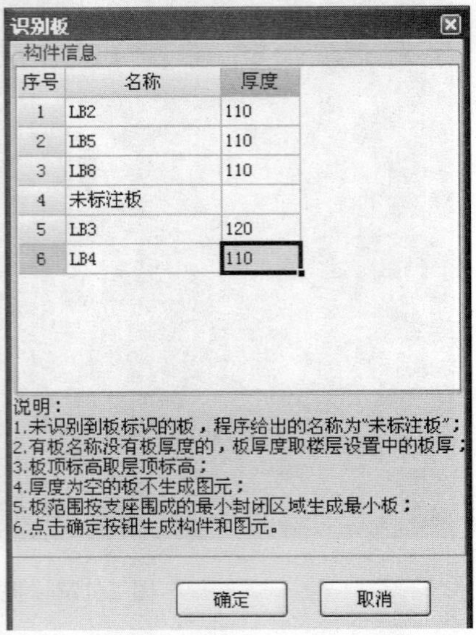

图 2.178　确定板构件信息

(3) 图元自动校核，单击“确定”按钮后识别成功，如图 2.179 所示。

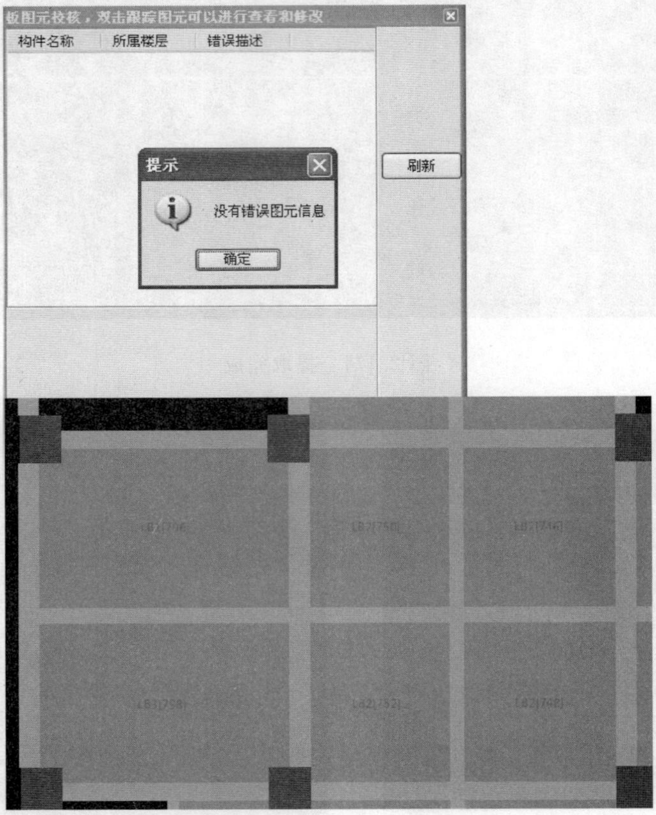

图 2.179　图元自动校核

2.3.7 识别墙

1. 识别墙表

(1) 将墙图添加入软件中后，切换到“识别墙”界面，单击“识别墙表”，如图 2.180 所示。

图 2.180　识别墙

(2) 按住鼠标左键拉框选择墙表，如图 2.181 所示。

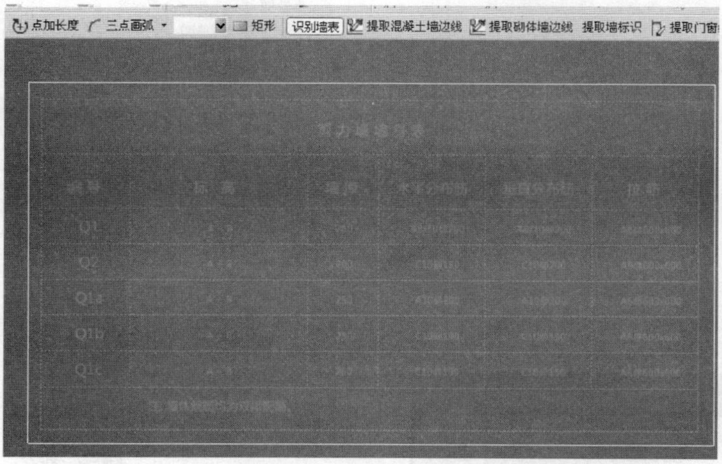

图 2.181　选择墙表

(3) 单击右键确认，在弹出的对话框中选择对应列，并将无用的列、行删除后单击“确定”按钮，如图 2.182 所示。

(4) 识别完毕后软件弹出“提示”对话框，单击“确定”按钮，如图 2.183 所示。

(5) 进入到“墙构件的定义”界面，查看识别结果，如图 2.184 所示。

2. 提取混凝土墙线

(1) 选择菜单栏中的“CAD 识别”→“提取混凝土墙线”命令，在 CAD 图中选择混凝土墙，选择的方法可以单击选择，也可以拉框选择，还可以按住 Ctrl 键同时选择相同图层

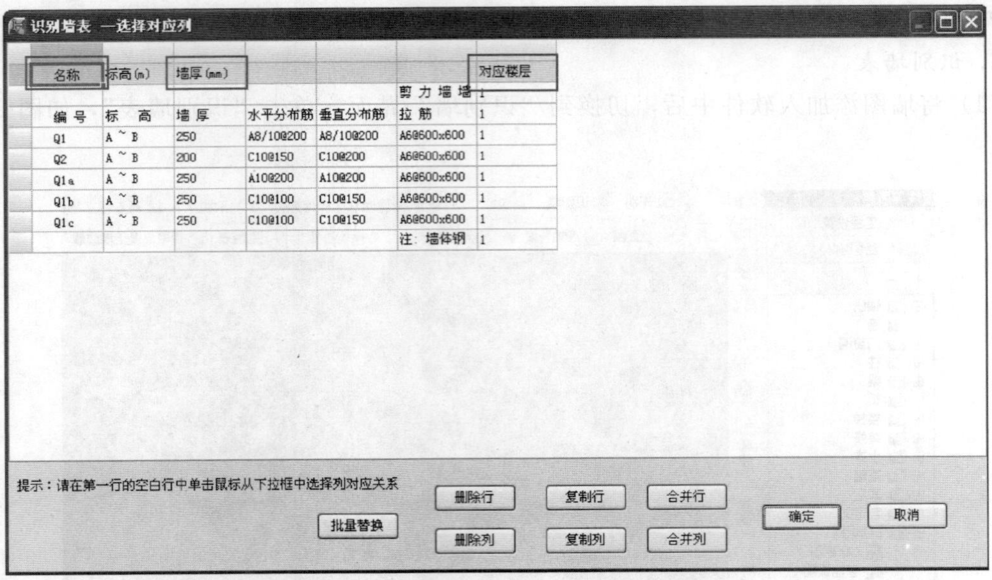

图 2.182　识别墙表

图 2.183　表格识别完毕

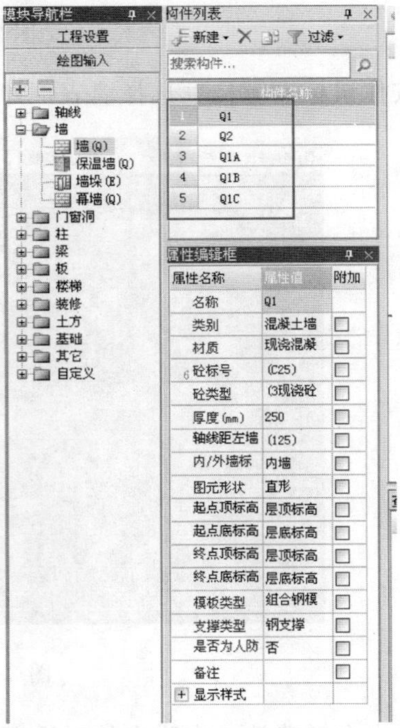

图 2.184　构件列表

的 CAD 图元，也可以按住 Alt 键同时选择相同颜色的 CAD 图元，如图 2.185 所示。

（2）选择完成后单击右键确认，这些图元在图中消失，提取完成，如图 2.186 所示。

注意：如果没有一次性选择完所有需要选择的图元而不慎单击右键结束了，还可以再次执行此命令，继续提取没有提取完的图元。这里只选择混凝土墙，对于砌块墙，用提取砌块墙边线功能来提取，这样识别出来的墙才能分开材质类别。

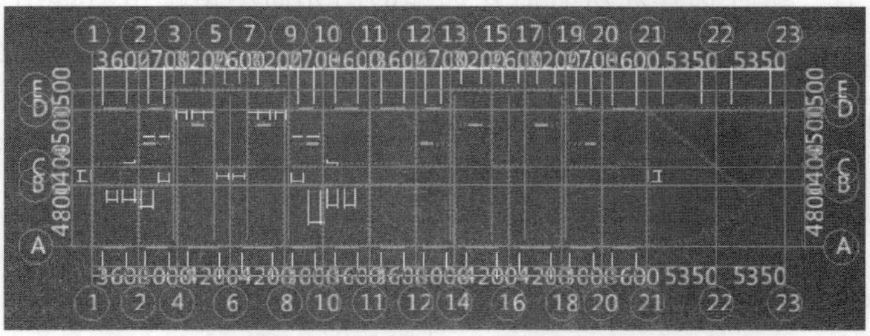

图 2.185　提取混凝土墙线

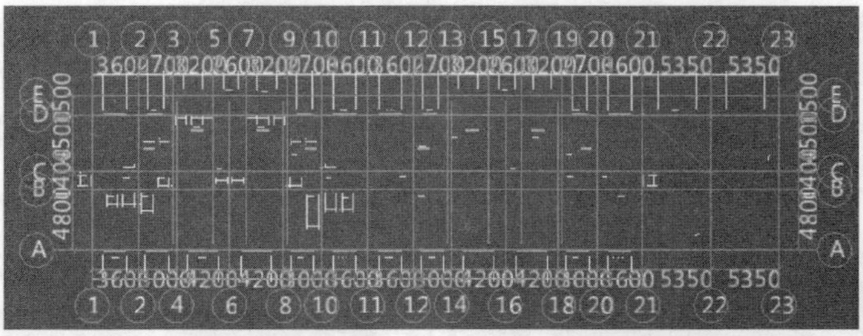

图 2.186　提取完成

3. 提取砌块墙边线

（1）选择菜单栏中的“CAD 识别”→“提取砌块墙边线”命令，在 CAD 图中选择砌块墙，选择的方法可以单击选择，也可以拉框选择，还可以按住 Ctrl 键同时选择相同图层的 CAD 图元，也可以按住 Alt 键同时选择相同颜色的 CAD 图元，如图 2.187 所示。

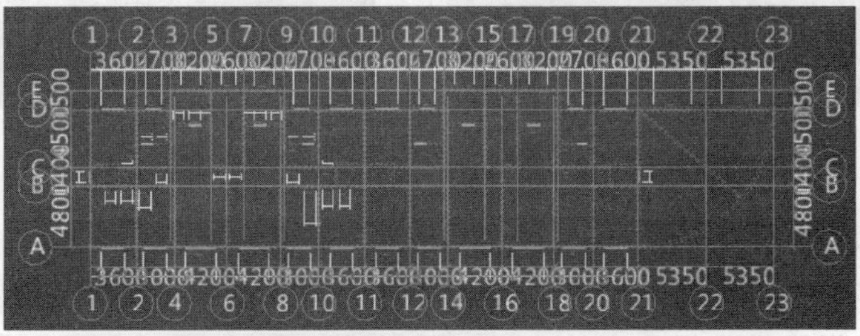

图 2.187　提取砌块墙边线

（2）选择完成后单击右键确认，这些图元在图中消失，提取完成，如图 2.188 所示。

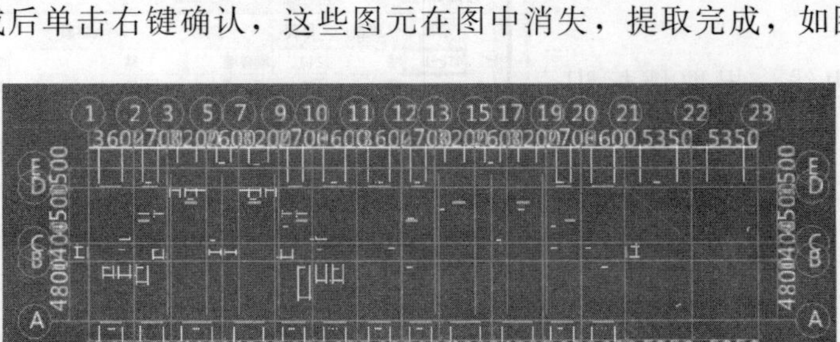

图 2.188　提取完成

说明：如果没有一次性选择完所有需要选择的图元而不慎单击右键结束了，还可以再次执行此命令，继续提取没有提取完的图元。这里只选择砌块墙，对于混凝土墙，用提取混凝土墙线功能来提取，这样识别出来的墙才能分开材质类别。

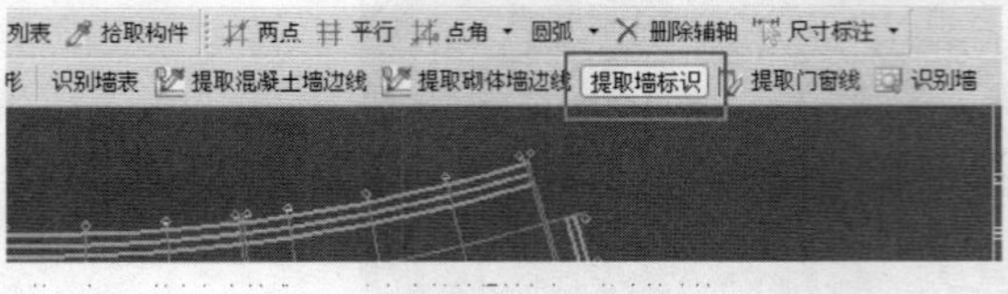

图 2.189　提取墙标识

4. 提取墙标识

（1）在识别完墙表、提取完墙边线后，单击“提取墙标识”，如图 2.189 所示。

（2）按住鼠标左键或 Ctrl＋左键选择墙标识，单击右键确认即可，如图 2.190 所示。

5. 提取门窗线

（1）选择菜单栏中的“CAD 识别”→“识别墙”→“提取门窗线”命令，按住 Ctrl 键同时单击 CAD 图中的门窗线，也可以使用选择相同图层的 CAD 图元功能提取相同图层下的门窗线，如图 2.191 所示。

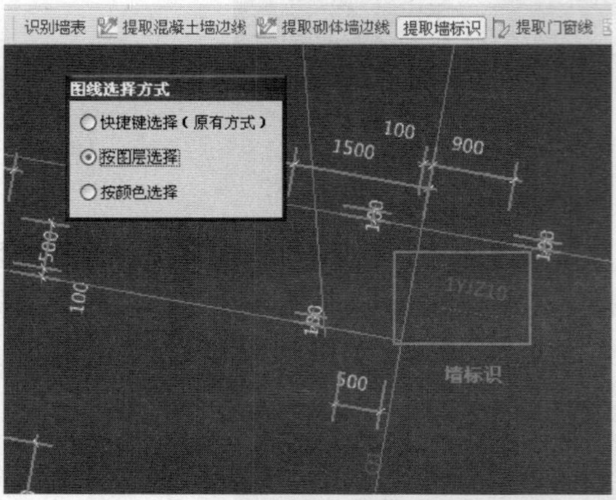

图 2.190　提取墙标识

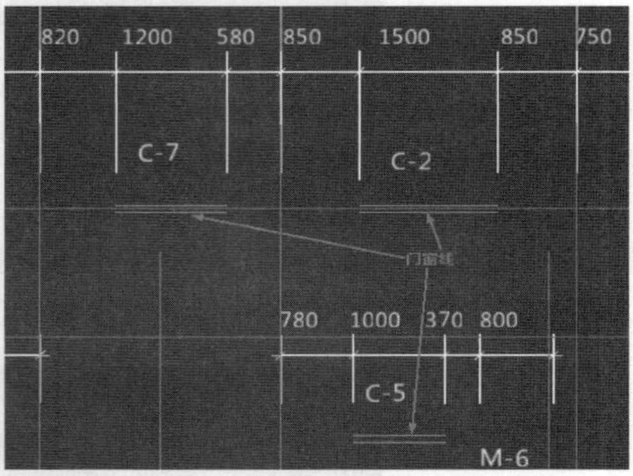

图 2.191　提取门窗线

（2）选择完成后单击右键确认，这些图元在图中消失，提取完成。

注意：如果没有一次性选择完所有需要选择的图元而不慎单击右键结束了，还可以再次执行此命令，继续提取没有提取完的图元。

6. 识别墙

（1）提取墙边线、提取墙标识、提取门窗线后，选择菜单栏中的“CAD 识别”→“识别墙”命令，弹出“识别墙”对话框，如图 2.192 所示。

（2）识别。

1）自动识别：单击“自动识别”按钮；再单击“全选”按钮，单击

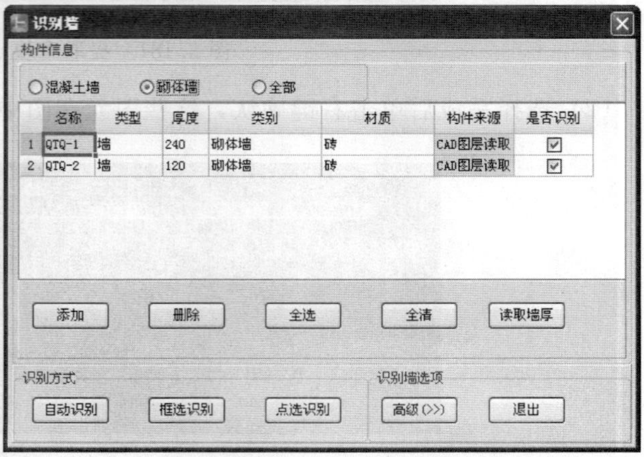

图 2.192　识别墙

“识别”按钮，软件弹出“确认”对话框，如图 2.193 所示。

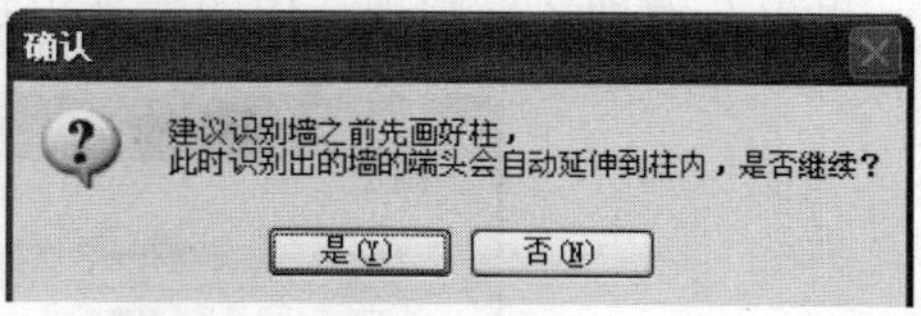

图 2.193　识别提示

这个“确认”对话框的意思是，如果在识别墙之前，先把柱识别完成，软件会把墙伸入柱内的端头自动延伸到柱内，这样能够保证图元正确地相交扣减；否则，如果没有识别柱而直接识别墙，则墙会在有柱的位置断开。单击“是”按钮完成识别，如图 2.194 所示。

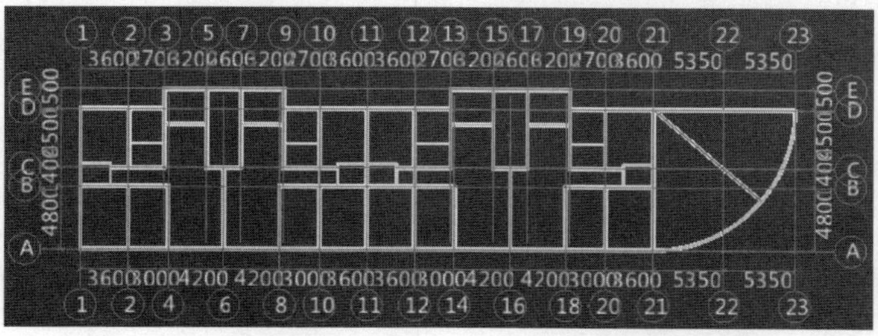

图 2.194　完成识别

2）点选识别：单击“点选识别”按钮，如图 2.195 所示。

在“选择需要识别的墙构件”中选择需要识别的墙构件，单击“识别”按钮，然后在绘图区域中单击该构件的图元，该图元变成蓝色。连续把该构件全部单击之后，再单击右键确定，完成识别。

说明：此功能可用于当个别构件需要单独识别，或者自动识别构件没有识别全而有遗漏的时候；如果在单击图元的时候该图元的厚度不等于构件属性中的厚度时，软件会给出提示，如图 2.196 所示。

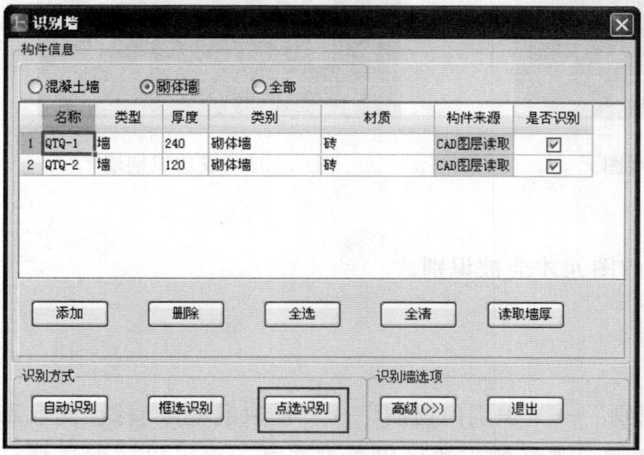

图 2.195　识别墙

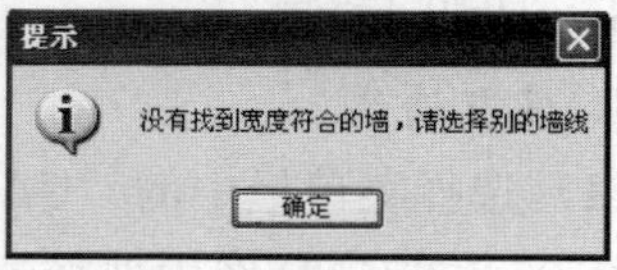

图 2.196　“提示”对话框

这时可以单击“确定”按钮后，重新选择其他的墙。

3）框选识别：单击“框选识别”按钮，如图 2.197 所示。

在“选择需要识别的墙构件”中选择需要识别的墙构件，单击“识别”按钮，在图中拉框选择墙图元，如图 2.198 所示。

单击右键确认，则被选中的墙被识别，如图 2.199 所示。

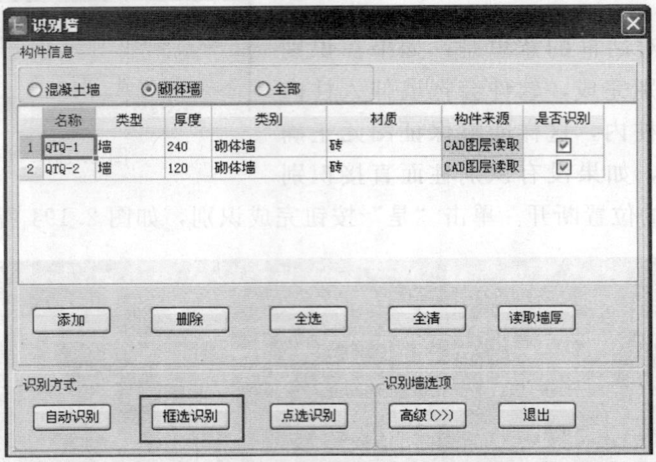

图 2.197　框选识别

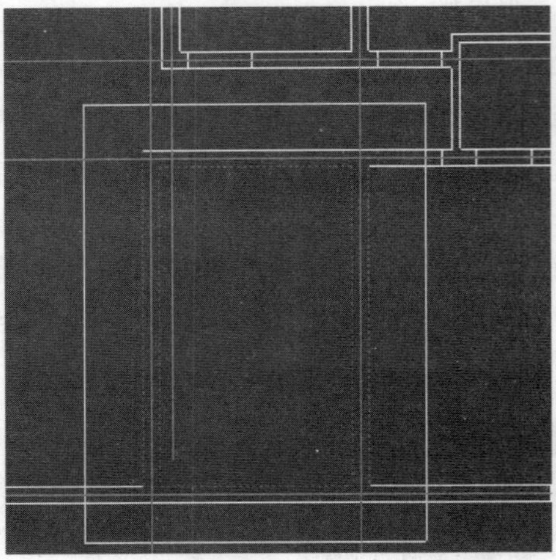

图 2.198　图中拉框选择墙图元

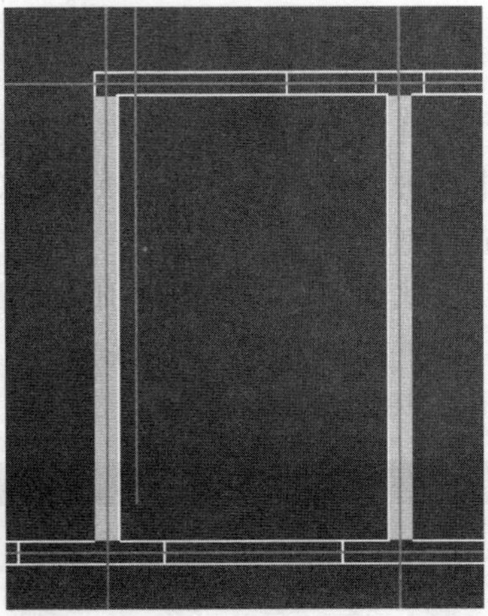

图 2.199　成功识别墙

用同样的方法识别其他图元。

注意：只有完全落在选择框里的图元才会被识别。

2.3.8　识别门窗洞

1. 提取墙线

（1）选择菜单栏中的“CAD 识别”→“识别门窗洞”→“提取混凝土墙线/提取砌体墙线”命令，在 CAD 图中选择混凝土墙，选择的方法可以单击选择，也可以拉框选择，还可以按住 Ctrl 键同时选择相同图层的 CAD 图元，也可以按住 Alt 键同时选择相同颜色的 CAD 图元，如图 2.200 所示。

（2）选择完成后单击右键确认，这些图元在图中消失，提取完成，如图 2.201 所示。

注意：如果没有一次性选择完所有需要选择的图元而不慎单击右键结束了，还可以再次执行此命令，继续提取没有提取完成的图元。

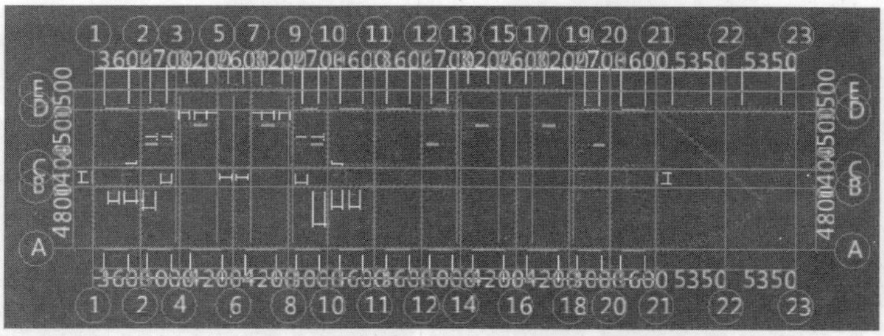

图 2.200　提取墙线

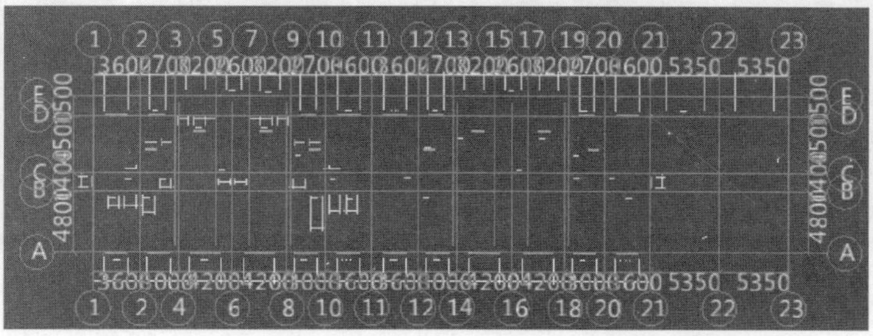

图 2.201　提取完成

2. 提取门窗标识

（1）选择菜单栏中的“CAD 识别”→“提取门窗标识”命令，在 CAD 图中选择门窗洞的标识，选择的方法可以单击选择，也可以拉框选择，还可以按住 Ctrl 键同时选择相同图层的 CAD 图元，也可以按住 Alt 键同时选择相同颜色的 CAD 图元，如图 2.202 所示。

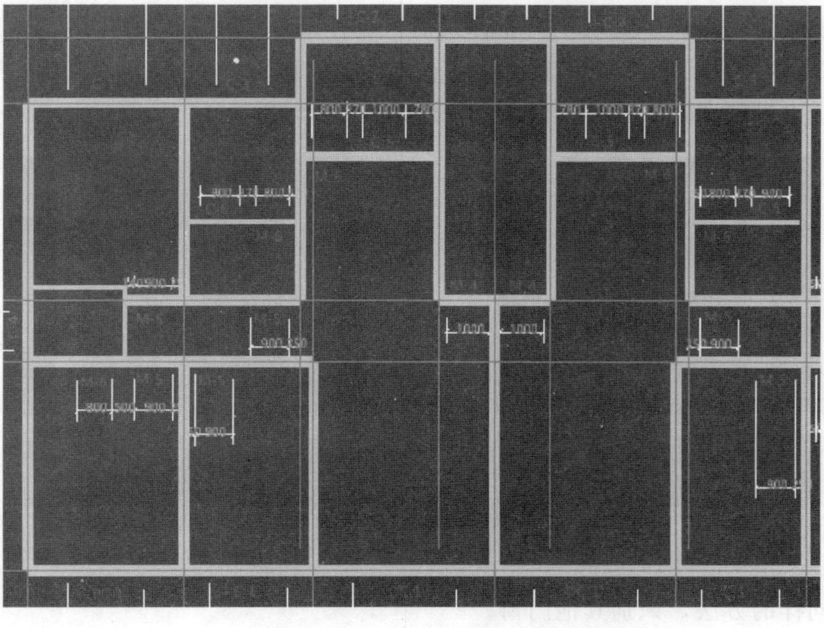

图 2.202　提取门窗标识

（2）选择完成后单击右键确认，这些图元在图中消失，提取完成，如图 2.203 所示。

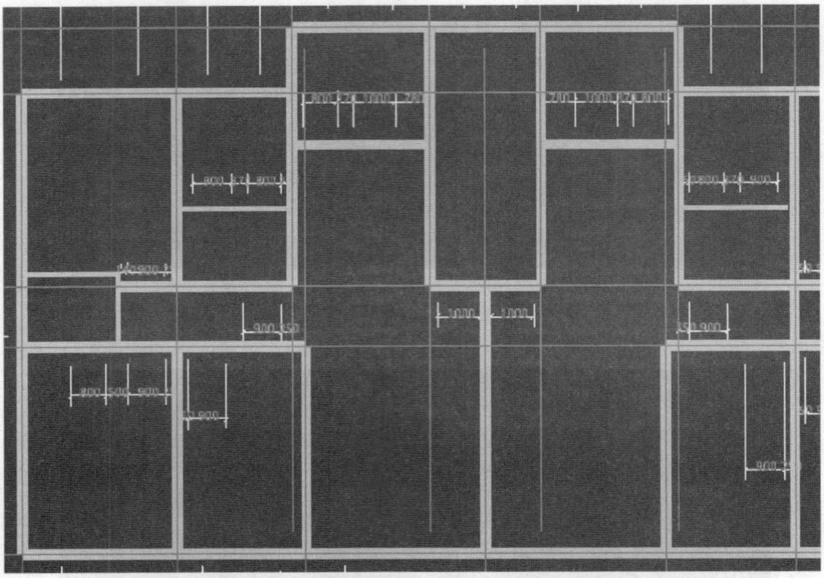

图 2.203　提取完成

3. 自动识别门窗

图 2.204　识别完毕

(1) 在识别了门窗表、提取了门窗标识后，选择菜单栏中的“CAD 识别”→“自动识别门窗”命令，软件弹出“提示”对话框，如图 2.204 所示。

(2) 单击“确定”按钮后，完成识别。

4. 点选识别门窗

(1) 在识别了门窗表、提取了门窗标识后，选择菜单栏中的“CAD 识别”→“点选识别门窗”命令，在绘图区域单击门窗标识，如图 2.205 所示。

(2) 单击右键确定，该门窗被识别，如图 2.206 所示。

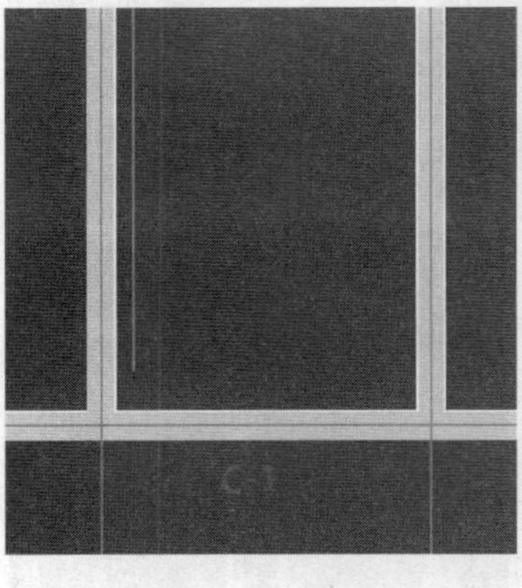

图 2.205　点选识别门窗

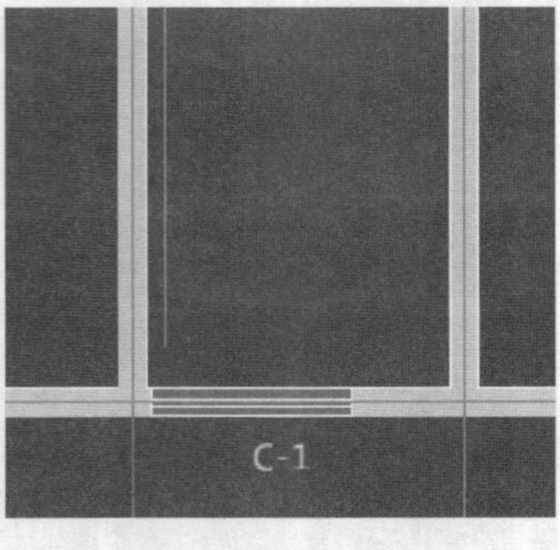

图 2.206　识别门窗成功

(3) 用同样的方法，识别其他门窗。

2.3.9　识别房间

做实际工程时，通常 CAD 图纸上会带有房间做法明细表，表中注明了房间的名称、位置以及房间内各种地面、墙面、踢脚、天棚、吊顶、墙裙的一系列做法名称。通过识别该表的功能能够快速建立房间及房间内各种装修的构件。

1. 识别装修表

(1) 在“绘图输入”界面的导航栏中选择“CAD识别”→“CAD草图”→“添加图纸”，添加一张带有装修做法表的图纸。

(2) 选择“识别房间”选项，单击“按房间识别装修表”按钮，如图 2.207 所示。

(3) 拉框选择装修表，单击右键确认。

(4) 在弹出的“识别房间表—选择对应列”对话框中，如图 2.208 所示，在第一行的空白行中单击选择对应关系，单击“确定”按钮。

(5) 识别成功后软件会提示识别到的构件个数，如图 2.209 所示。

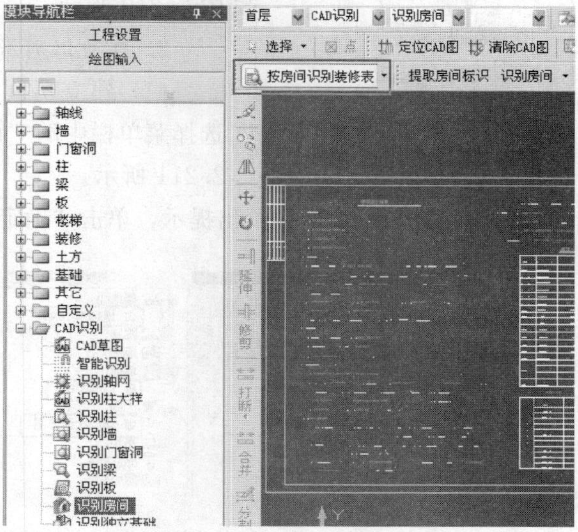

图 2.207　识别装修表

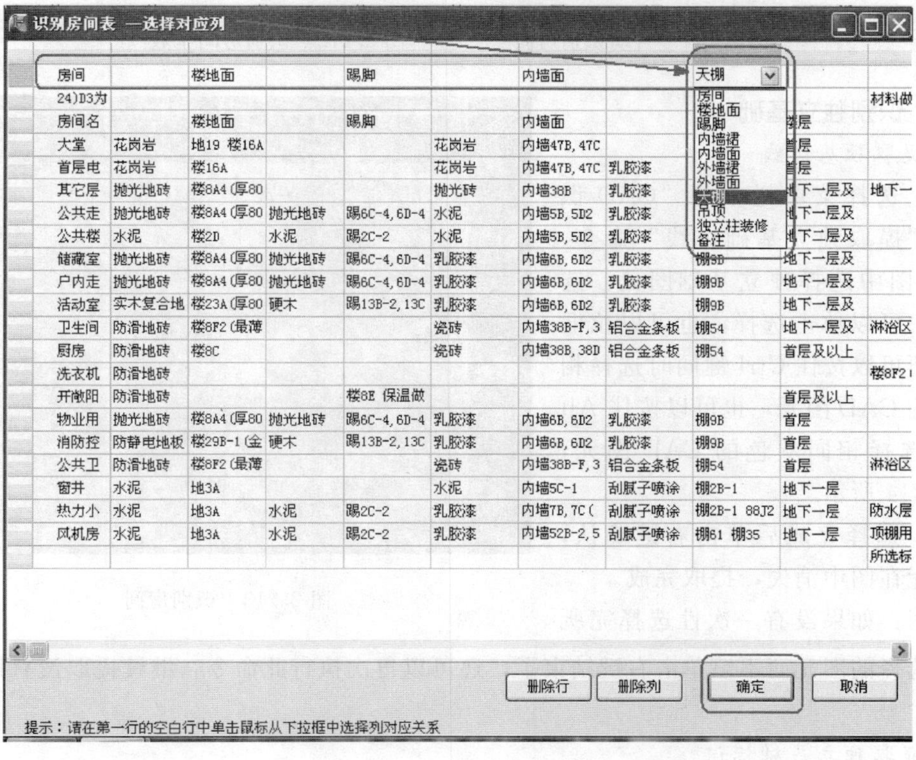

图 2.208　识别房间表

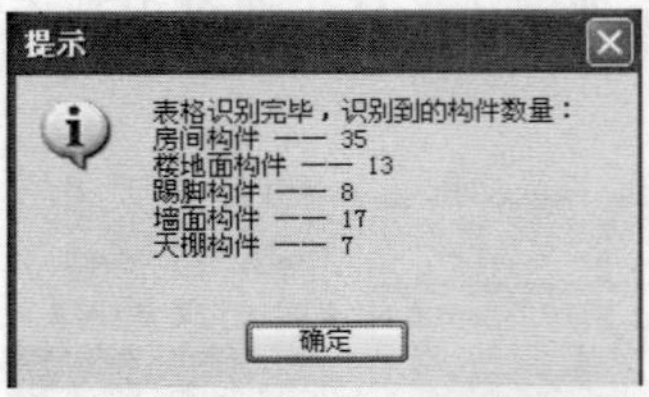

图 2.209　识别构件个数

说明：房间装修表识别成功后，软件会按照图纸上房间与各装修构件的关系自动建立房间并自动依附装修构件，如图 2.210 所示。

2. 自动识别房间

（1）建立房间构件识别 CAD 装修表并提取房间标识后，选择菜单栏中的“识别房间”→“自动识别房间”命令，如图 2.211 所示。

（2）识别完成后，软件给出提示，单击“确定”按钮即可，如图 2.212 和图 2.213 所示。

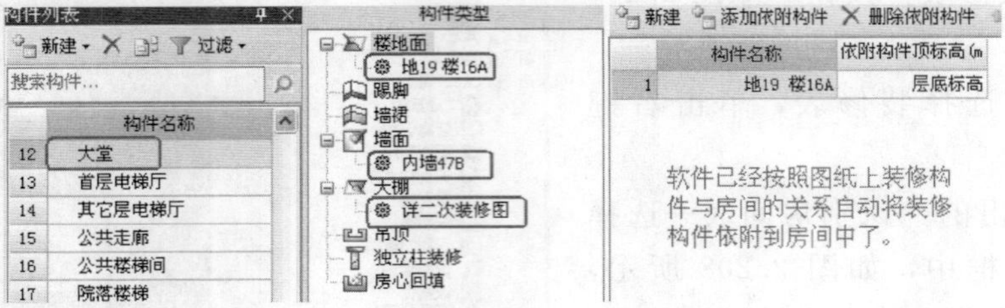

图 2.210　房间装修表识别成功

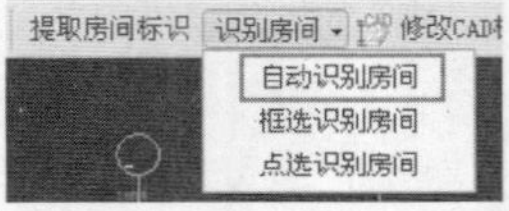

图 2.211　自动识别房间

图 2.212　识别房间个数

2.3.10　识别独立基础

1. 提取独基边线

（1）选择菜单栏中的“CAD 识别”→“提取独立基础边线”命令，在 CAD 图中选择独立基础图元，选择的方法可以单击选择，也可以拉框选择，还可以按住 Ctrl 键同时选择相同图层的 CAD 图元，也可以按住 Alt 键同时选择相同颜色的 CAD 图元，如图 2.214 所示。

（2）选择完成后单击右键确认，这些图元在图中消失，提取完成。

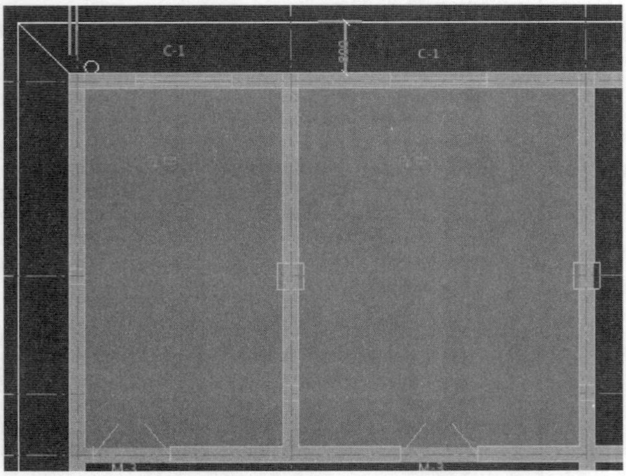

图 2.213　识别房间

说明：如果没有一次性选择完所有需要选择的图元而不慎单击右键结束了，还可以再次执行此命令，继续提取没有提取完的图元。

2. 提取独立基础标识

（1）选择菜单栏中的“CAD 识别”→“提取独立基础标识”命令，在 CAD 图中选择独

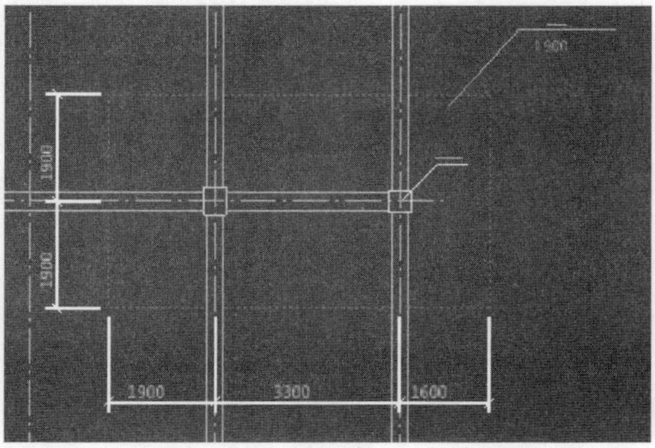

图 2.214　提取独立基础边线

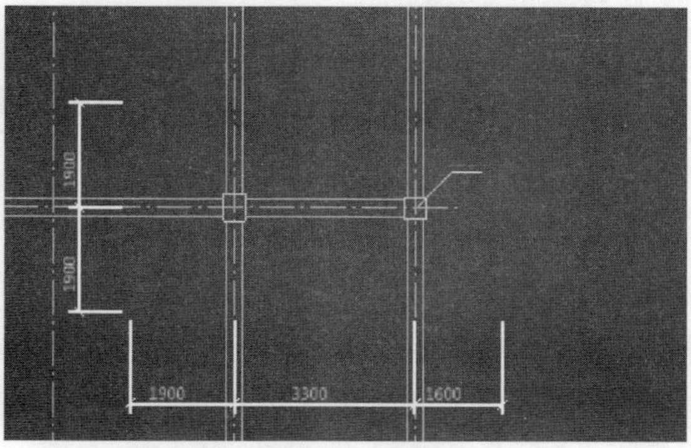

图 2.215　提取独立基础标识

立基础标识，选择的方法可以单击选择，也可以拉框选择，还可以按住 Ctrl 键同时选择相同图层的 CAD 图元，也可以按住 Alt 键同时选择相同颜色的 CAD 图元，如图 2.215 所示。

（2）选择完成后单击右键确认，这些图元在图中消失，提取完成。

（3）提取独立基础和独立基础标识后，选择菜单栏中的"CAD 识别"→"自动识别独立基础"命令，弹出"提示"对话框，如图 2.216 所示。

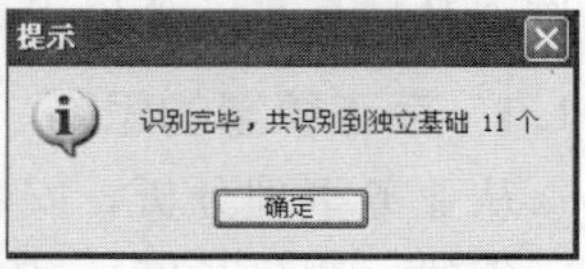

图 2.216　识别独立基础完毕

单击"确定"按钮，完成独立基础识别。

学习项目3　广联达 BIM 安装算量软件

【学习目标】

学生通过本学习项目的学习，了解广联达 BIM 安装算量软件的操作流程，掌握广联达 BIM 安装算量软件的使用方法。

学习情境 3.1　广联达安装算量软件的算量原理

随着电算化的发展，给排水、电气等的管道管线的工程量计算已逐渐由传统的手工计算发展为软件算量。从以下 3 个方面进行介绍。

3.1.1　手工算量的思路

从业务事理分析，安装算量的业务事理包括管线、设备、风管。

管线（测量长度）：审阅图纸→梳理计算项→分别测量每类管线的长度→汇总报表。

设备（统计数量）：审阅图纸→梳理计算项→分别统计每类设备的数量→汇总报表。

风管（计算面积）：审阅图纸→梳理计算项→分别计算每类风管的面积→汇总报表。

3.1.2　安装软件算量的思路

紧密贴合工程实际，利用手工算量的思路分系统、分回路、分楼层识别，最后汇总计算所有量，方便进行快速算量、提量和对量。

3.1.3　安装软件算量的流程

流程：新建工程→工程设置→模型管理→绘图输入→集中套用做法→报表预览。

学习情境 3.2　广联达安装算量软件 GQI2015 操作流程

目前，市场上推出的安装算量软件很多，其设计原理和操作方法各异，下面以广联达安装抽样软件 GQI2015 为例，介绍其操作程序。

GQI2015 操作流程：启动软件→新建工程→工程设置→模型管理→绘图输入→集中套用做法→报表预览。

具体流程介绍如下。

3.2.1　新建工程

1. 软件启动

单击桌面上的图标，启动 GQI2015。

2. 新建向导

单击“新建向导”图标按钮，进入新建工程界面，如图 3.1 所示。

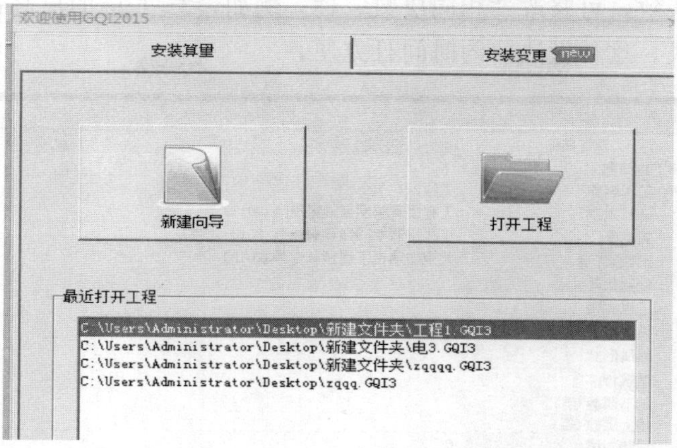

图 3.1　“新建向导”界面

3. 新建工程

输入工程名称、计算规则、清单库、定额库及工程类型，根据工程项目要求进行选择，单击▼按钮即可选择，如图 3.2 所示。

单击“创建工程”按钮。

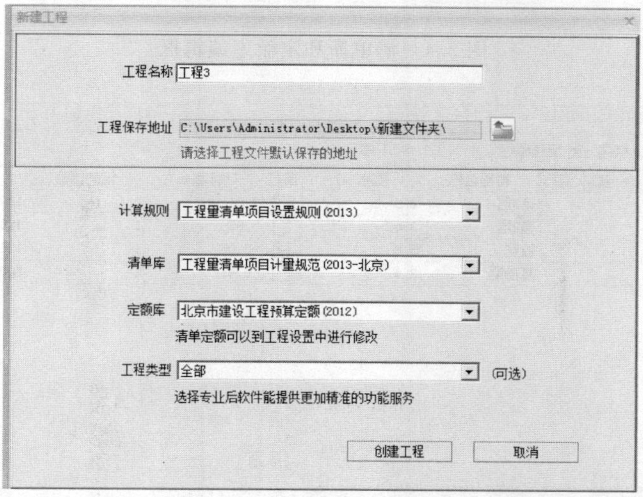

图 3.2　“新建工程”对话框

3.2.2 工程设置

1. 工程信息

工程信息编辑框见图 3.3。

注意：若是在新建工程中清单库和定额库选错，可在工程信息里修改。单击下三角形按钮即可修改，如图 3.4 所示。

2. 楼层设置

楼层设置编辑框如图 3.5 所示。

在楼层的设置界面，软件默认会出现首层和基础层，这两个楼层是不允许被删除的。若是多个楼层的层高一致，可修改“相同层数”栏。例如，3～6 层的层高都是 3.6m，可设置为图 3.6 所示的形式。这种做法节约时间且方便。

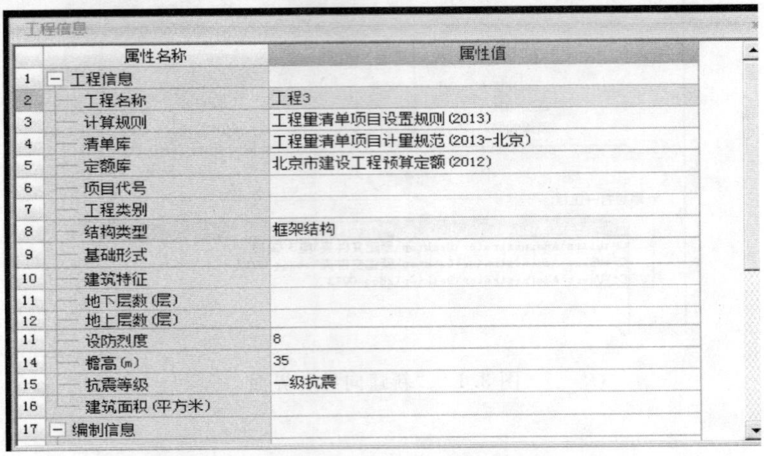

	属性名称	属性值
1	− 工程信息	
2	工程名称	工程3
3	计算规则	工程量清单项目设置规则 (2013)
4	清单库	工程量清单项目计量规范 (2013-北京)
5	定额库	北京市建设工程预算定额 (2012)
6	项目代号	
7	工程类别	
8	结构类型	框架结构
9	基础形式	
10	建筑特征	
11	地下层数 (层)	
12	地上层数 (层)	
11	设防烈度	8
14	檐高 (m)	35
15	抗震等级	一级抗震
16	建筑面积 (平方米)	
17	− 编制信息	

图 3.3　工程信息编辑框

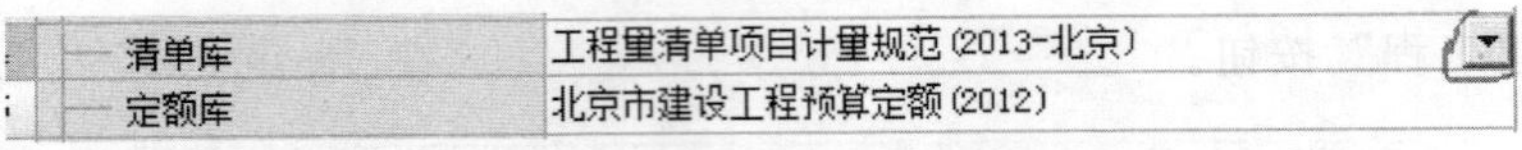

清单库	工程量清单项目计量规范 (2013-北京)
定额库	北京市建设工程预算定额 (2012)

图 3.4　清单库和定额库编辑框

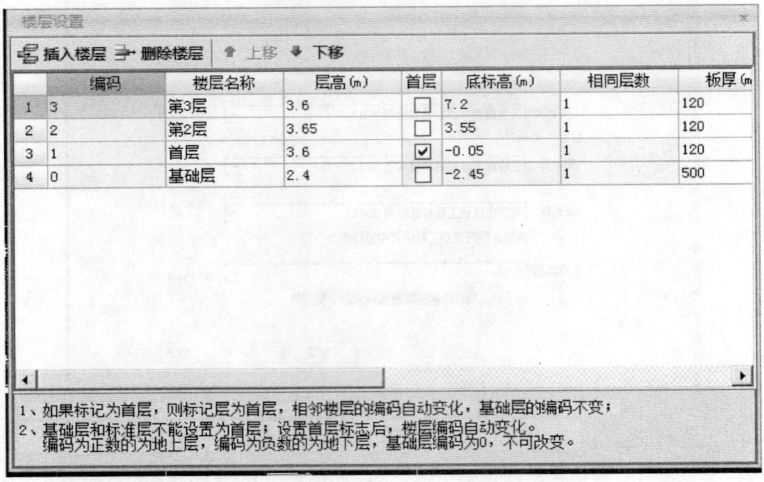

	编码	楼层名称	层高 (m)	首层	底标高 (m)	相同层数	板厚 (m
1	3	第3层	3.6	☐	7.2	1	120
2	2	第2层	3.65	☐	3.55	1	120
3	1	首层	3.6	☑	-0.05	1	120
4	0	基础层	2.4	☐	-2.45	1	500

图 3.5　楼层设置编辑框

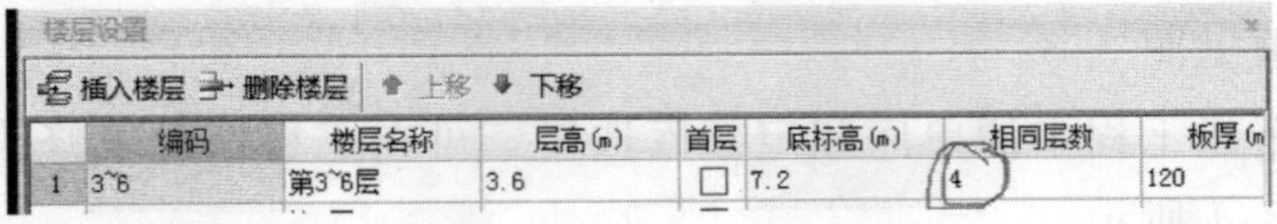

	编码	楼层名称	层高 (m)	首层	底标高 (m)	相同层数	板厚 (m
1	3~6	第3~6层	3.6	☐	7.2	4	120

图 3.6　不同楼层相同层高的层数编辑实例

3. 计算设置

计算设置见图 3.7。

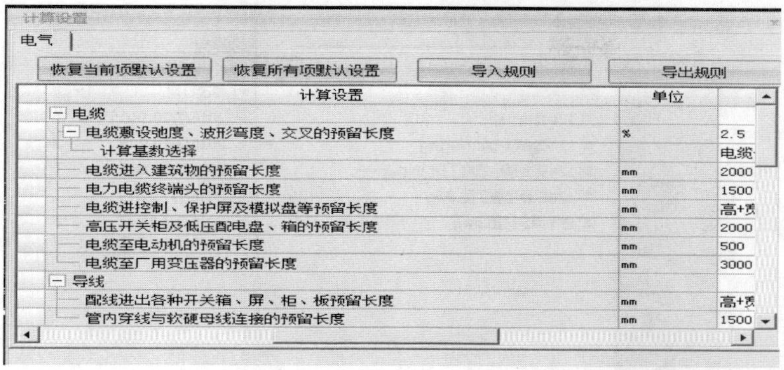

图 3.7　计算设置编辑框

4. 设计说明信息

设计说明信息编辑对话框如图 3.8 所示。

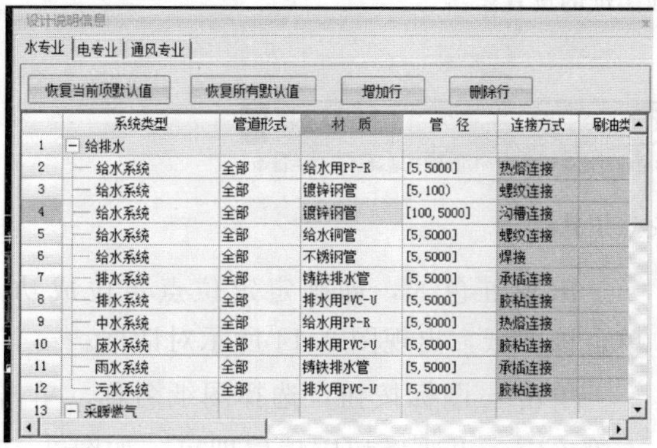

图 3.8　设计说明信息编辑框

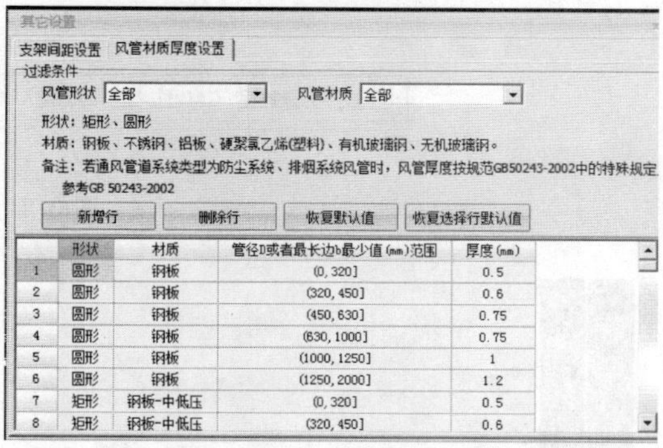

图 3.9　支架间距设置和风管材质厚度设置

根据图纸要求对其做相应修改。

5. 其他设置

其他设置如图 3.9 所示。

根据图纸要求进行相关信息修改。

3.2.3　模型管理

其工具栏包括图纸管理、导入 BIM 模型、导入 PDF、图片管理等 9 项，最常用的是图纸管理。单击“图纸管理”图标按钮，进入图 3.10 所示界面。

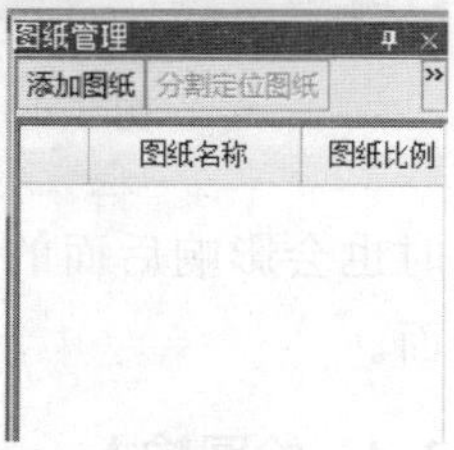

图 3.10 “图纸管理”界面

单击添加图纸字样，选择所需要的图纸打开，如图 3.11 所示。

单击“打开”按钮，进入“图纸管理”界面，完成图纸的导入。然后单击“分割定位图纸”，把所需要的图纸分割出来。

注意：分割图纸时每张图纸的定位点要选择相同位置，避免楼层上下位置衔接不上。确保定位点位置的准确性，可单击左下方工具栏中的“交点”按钮，选择两条可以相交的线，右键单击确定，即找到定位点，如图 3.12 和图 3.13 所示。

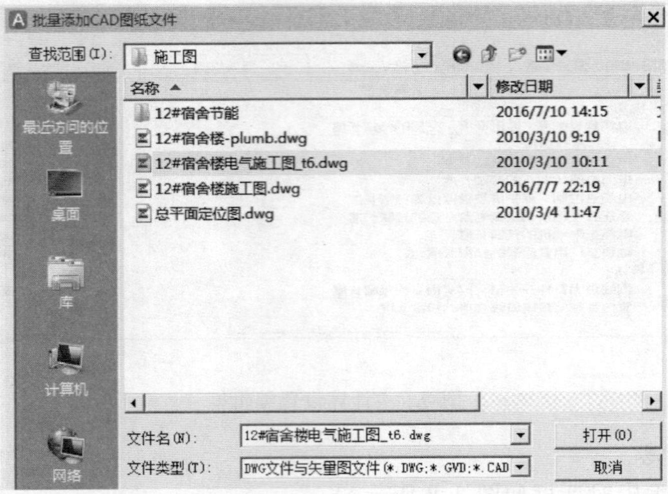

图 3.11 添加图纸的设置

图 3.12 交点工具栏

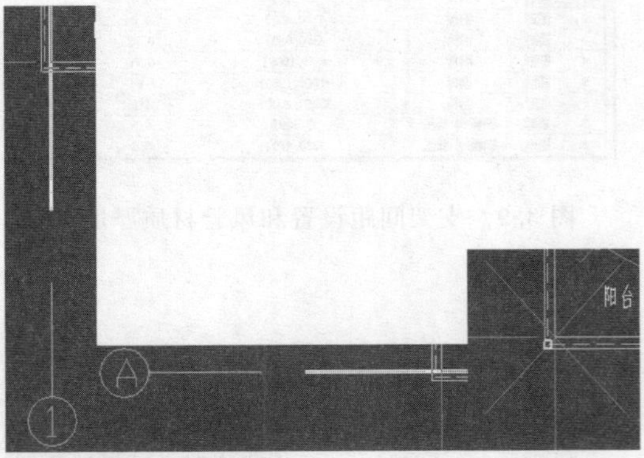

图 3.13 定位的设置

出现红色×，即确定定位点定位成功。单击该图纸，出现图 3.14 所示对话框。

单击图标按钮，选择图纸名称，单击右键确定，再选择相应楼层即可，如图 3.15 所示。

单击“确定”按钮，即分割图纸完成。最后单击生成分配图纸，即完成图纸最终分割。

注意：尤其是给排水方面，注意在生成分配图纸之前，要修改图纸比例，如图 3.16 所示，这会影响到管道和器具的量和识别。同时也会影响后面的操作，无法进行复制。当然楼层号也要查看和修改，然后进入绘图输入界面。

3.2.4 绘图输入

绘图输入包括给排水、采暖燃气、电气、消防、通风空调、智控弱电、建筑结构、自定义等内容。接下来以给排水和电气为例进行介绍，见图 3.17。

1. 给排水

给排水包含的内容见图 3.18。

(1) 卫生器具新建和识别的方法和程序。

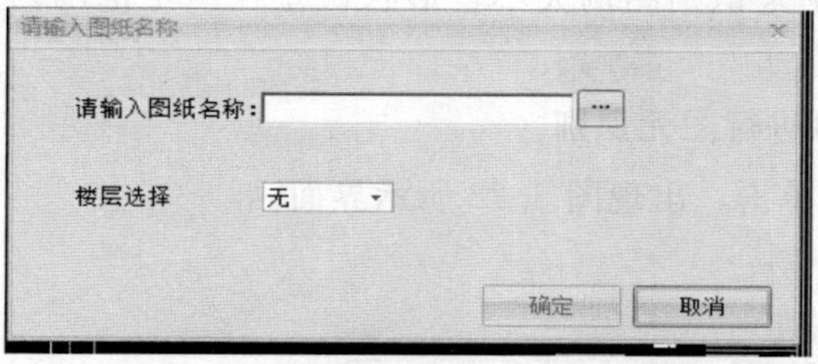

图 3.14　被分割出图纸的信息编辑框

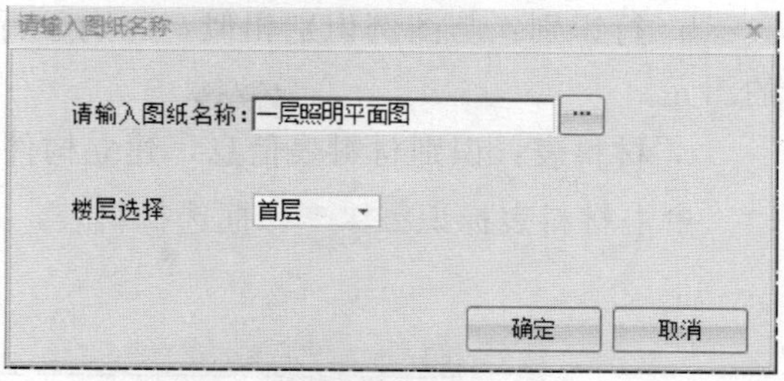

图 3.15　一层照明平面图的信息编辑

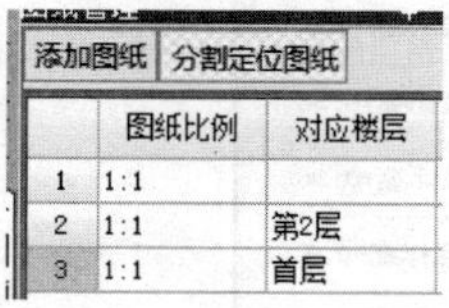

图 3.16　图纸比例的设置

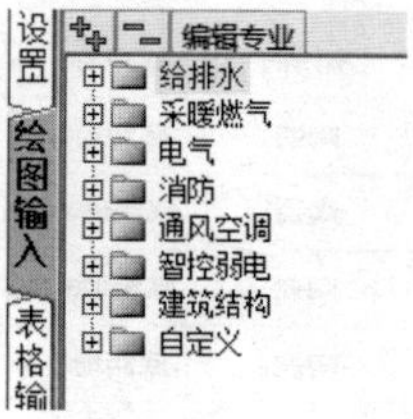

图 3.17　绘图输入所包含专业

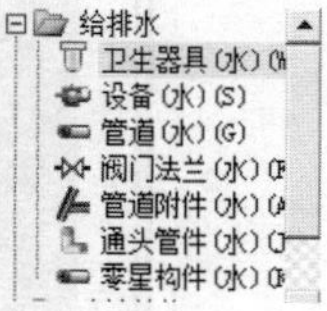

图 3.18　给排水包含的内容

1）可先新建卫生器具的信息，再进行图例识别，如图 3.19 和图 3.20 所示。

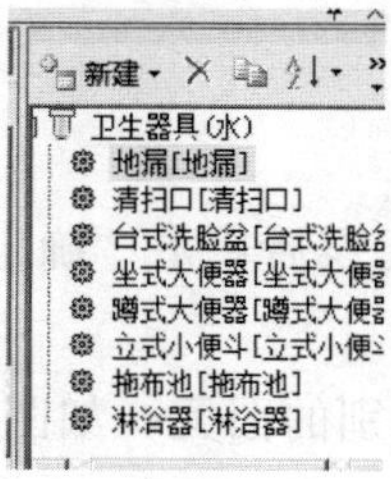

图 3.19　卫生器具的新建

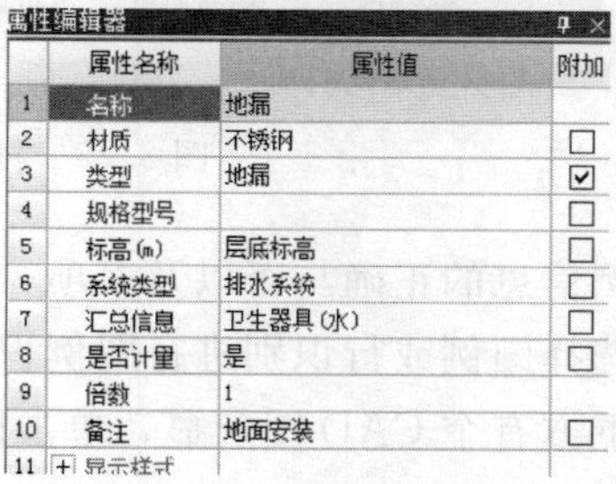

图 3.20　卫生器具的属性编辑器

注意：若是识别了不需要识别的图元，可在属性编辑器的第 8 项“是否计量”一栏中填“否”即可。若构建图元的数量多，可进行倍数修改，即在属性编辑器的第 9 项改下其相应“倍数”即可。

2）在识别图例的同时新建器具的信息。

a. 图例识别：选择一个图例，可以把相同图例的图元一次性识别出来。

单击图例标识［图例］，选择图元进行识别。

例如，识别蹲式大便器，选中蹲式大便器图元，右键单击确定，出现编辑框（图 3.21），完善对器具的编辑，单击“确认”按钮。即完成该图例识别。

注意：若是同一器具不同楼层都有，可以单击“选择楼层”按钮进行相应选择，即可完成不同楼层同一器具的识别，方便且节约时间。

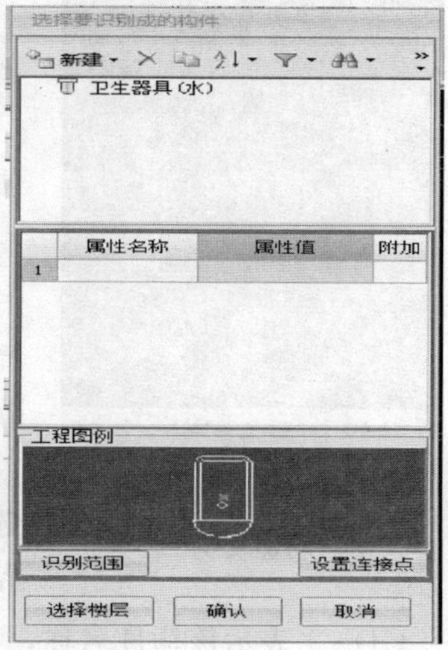

图 3.21　蹲式大便器的识别和新建

b. 行识别：与图例识别相似，区别于行识别是识别图例大小、形状误差在一定范围内的图元。

c. 材料表：识别材料表信息，建立构件，再进行图元识别。

单击材料表标识材料表，框选材料表，右键单击，出现图 3.22 所示界面。

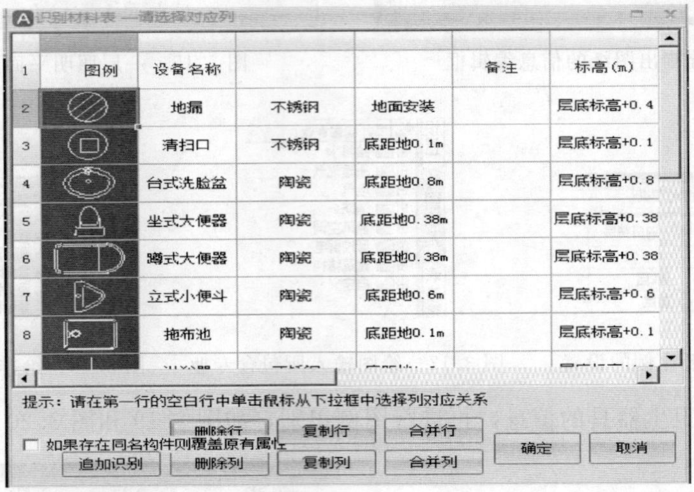

图 3.22 材料表的识别

检查各个图例信息的正确与否以及多项、漏项，准确无误后单击“确定”按钮，即构件创建完成，然后选择图例或行识别进行图例识别。

绘图界面左下方有个 CAD 图灰显，单击即可显示所识别的图元，如图 3.23 所示。

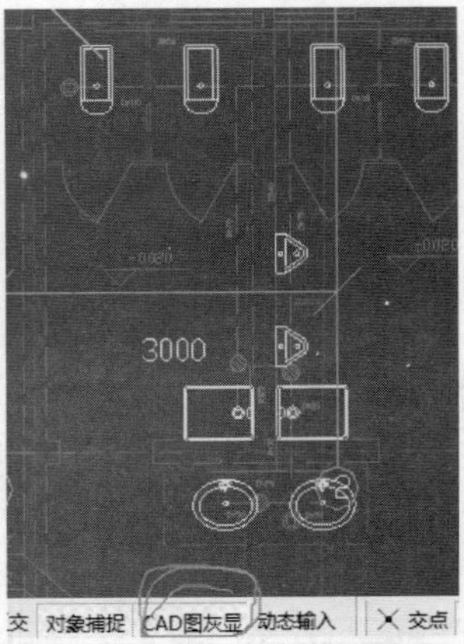

图 3.23 CAD 图灰显功能实例

(2) 管道识别。

管道识别分为：自动识别和选择识别。

自动识别：可以按照 CAD 线和标志一次性识别完整水路(常用)。

选择识别：按照所选的 CAD 线进行图元生成（耗时不方便且不常用）。

接下来以自动识别功能为例介绍管道的识别。

单击自动识别图标，按照绘图界面左下方提示要求，选择一根表示管线的 CAD 线及一个代表管径的标志，单击右键确定，弹出图 3.24 所示界面。

然后根据管道信息编辑管道构件信息，将系统类型和材质选择好后，单击“建立/匹配构建”按钮，出现图 3.25 所示界面。

GD-1 表示该构件名称，自动匹配，单击该名称出现三角按钮，单击三角按钮，出现图 3.26 所示界面。

在图 3.25 中可进行管道信息的填写，这种方法准确、方便又省时。

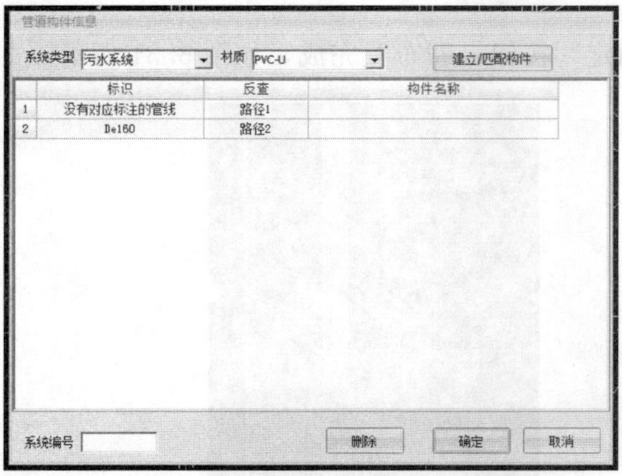

图 3.24　识别后的管道构件信息编辑器

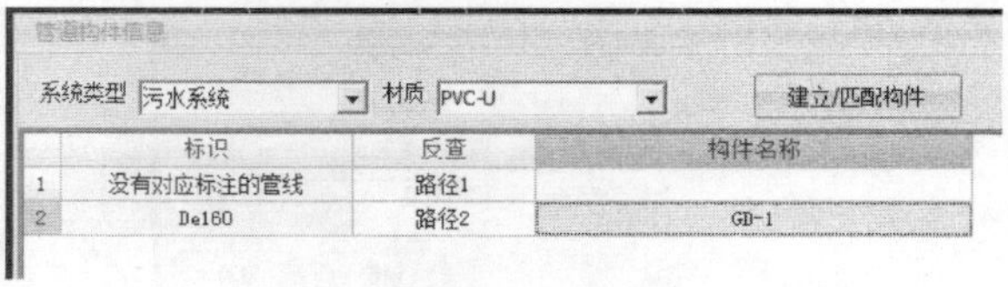

图 3.25　GD-1 管道构件信息的编辑实例

注意：若是担心自己识别错误，可进行反查。单击图 3.25 所示路径 2，出现三角形按钮，单击三角形按钮，即可看见所识别的管线，然后进行修改。再右键单击确定，即返回原来界面。管道构件信息编辑器的左下方系统编号可根据不同管道系统类型进行设置，以便查找和一目了然，如污水系统，则系统编号可以写 WL。然后单击管道构件信息里的“确定”按钮即管道识别完成，见图 3.27。

接着是该管道上的立管识别或自行布置立管。

图 3.26　GD-1 管道构件的属性编辑实例

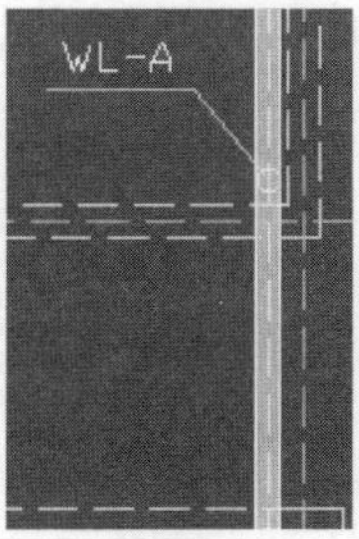

图 3.27　WL-A 污水管道的识别完成实例

图 3.28　De160 污水立管的属性编辑器

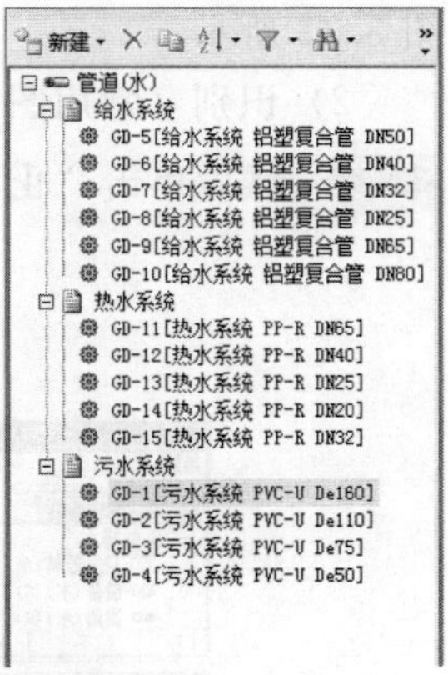

图 3.29　管道的“新建”栏

1）立管的识别。单击立管识别图标按钮 

，选择识别的立管管线 ，右键单击确定，出现属性编辑器，见图 3.28。

根据图纸信息对立管信息正确编辑，编辑好后单击“确认”按钮，即识别完成。

2）手动布置立管。单击布置立管图标按纽 

，然后再在“新建”栏中新建的管道中选择正确的管径管道，以污水系统中的 GD-2 为例进行介绍，如图 3.29 所示。

单击污水系统的 GD-2 管道，出现立管图元 ，将该图元放置在正确的位置，右键单

击确定，弹出图 3.30 所示界面。

根据图纸信息进行标高设置，然后单击“确定”按钮，即布置完成，如图 3.31 所示。

图 3.30　GD－2 污水立管的标高设置栏

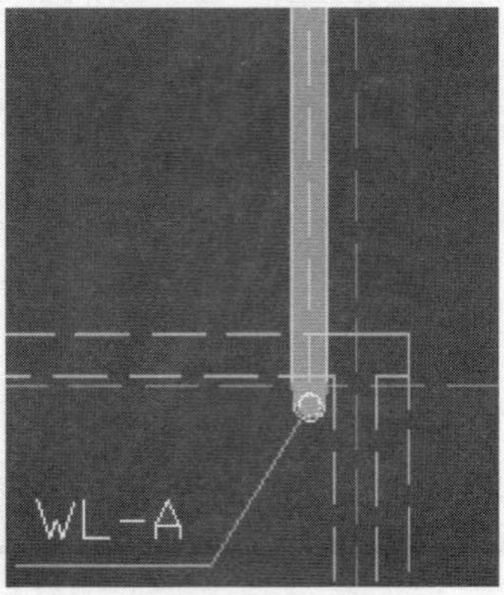

图 3.31　GD－2 污水立管布置完成的实例

如果该层的污水管道都是一样的，包括管道信息、管道长度等，可修改属性编辑器中的倍数，完成多根同样管道的识别，快速且方便；当然也可以进行复制，右键单击管道，单击“复制”按钮，左键确定基准点，然后拖动到相应位置，即可完成管道的识别。这两种方法都可以。

（3）阀门法兰的识别。

1）新建。根据图纸所给的信息，对所要识别的阀门进行编辑，以“止回阀”为例，如图 3.32 所示。

2）识别（常用图例识别和行识别，一键识别准确率低）。图例识别：单击图例图标按钮 图例，然后单击“止回阀”图元，右键单击确定，弹出图 3.33 所示界面。

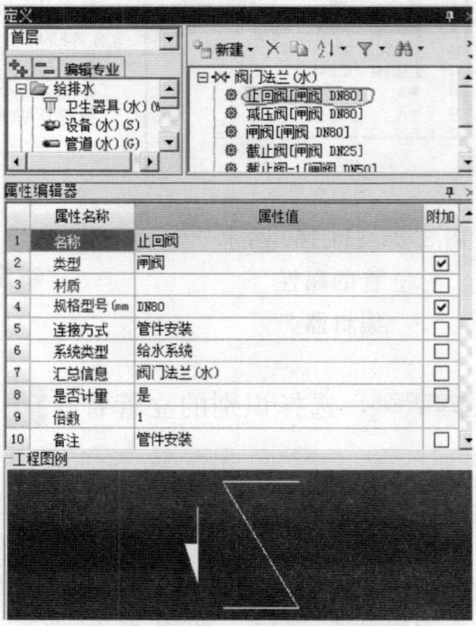

图 3.32　止回阀的新建实例

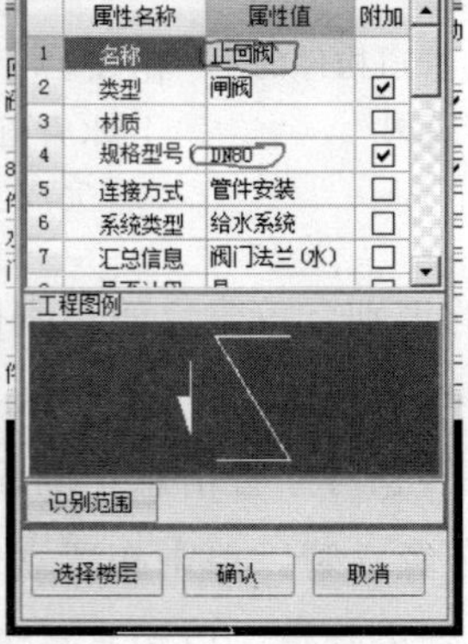

图 3.33　止回阀的属性编辑实例

注意：图例的名称一定要与新建的名称一致，不能搞混。

若是其他楼层也有相同图例，可以单击选择楼层，弹出图 3.34 所示界面。

勾选图例所对应的楼层号，然后单击确定，会返回图 3.35 所示界面，

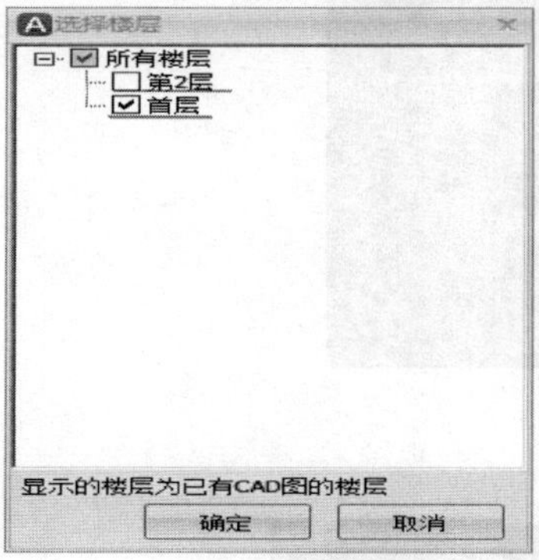

图 3.34　选择楼层的设置

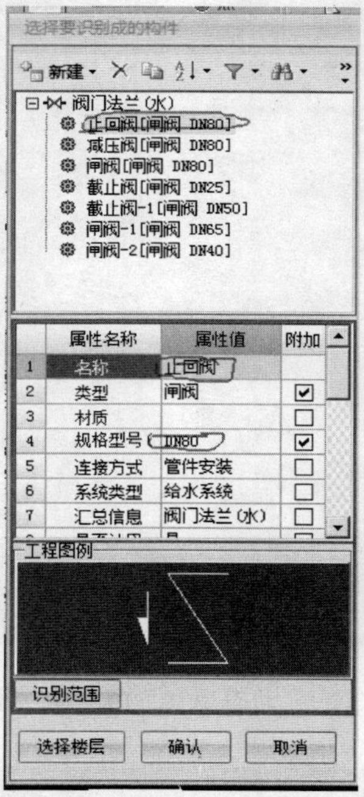

图 3.35　止回阀的反查

图 3.36　止回阀数量的识别提示

然后单击“确认”按钮，出现图 3.36 所示的“提示”对话框。

检查核对“提示”对话框是否正确，若正确，则单击“确定”按钮即识别完成；若不正确，则查看哪些地方有遗漏之处，然后重新识别。

识别完的止回阀如图 3.37 所示。

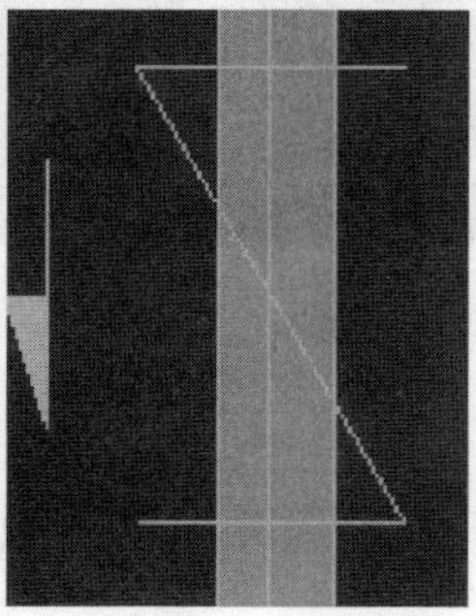

图 3.37　识别成功的止回阀

图 3.38　动态观察界面

以上就是给排水的识别程序，可通过动态观察来呈现管道、卫生器具、阀门等的三维立体图，方便查看遗漏、错误的部位。

单击状态栏中的“视图”选项卡，出现图 3.38 所示界面。

单击“动态观察”图标按钮，即可呈现出三维立体效果，如图 3.39 所示。

单击“动态观察”下的三角形按钮，可见其中包含实体渲染和动态观察，单击“实体渲

染”（该功能使图例更显生动形象，实体效果更强），如图 3.40 所示。

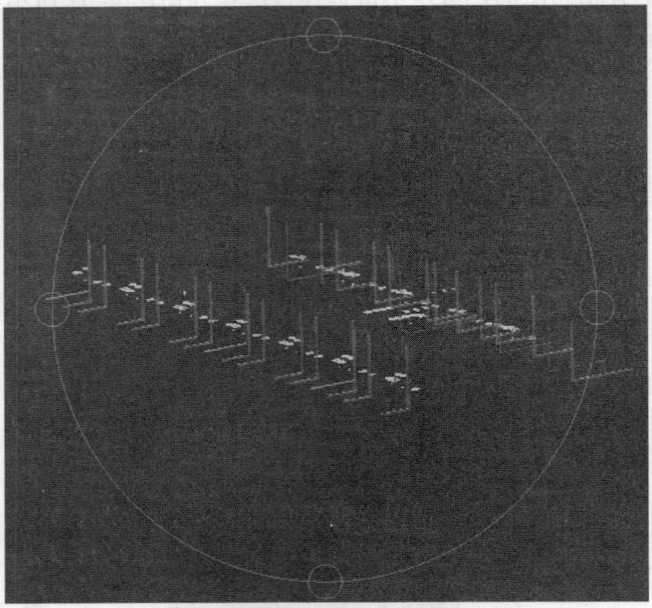

图 3.39 动态观察下的立体三维效果

图 3.40 实体渲染下的立体三维效果

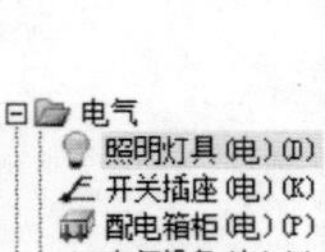

图 3.41 电气包含的内容

2. 电气

电气包括照明灯具、开关插座、配电箱柜、电气设备等识别，如图 3.41 所示。

（1）照明灯具和开关插座的识别。

1）新建。

2）手动新建。新建各个构件，根据图纸要求在属性编辑器中编辑构件的属性值（以 T5 双管格栅灯为例），如图 3.42 所示。

同样的，将其他构件按这种方法进行编辑，全部编辑好后，进行构件图元识别。

注意：ⅰ. 有的构件既不属于照明灯具，也不属于开关插座，像这样的构件（换气扇）定义在电气设备中，如图 3.43 所示。

图 3.42　T5 双管格栅灯的新建实例

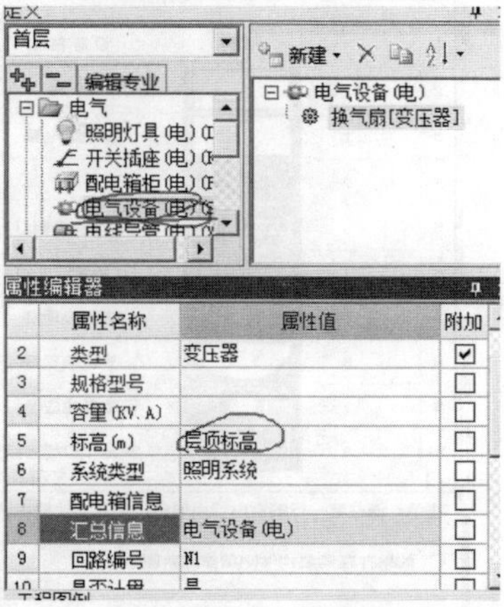

图 3.43　换气扇的定义和新建

ⅱ. 照明灯具可连立管数一般为单立管，开关插座一般为多立管（具体详见图纸说明）。

ⅲ. 不论是照明灯具还是开关插座，识别顺序按照先识别复杂的再识别简单的（为了保证识别的准确性和没有遗漏之处）。例如，灯具的识别，先识别双管荧光灯再识别单管荧光灯，这样能够避免遗漏、无法识别等问题。

识别材料表新建构件：单击 材料表 图标按钮，框选绘图界面上的材料表，如图 3.44 所示。

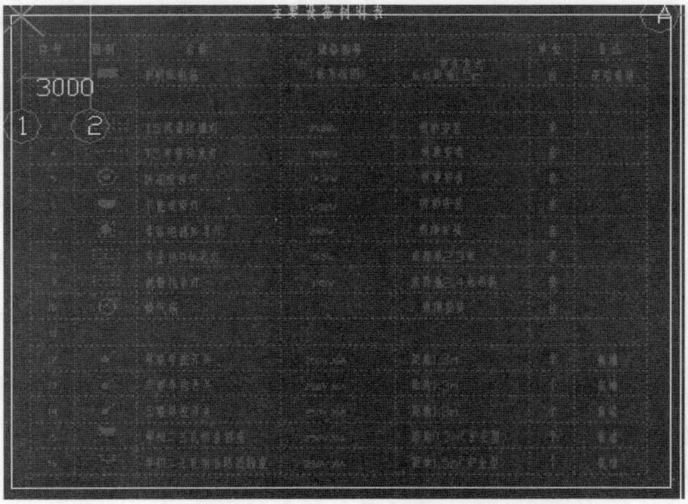

图 3.44　电气材料表的识别

右键单击确定，弹出图 3.45 所示界面。

将需要的构件留下，不需要的删除。还要注意构件信息是否识别正确，然后单击“确定”按钮，即构件识别完成，如图 3.46 所示。

注意：识别完后，还要反查一下，以避免出现错误。

图 3.45　识别出的材料表各构件信息表

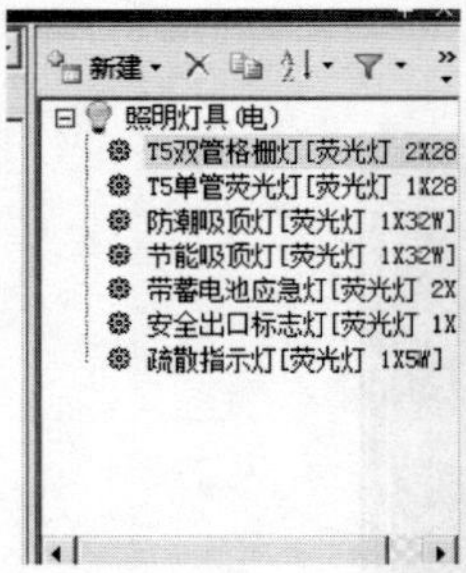

图 3.46　构件信息识别完成

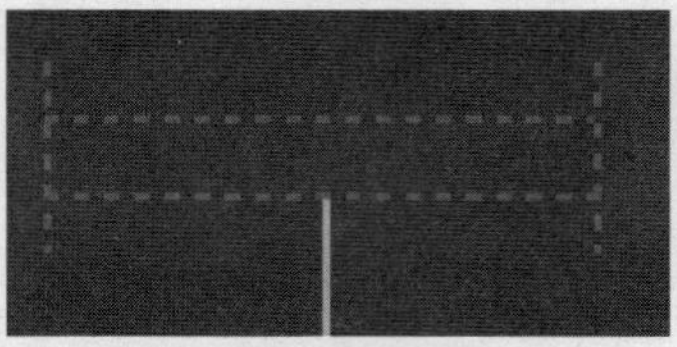

图 3.47　T5 双管格栅灯的图例

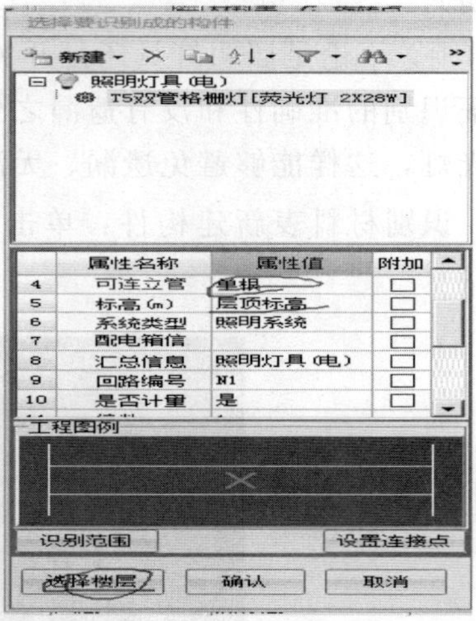

图 3.48　T5 双管格栅灯的信息核对

单击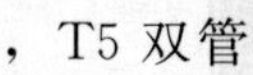或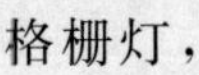，然后单击所要识别的构件图元，会弹出与构件相关的信息，然后进行核对修改，再单击“确定”按钮，即可完成识别。

例如，T5 双管格栅灯，识别过程如下。

第一步：单击识别的构件图例，见图 3.47。

第二步：核对信息，如图 3.48 所示。

第三步：确认信息核对，见图 3.49。

第四步：完成识别，见图 3.50。

同样的，开关插座识别如同照明灯具识别一样。

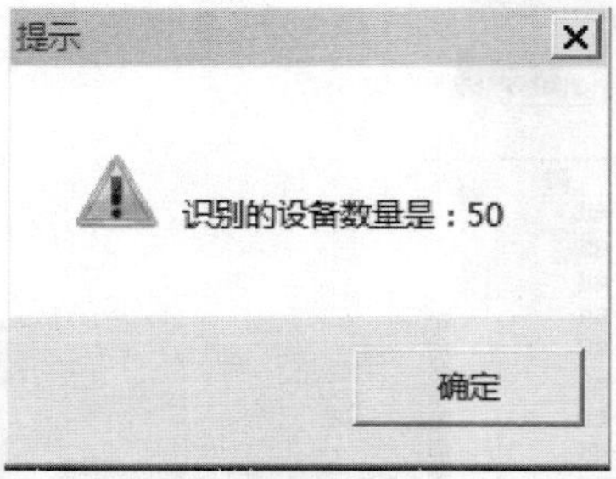

图 3.49　T5 双管格栅灯的数量提示

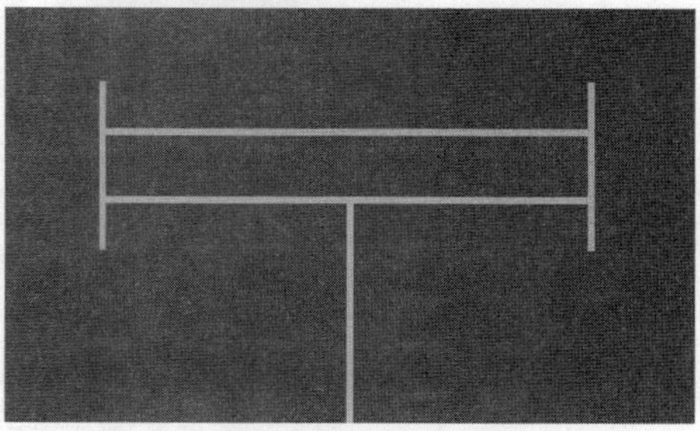

图 3.50　T5 双管格栅灯的识别完成

（2）配电箱柜的识别。

可用图例、形识别、自动识别来识别，配电箱柜的图例识别、形识别和照明灯具的识别是一样的，这里介绍一下自动识别（仅配电箱可以用）。

第一步：单击自动识别图标按钮 自动识别 。

第二步：单击配电箱图例和所对应的标志，如图 3.51 所示。

第三步：右键单击确定，弹出图 3.52 所示界面。

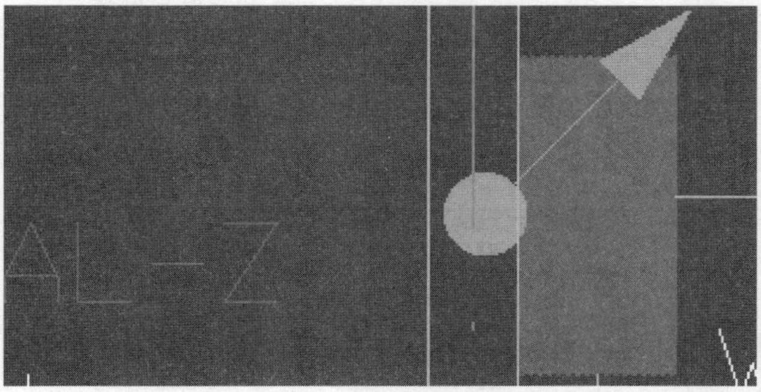

图 3.51　配电箱的识别

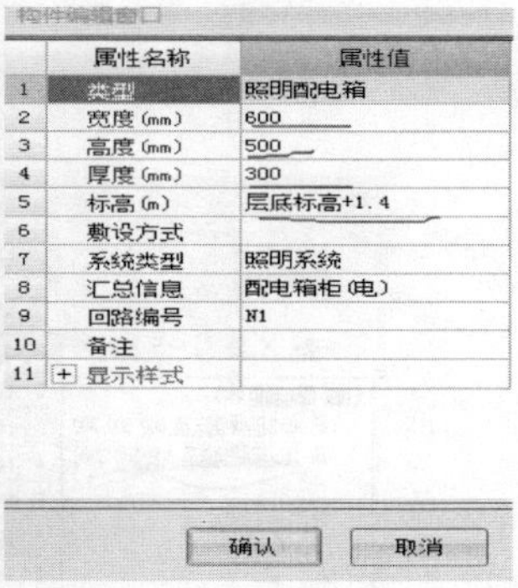

构件编辑窗口

	属性名称	属性值
1	类型	照明配电箱
2	宽度(mm)	600
3	高度(mm)	500
4	厚度(mm)	300
5	标高(m)	层底标高+1.4
6	敷设方式	
7	系统类型	照明系统
8	汇总信息	配电箱柜(电)
9	回路编号	N1
10	备注	
11	+ 显示样式	

确认　取消

图 3.52　配电箱信息编辑窗口

根据图纸信息，对配电箱信息进行编辑，编辑好后，单击“确认”按钮。

第四步：识别完成，见图 3.53。

同样的，其他配电箱也是如此识别。

（3）电线导管的识别。

第一步：单击系统图图标按钮 系统图，弹出图 3.54 所示界面。

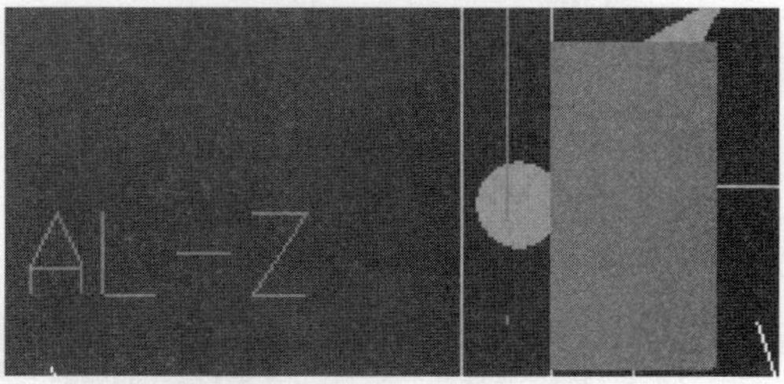

图 3.53　完成配电箱的识别

第二步：提取识别出来的配电箱的导线信息，单击 读系统图 按钮，回到“绘图”界面，框选对应配电箱的信息，如以配电箱 1AL 为例，如图 3.55 所示。

右键单击确定，回到“配电系统设置”界面，如图 3.56 所示。

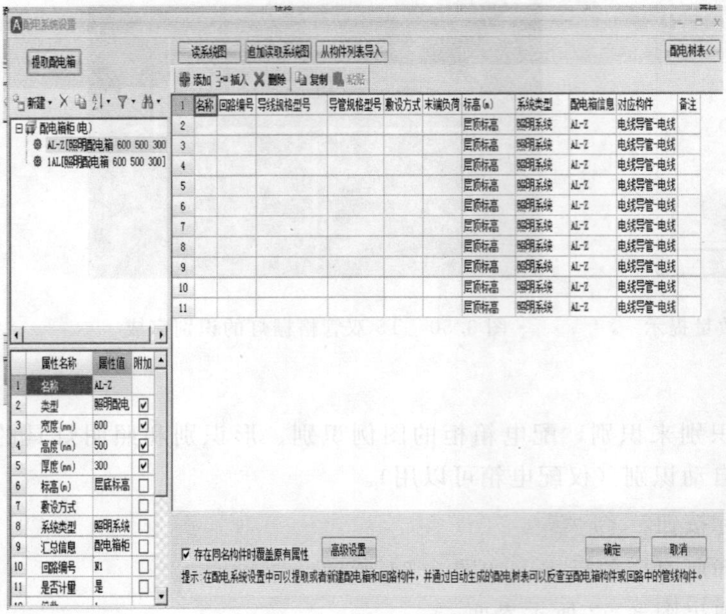

图 3.54　配电系统设置图

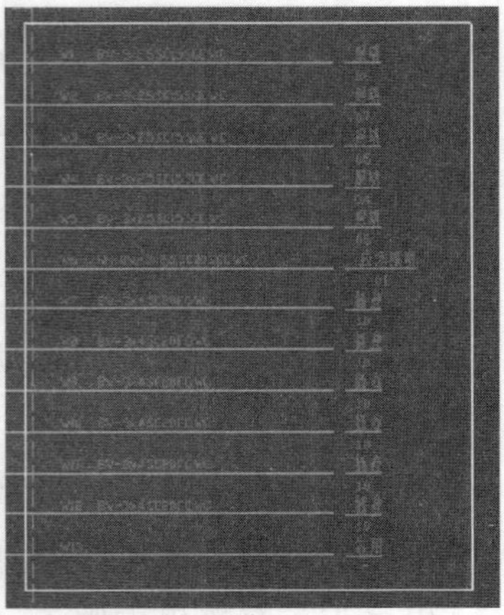

图 3.55　配电箱 1AL 的信息框选

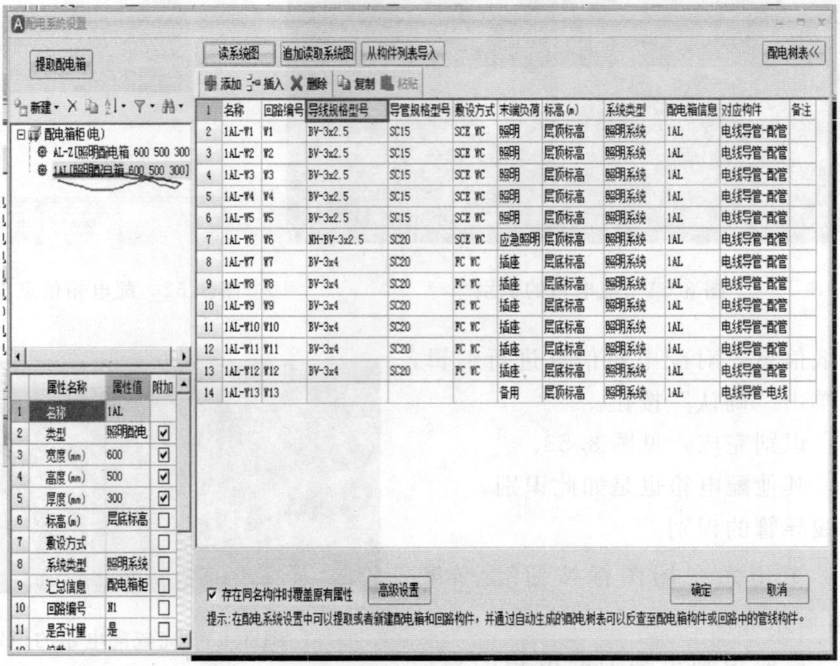

图 3.56　配电箱 1AL 中配线配管的识别信息图

同样的，其他配电箱也按这种方法进行，都读好后，单击“确定”按钮，即配线配管新建完成，如图 3.57 和图 3.58 所示。

第三步：识别每个配电箱里所包含的导线，以 1AL 配电箱里的 W1 导线和 W7 导线为例加以介绍。

方法：单回路识别和回路标识识别。

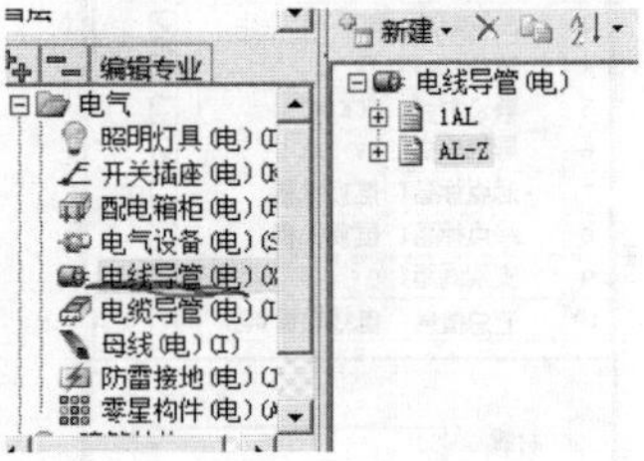

图 3.57　识别后未展开的电线导管框

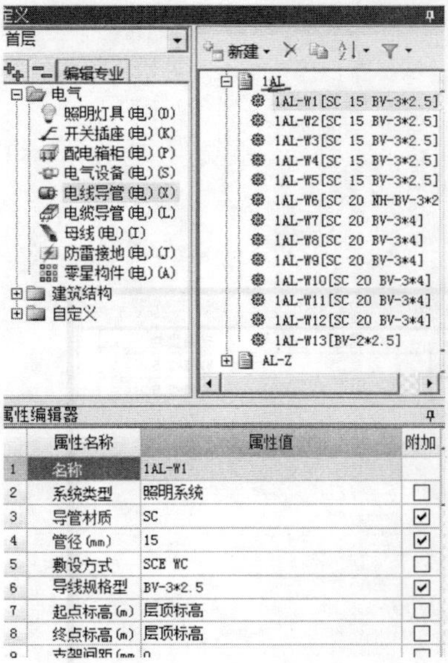

图 3.58　识别后展开的配线导管框

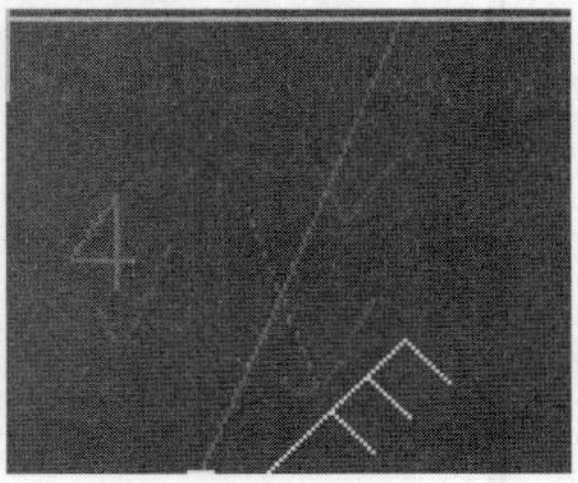

图 3.59　1AL－W1 回路信息的选择

多回路识别：如 1AL 配电箱的 W1 导线。

单击回路标识图标按钮 回路标识 ，再单击在 W1 回路中选择一根 CAD 线和对应的标注线和标注，如图 3.59 所示。

然后右键单击确定，整个回路便呈现出来，如图 3.60 所示。

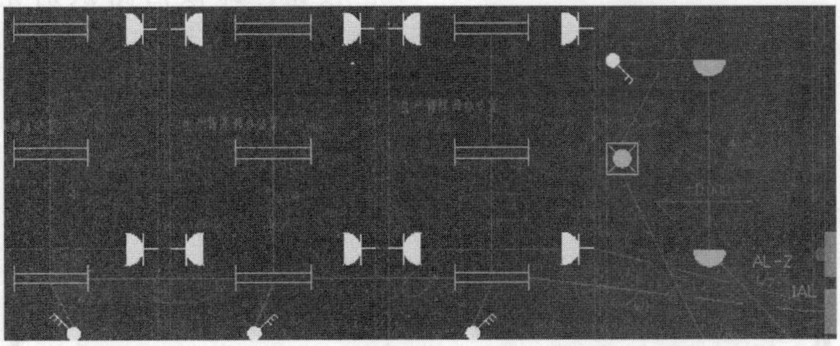

图 3.60　1AL－W1 回路图

若发现回路没有错误，即右键单击确定。识别完成该回路，若不符，则单击进行修改。右键单击确定，会弹出图 3.61 所示界面。

单击构件名称一栏，会出现小三角形按钮。

单击小三角形按钮，弹出图 3.62 所示界面。

选择与之相符的回路，单击 1AL－W1，并查看其属性值，无误后，单击“确认”按钮，会出现图 3.63 所示界面。

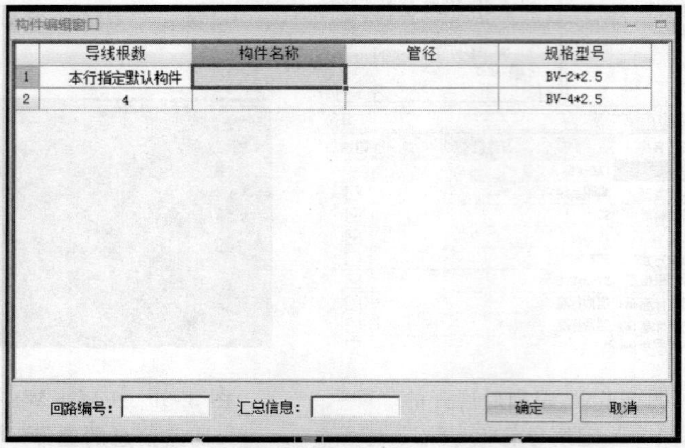

图 3.61　1AL－W1 回路构件的编辑窗口

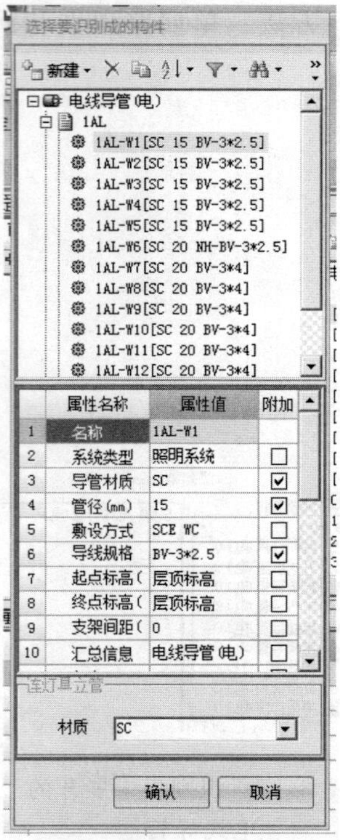

图 3.62　新建完成的配线导管

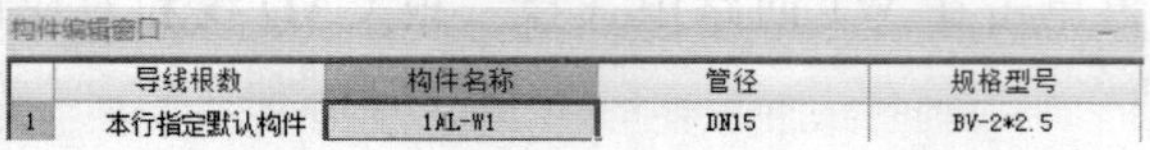

图 3.63　1AL－W1 回路构件的信息显示

查看管径和规格型号，若有误则手动修改，如图 3.64 所示。

所有构件编辑好后，单击“确定”按钮，即该回路识别完成，如图 3.65 所示。

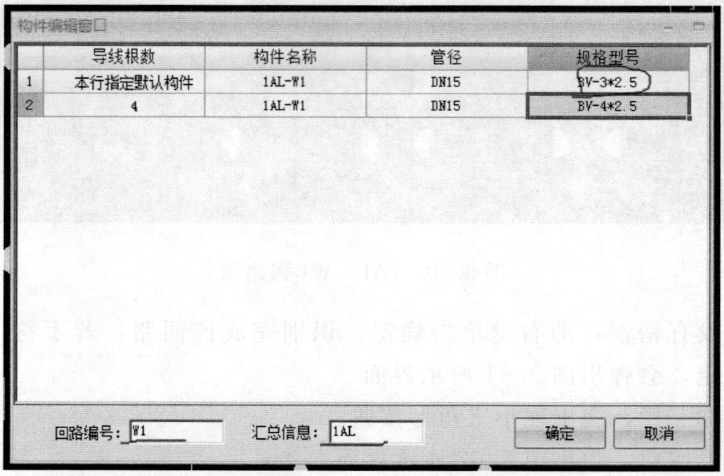

图 3.64　1AL－W1 回路构件的修改编辑

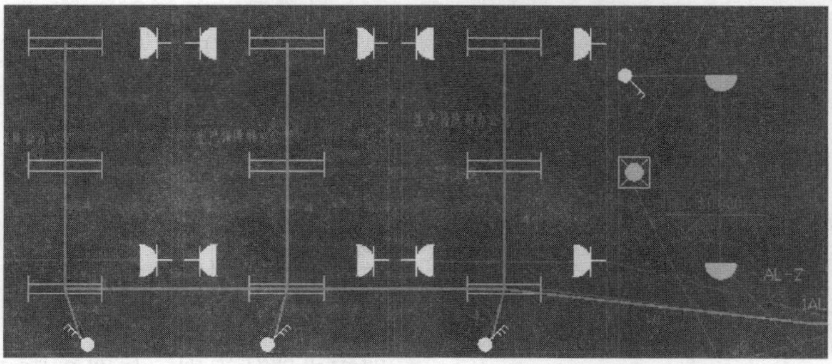

图 3.65　1AL－W1 回路识别完成图

单回路识别：如 1AL 配电箱的 W7 导线。

单击按钮，再单击 W7 回路中的一段导线，右键单击确定，整个回路便呈现出来，如图 3.66 所示（红色标注的和深蓝色的 CAD 线都是该回路）。

若有误，单击可修改；若无误，右键单击确定，弹出图 3.67 所示界面。

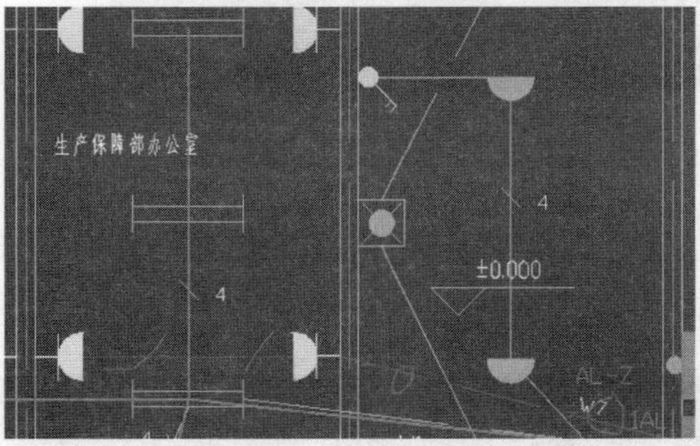

图 3.66　1AL－W7 回路的识别路径图

图 3.67　1AL－W7 回路构件的属性编辑框

选择与之匹配的回路，检查无误后，单击“确认”按钮，即回路识别完成，如图 3.68 所示。(画红线的是该回路)。

同样的，所有回路可根据自身特点进行单回路或回路标志的识别，从而完成识别。

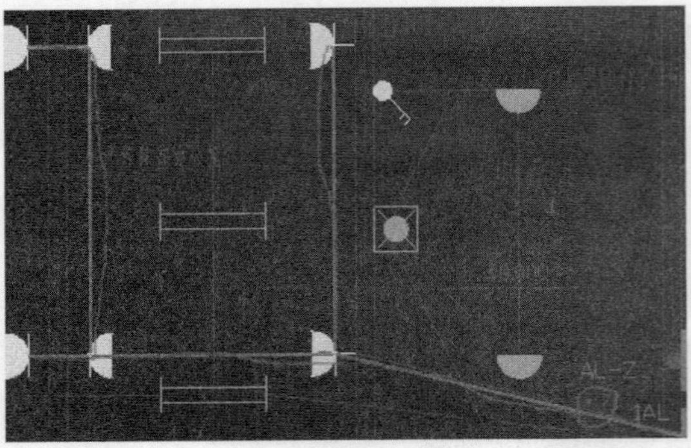

图 3.68　1AL－W7 回路构件的识别路径

注意：

ⅰ. 若题目要求管线算至点式构件的中心，即不用识别墙；若要求算至外墙边线，即在识别回路前要先识别墙，再识别回路管线。

墙的识别：单击导航栏中的“墙”，然后单击“自动识别”按钮，在“绘图”界面选择两条平行的墙CAD线，右键单击确定，即完成墙的识别，如图3.69所示。

ⅱ. 桥架的识别（图纸要求）。“电线导管”和“电缆导管”界面都有识别桥架标识，二者选一即可。

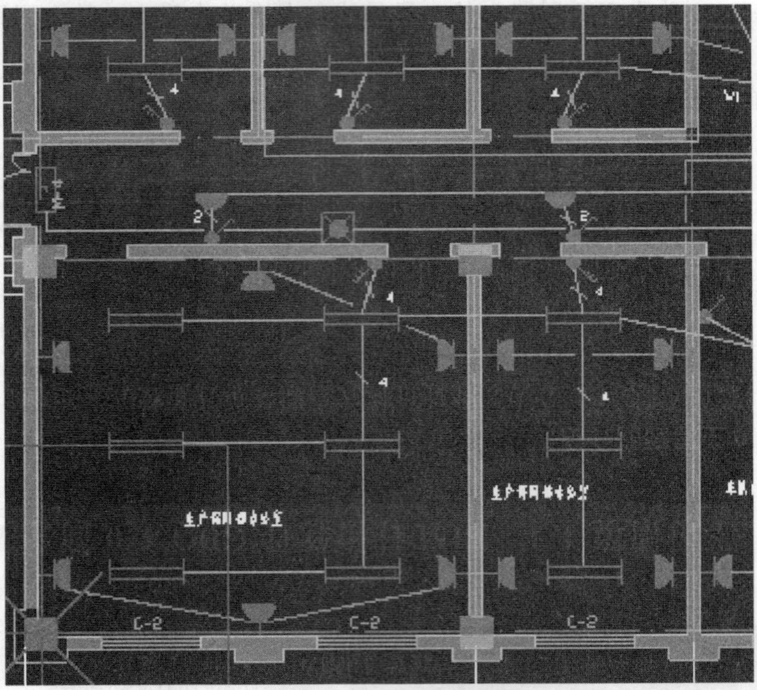

图 3.69　墙的识别

单击【识别桥架】按钮，选择桥架的两条边线，右键单击确定，即识别完成，如图3.70所示，再查看桥架的属性，确认是否与图纸要求一致，如图3.71所示。

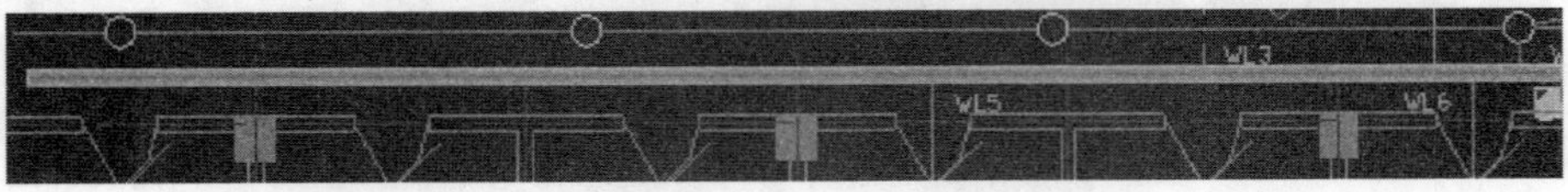

图 3.70　桥架的识别

单击【设置起点】按钮，选择桥架的端点（黄色线代表端点），单击确定。单击【选择起点】按钮，选择配管或线缆，右键单击确定，出现图3.72所示界面。

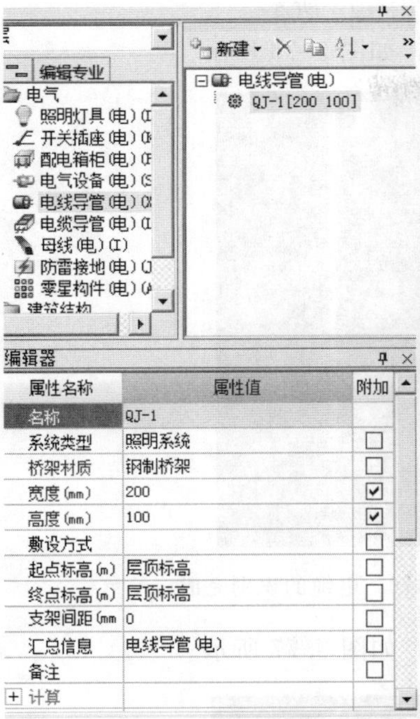

图 3.71　桥架属性编辑框

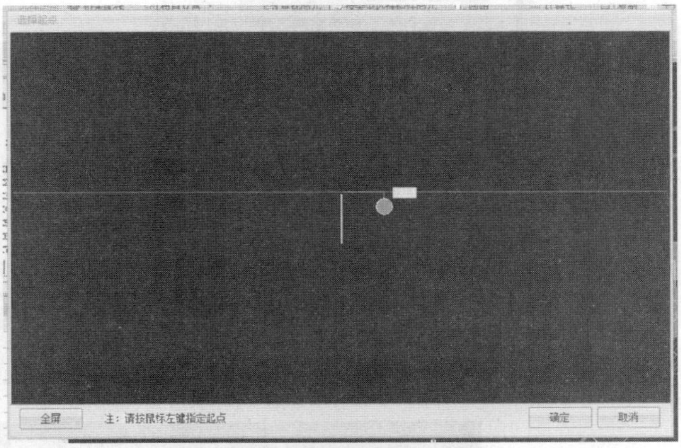

图 3.72　线缆的起点选择实例

单击起点后，再单击确定，完成线缆的设置。单击检查线缆计算路径，检查线缆的路径是否正确，如图 3.73 所示。

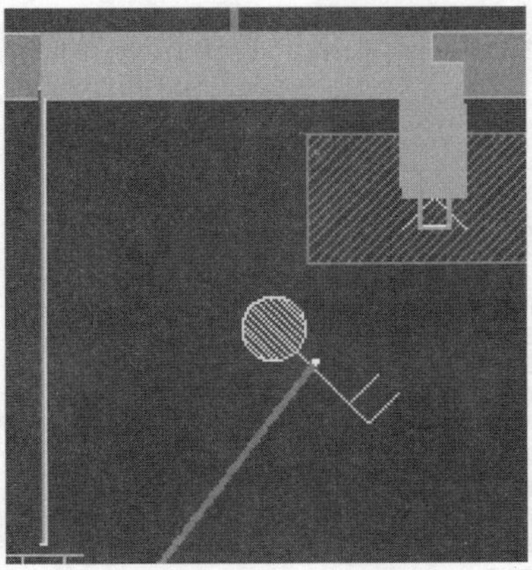

图 3.73　线缆的路径显示

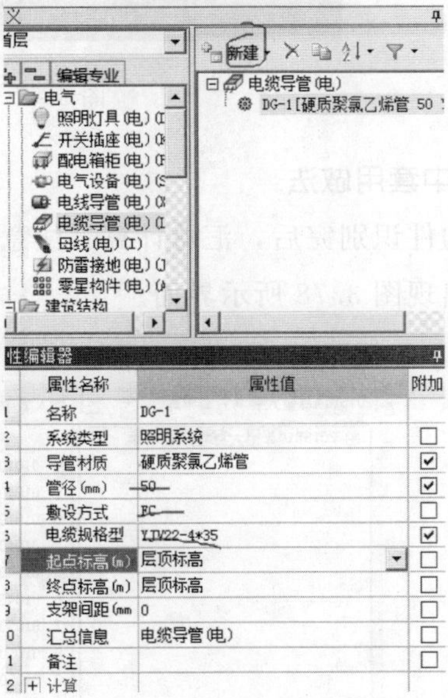

图 3.74　电缆的新建和属性编辑

（4）电缆导管的识别。

第一步：新建电缆（根据图纸要求编辑信息），如图 3.74 所示。

第二步：根据特点采用单回路识别，单击按钮，选择线缆的任一条 CAD 线，右键单击确认整个回路线缆，再右键单击弹出线缆的属性框，如图 3.75 所示。

第三步：检查无误后，单击确认，即完成电缆的识别，如图 3.76 所示。

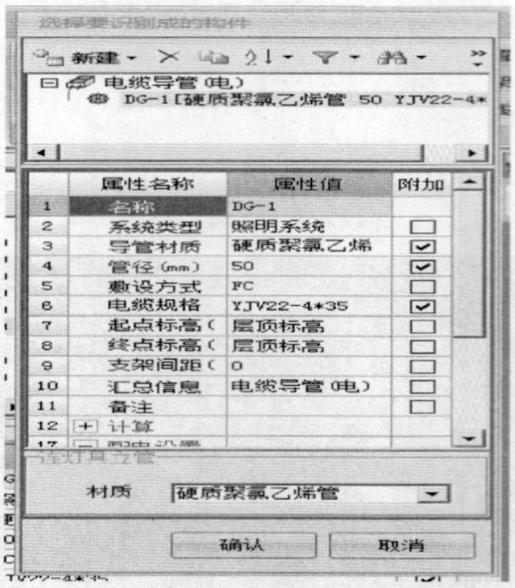

图 3.75　识别完成的电缆属性信息

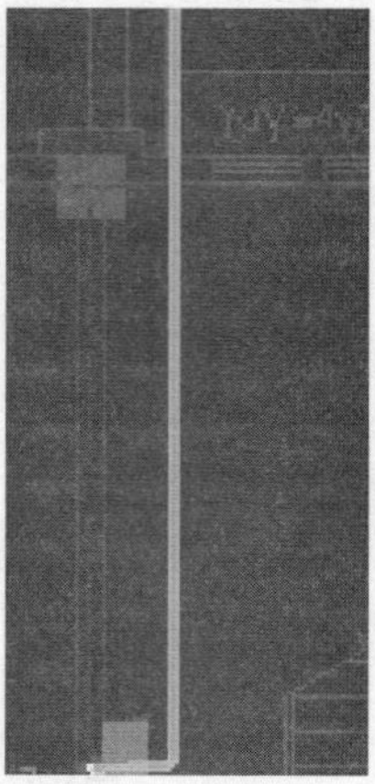

图 3.76　电缆的识别完成

单击“动态观察”按钮，即呈现电气图的三维立体图，如图 3.77 所示。

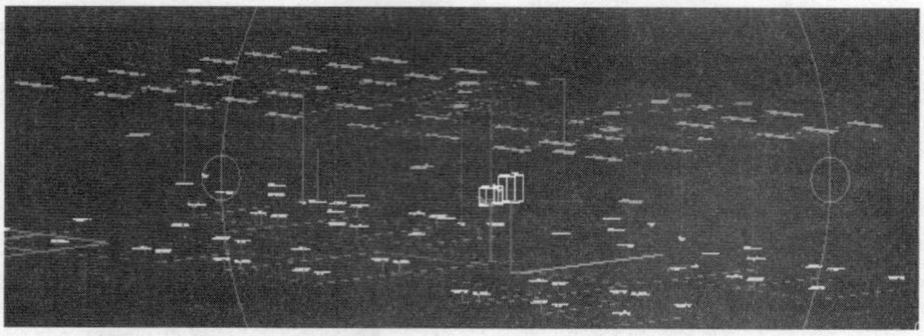

图 3.77　电气的三维立体图

3.2.5　集中套用做法

所有构件识别完后，汇总计算（注意千万不能忘），进入集中套用做法界面，单击图标按钮，出现图 3.78 所示界面。

图 3.78　清单库的选择

选择相应的清单库，然后对汇总计算出来的每一项匹配相应的清单，如图 3.79 所示。

		编码	类别	名称	项目特征	表达式	单位	工程量
1	◆	⊟ T5单管荧光灯 荧光灯 1X28W					个	4.000
2		030412005001	项	T5单管荧光灯		SL+CGSL	套	4.000
3	◆	⊟ T5双管格栅灯 荧光灯 2X28W					个	50.000
4		030412005002	项	T5双管格栅灯		SL+CGSL	套	50.000
5	◆	⊟ 安全出口标志灯 荧光灯 1X5W					个	2.000
6		030412005003	项	安全出口标志灯		SL+CGSL	套	2.000
7	◆	⊟ 带蓄电池应急灯 荧光灯 2X8W					个	7.000
8		030412005004	项	带蓄电池应急灯		SL+CGSL	套	7.000
9	◆	⊟ 防潮吸顶灯 荧光灯 1X32W					个	15.000
10		030412005005	项	防潮吸顶灯		SL+CGSL	套	15.000
11	◆	⊟ 节能吸顶灯 荧光灯 1X32W					个	24.000
12		030412005006	项	节能吸顶灯		SL+CGSL	套	24.000
13	◆	⊟ 疏散指示灯 荧光灯 1X5W					个	6.000
14		030412005007	项	疏散指示灯		SL+CGSL	套	6.000
15	◆	⊟ 单联单控开关 250V,16A					个	11.000
16		030404034001	项	单联单控开关		SL+CGSL	个	11.000
17	◆	⊟ 单相二三孔组合插座 250V,10A					个	89.000
18		030404035001	项	单相二三孔组合插座		SL+CGSL	个	89.000
19	◆	⊟ 单相二三孔组合防溅插座 250V,10A					个	12.000
20		030404035002	项	单相二三孔组合防溅插座		SL+CGSL	个	12.000
21	◆	⊟ 三联单控开关 250V,16A					个	9.000
22		030404034002	项	三联单控开关		SL+CGSL	个	9.000
23	◆	⊟ 双联单控开关 250V,16A					个	31.000
24		030404034003	项	双联单控开关		SL+CGSL	个	31.000
25	◆	⊟ 1AL 525*460*80 暗敷					个	1.000
26		030404017001	项	1AL配电箱		SL+CGSL	台	1.000

图 3.79　构件的清单匹配

若发现某一项的工程量和所要求计算出来的不一致，可通过单击构件图元界面来修改，以 T5 单管荧光灯构件图元为例进行介绍，如图 3.80 所示。

构件图元

	系统编号/回路编号/构件名称	数量（个）	超高数量（个）
1	⊟ 绘图输入		
2	⊟ 首层		
3	T5单管荧光灯	4.000	0.000

图 3.80　T5 单管荧光灯构件图元的数量界面

双击构件名称，会出现该构件的具体位置和相关信息，查看信息可进行修改，如图 3.81 所示。

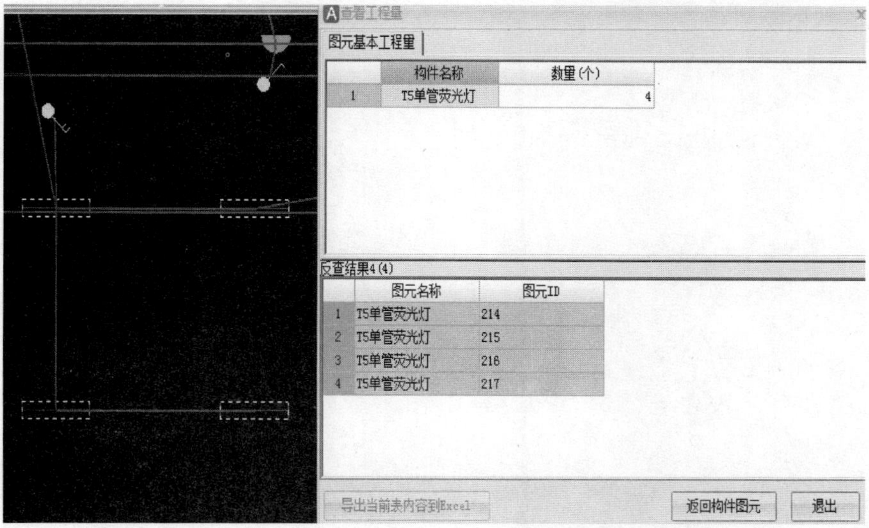

图 3.81　T5 单管荧光灯的工程量查看图

修改完后，单击返回构件图元，即回到集中套用做法界面。

3.2.6　报表预览

在报表预览界面，可查看到各个构件的工程量和相关信息，这里都会一一显示出来，如图 3.82 所示。

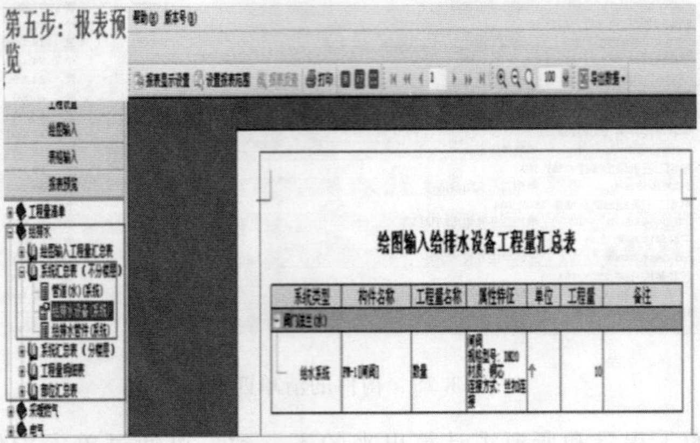

图 3.82　给排水的报表

以上便是安装算量软件的操作程序。

学习项目4　广联达BIM计价软件

【学习目标】

学生通过本学习项目的学习，了解广联达 BIM 计价软件的操作流程，掌握广联达 BIM 计价软件的使用方法。

学习情境4.1　BIM计价软件GBQ 4.0简介

4.1.1　GBQ 4.0主界面的介绍

广联达计价软件 GBQ 4.0 分为 3 种计价模式，即清单计价模式、定额计价模式、项目管理模式。

1. 清单计价模式主界面

清单计价主界面模式如图 4.1 所示，由下面几部分组成。

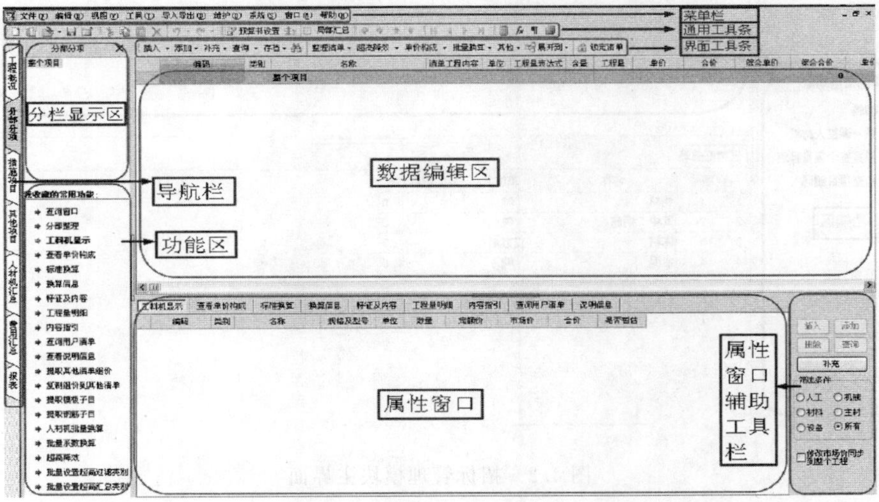

图 4.1　清单计价模式主界面

(1) 菜单栏：分为 9 部分，集合了软件所有功能和命令。

(2) 通用工具条：无论切换到哪一界面，它都不会随着界面的切换而变化。

(3) 界面工具条：随着界面的切换，工具条的内容不同。

(4) 导航栏：左边导航栏可切换到不同的编辑界面。

(5) 分栏显示区：显示整个项目下的分部结构，单击分部实现按分部显示，可关闭此窗口。

(6) 功能区：每一编辑界面都有自己的功能菜单，可关闭此功能区。

(7) 属性窗口：功能菜单点击后就可泊靠在界面下边，形成属性窗口，也可隐藏此窗口。

(8) 属性窗口辅助工具栏：根据属性菜单的变化而更改内容，提供对属性的编辑功能，跟随属性窗口的显示和隐藏。

(9) 数据编辑区：切换到每个界面，都会有自己特有的数据编辑界面，供用户操作，这部分是用户的主操作区域。

定额计价模式主界面同清单计价模式主界面。

2. 项目管理模式主界面

(1) 招标管理模块主界面。其主要由菜单栏、工具条、内容显示区、功能区、导航栏几部分组成，如图 4.2 所示。

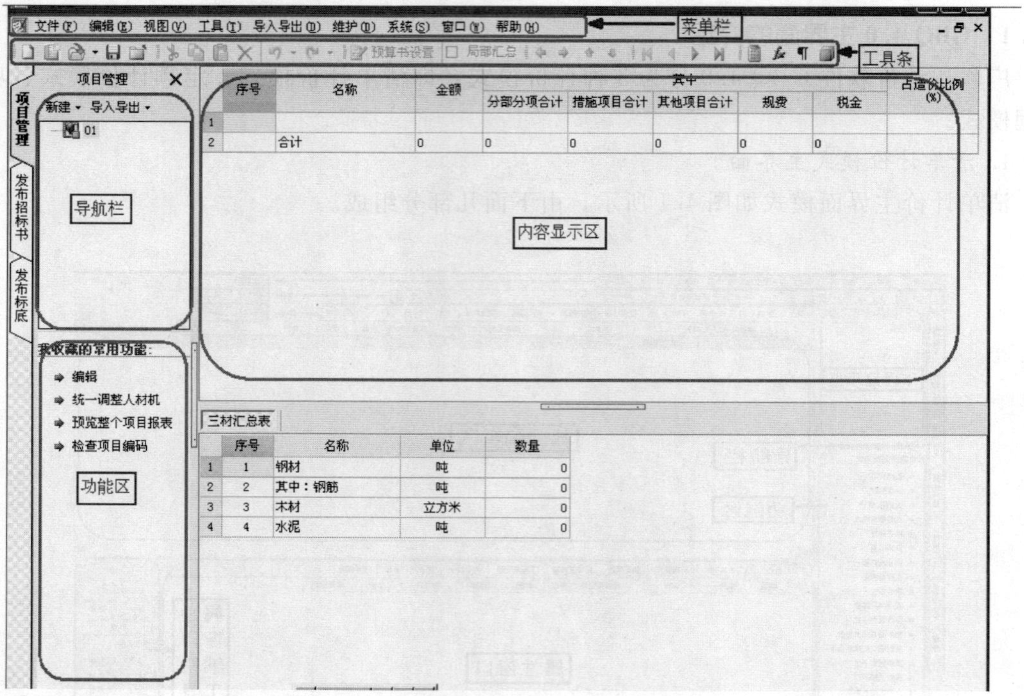

图 4.2　招标管理模块主界面

(2) 投标管理模块主界面。其主要由菜单栏、工具条、内容显示区、功能区、导航栏几部分组成，如图 4.3 所示。

4.1.2　GBQ 4.0 菜单栏介绍

下面给大家介绍 GBQ 4.0 菜单栏。先看一下菜单栏的总布局，如图 4.4 所示，它由下面九部分组成。

1. 文件

“文件”菜单如图 4.4 所示。

为文件设置密码，如图 4.5 所示。

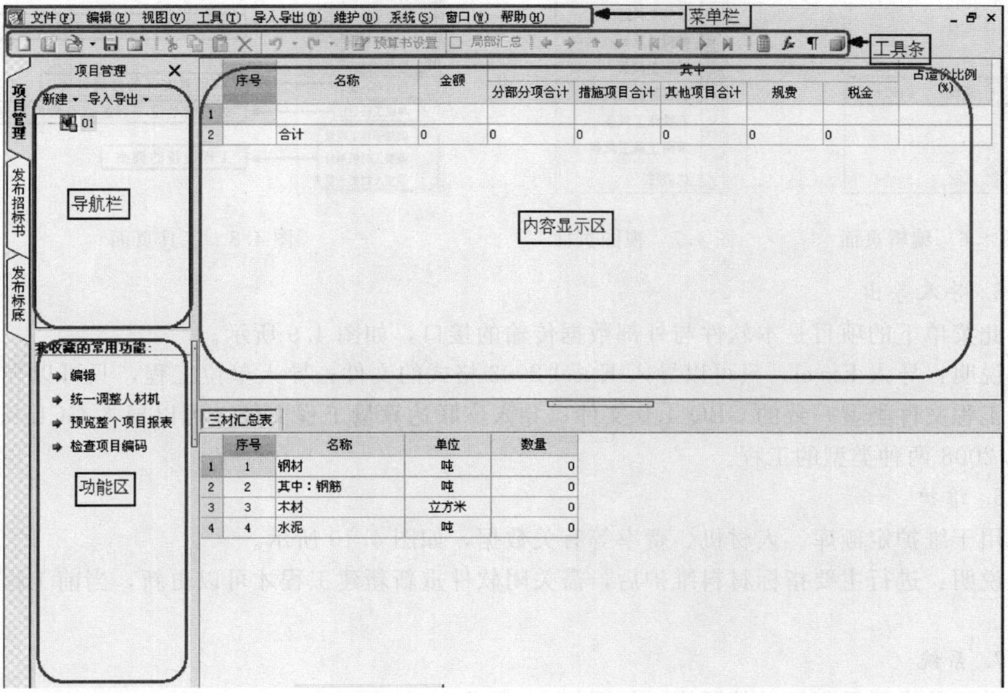

图 4.3 投标管理模块主界面

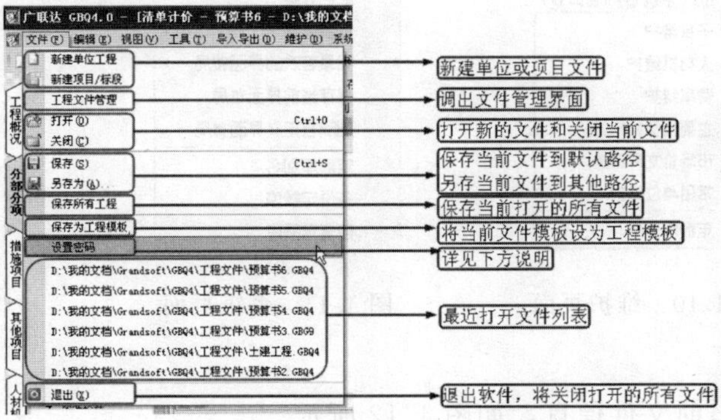

图 4.4 菜单栏的总布局

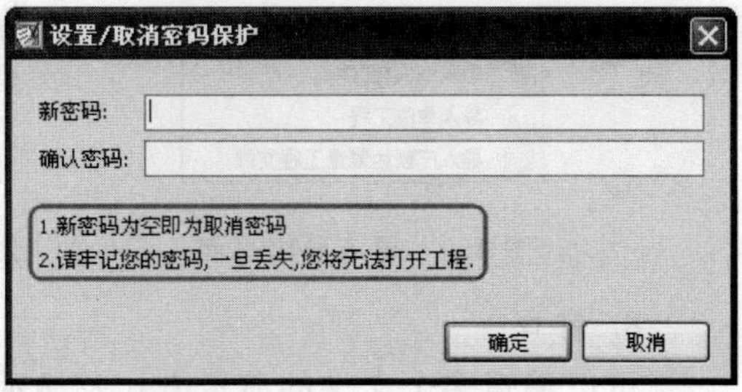

图 4.5 设置密码

注意方框中的内容，新密码是空的时候，即表示密码取消了，密码一定要牢记，如果忘记密码，工程将无法打开。

2. 编辑

主要是进行一些常用操作，如撤销、恢复、剪切、复制、粘贴、删除，如图 4.6 所示。

3. 视图

主要是进行工具条显示和隐藏的编辑，如图 4.7 所示。

4. 工具

主要是软件的通用工具，如图 4.8 所示。

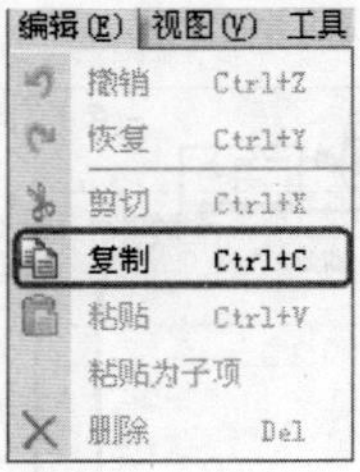

图 4.6 编辑页面

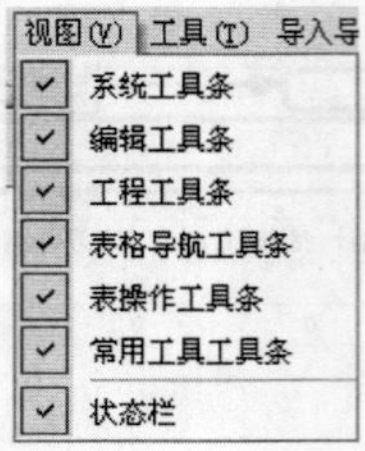

图 4.7 视图页面

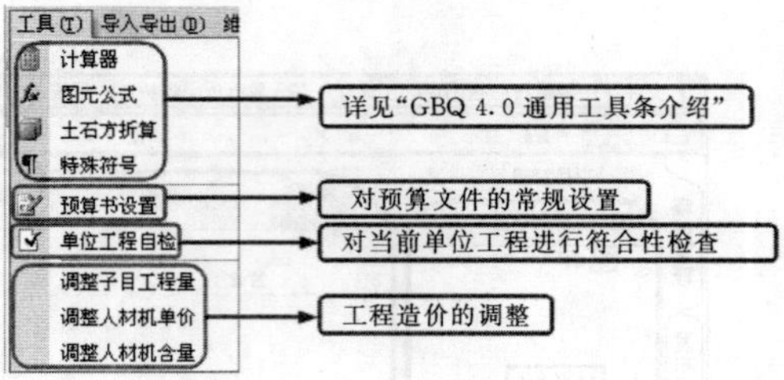

图 4.8 工具页面

5. 导入导出

此菜单下的项目是本软件与外部数据传输的接口，如图 4.9 所示。

说明：导入 Excel，只可以导入 Excel 2003 格式的文件；导入单位工程，只可以导入与当前工程文件类型一致的 GBQ 4.0 文件；导入广联达算量工程文件，可以导入 GCL 8.0 和 GCL 2008 两种类型的工程。

6. 维护

用于维护定额库、人材机、费率等有关数据，如图 4.10 所示。

说明：进行主要指标材料维护后，需关闭软件重新新建工程才可以更新，当前工程无法更新。

7. 系统

主要是设置界面显示的风格，如图 4.11 所示。

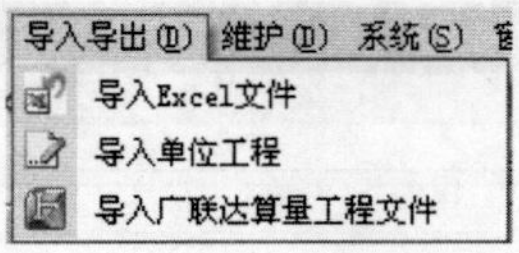

图 4.9 导入导出页面

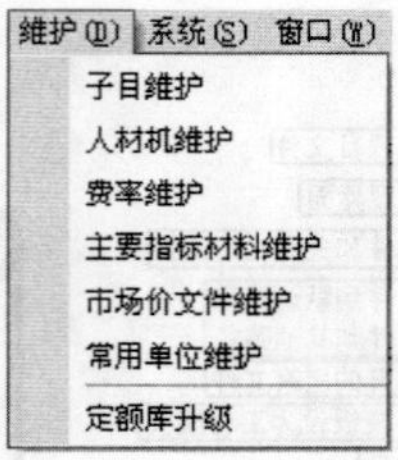

图 4.10 维护页面

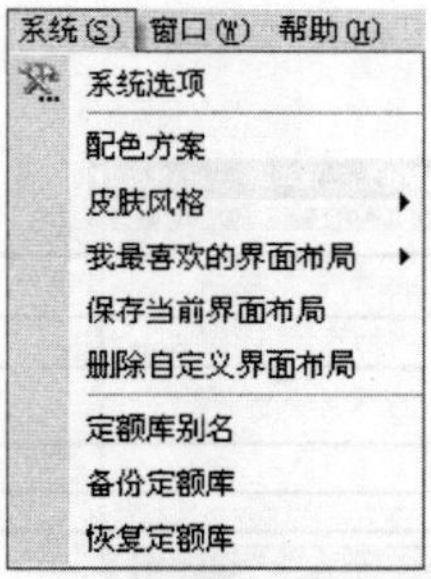

图 4.11 系统页面

8. 窗口

可以编辑多个文件的显示方式及显示当前文件信息，如图 4.12 所示。

9. 帮助

可以查看软件的使用说明及功能讲解，并可以了解软件版本及注册信息，如图 4.13 所示。

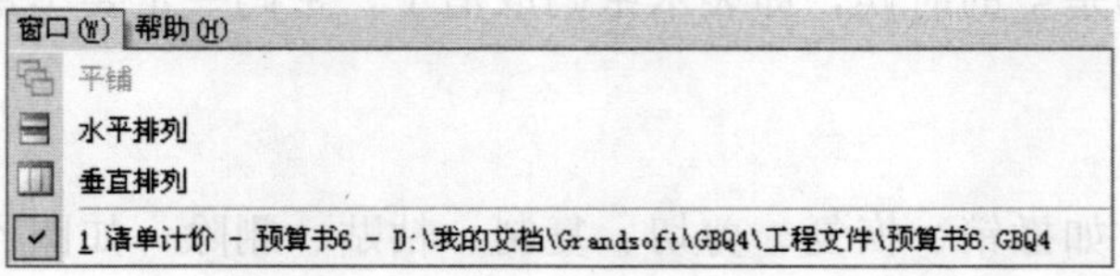

图 4.12 窗口页面

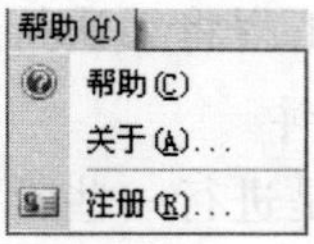

图 4.13 帮助页面

4.1.3 GBQ 4.0 通用工具条介绍

下面给大家介绍广联达计价软件 GBQ 4.0 通用工具条，它存在于导航栏的每个界面，如图 4.14 所示。

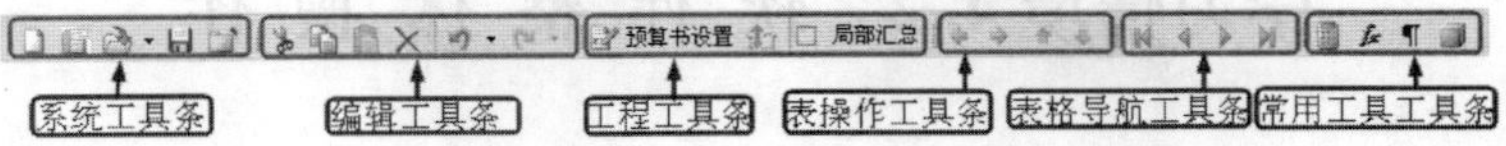

图 4.14　通用工具条

共有 6 组工具条，下面一一进行介绍。

1. 系统工具条

从左到右各个按钮的含义分别如下。

(1) 新建单位工程：新建一个单位工程文件。

(2) 新建项目或标段：新建一个项目或标段文件。

(3) 打开：用于打开已经保存的工程文件。

(4) 保存：保存所建立的当前工程，建议在编制过程中定时保存。

(5) 关闭：关闭正在编辑的工程文件，不是关闭 GBQ 4.0 的程序。

(6) 系统工具条与菜单栏“文件”下的部分功能是一一对应的。

2. 编辑工具条

主要进行一些常用操作，从左到右分别为剪切、复制、粘贴、删除、撤销、恢复。

编辑工具条与菜单栏“编辑”下的功能是一一对应的。

3. 工程工具条

主要是对工程的设置操作。

(1) 预算书设置：用于存放控制预算书计算的各个选项。

(2) 局部汇总：用于对已选择子目或分部的汇总取费，实现按分部、按所需呈现工程造价。

4. 表操作工具条

主要是进行一些常用操作，如上移/下移、升级/降级。

(1) 上移/下移：是指对当前选择项进行上下移动。

(2) 升级/降级：是指对两部分内容的关系进行定位，可以平级，也可以上下级，需要调整时，可使用此功能。用于对分部的级别定位。

5. 表格导航工具条

主要进行光标定位操作，所表示的内容依次是第一行、上一行、下一行、最后一行。

操作比较简单，这里就不阐述了。

6. 常用工具条

所表示的内容依次是如下。

(1) 图元公式：是以图形方式体现的一些常用计算公式，可以计算工程量，选择图元，输入参数，多个图元可以累加，一个图元参数输入完毕，单击下图左下方的“选择”按钮，多外图元时，可以多次选择，最后单击“确定”按钮即可累加。

(2) 特殊符号：可以插入一些特殊符号。

(3) 计算器：可以通过这个计算器进行四则运算及其他科学运算并得到运算结果。

(4) 土石方体积折算：可以计算夯实、松填、虚方体积。

学习情境4.2　软件整体操作

4.2.1　软件的启动和退出

1. 启动

方法一：单击 Windows 菜单“开始”→“所有程序”→“广联达建设工程造价管理整体解决方案”，选择“广联达计价软件 GBQ 4.0”，如图 4.15 所示。

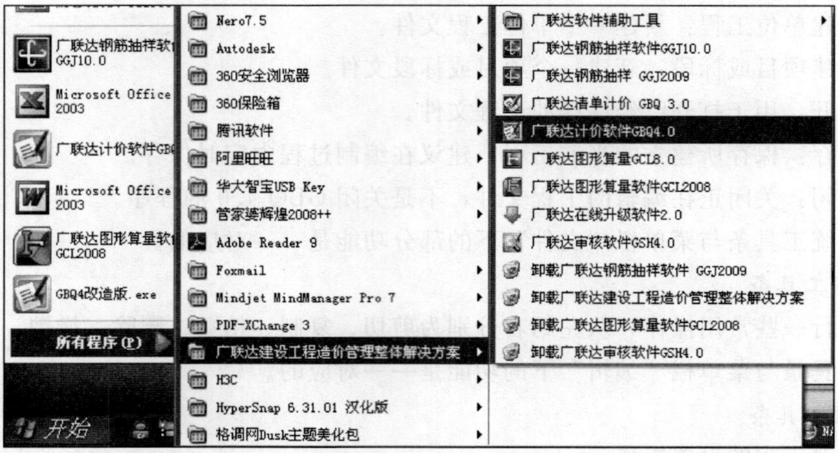

图 4.15　启动页面

方法二：在桌面上双击“广联达计价软件 GBQ 4.0”快捷图标，在弹出的界面中选择相应的方式进入。

2. 退出

可以通过以下两种方法来退出 GBQ 4.0 软件。

方法一：单击软件主界面右上角的关闭按钮。

方法二：执行“文件”→“退出”菜单命令退出软件，如图 4.16 所示。

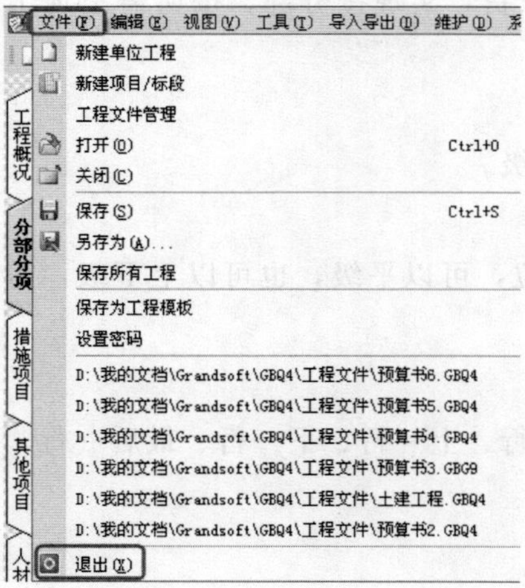

图 4.16　“退出”命令

4.2.2　软件操作流程

整体操作流程分为建立项目、编制清单及投标报价。

1. 建立项目

第一步：启动

双击桌面上的 GBQ 4.0 图标，在弹出的界面中选择工程类型为“清单计价”，再单击“新建项目”，软件会进入“新建标段”界面，如图 4.17 所示。

第二步：新建标段，如图 4.18 所示。

说明：

(1) 选择清单计价“招标”或“投标”，选择“地区标准”。

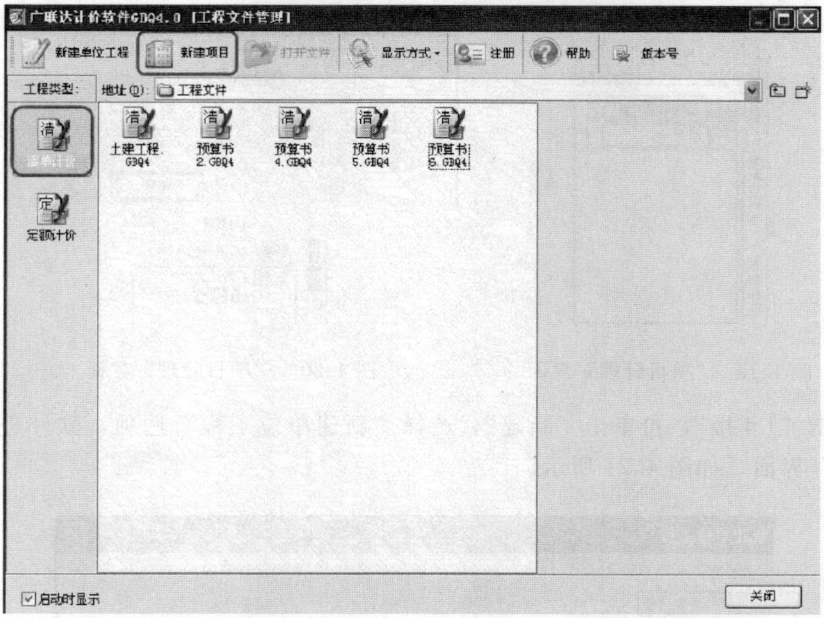

图 4.17 启动软件

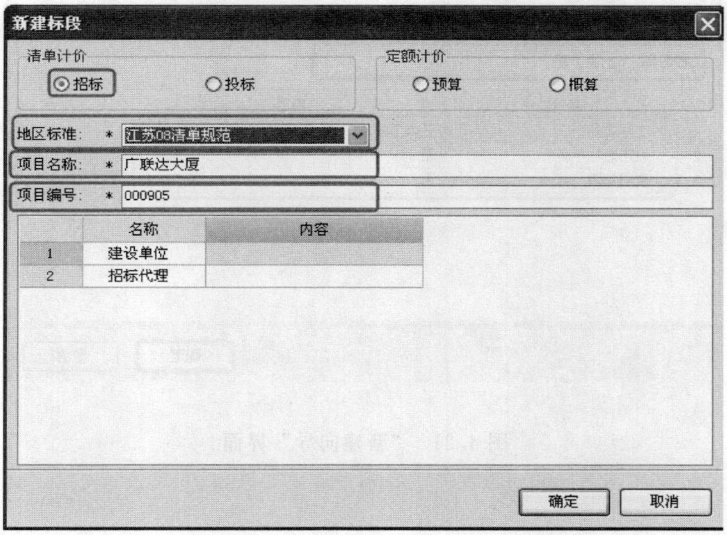

图 4.18 新建标段

(2) 输入项目名称，如广联达大厦，则保存的项目文件名也为广联达大厦。另外，报表也会显示工程名称为广联达大厦。

(3) 输入一些项目信息，如建设单位、招标代理。

(4) 单击“确定”按钮完成新建项目，进入“项目管理”界面。

第三步：项目管理，如图 4.19 所示。

(1) 单击“新建”，选择“新建单项工程”选项，软件进入“新建单项工程”界面，输入单项工程名称后，单击“确定”按钮，软件回到“项目管理”界面，如图 4.20 所示。

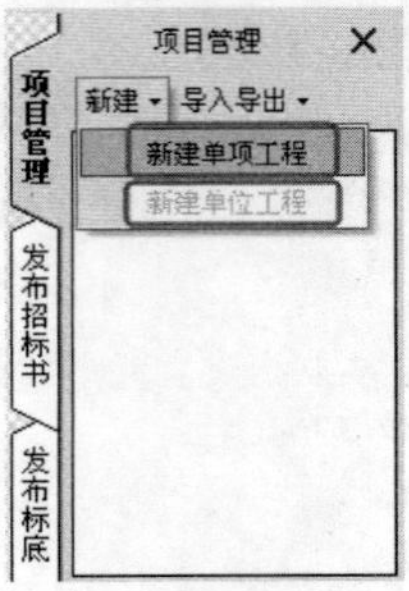

图 4.19 “项目管理”界面

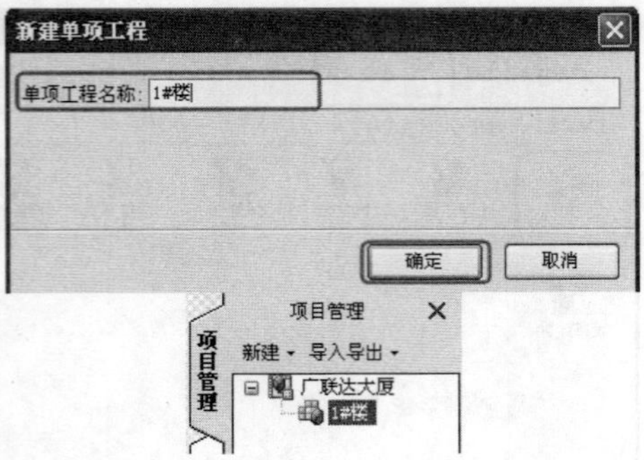

图 4.20 “项目管理”界面

（2）单击“1＃楼”，再单击“新建”，选择“新建单位工程”选项，软件进入“单位工程新建向导”界面，如图 4.21 所示。

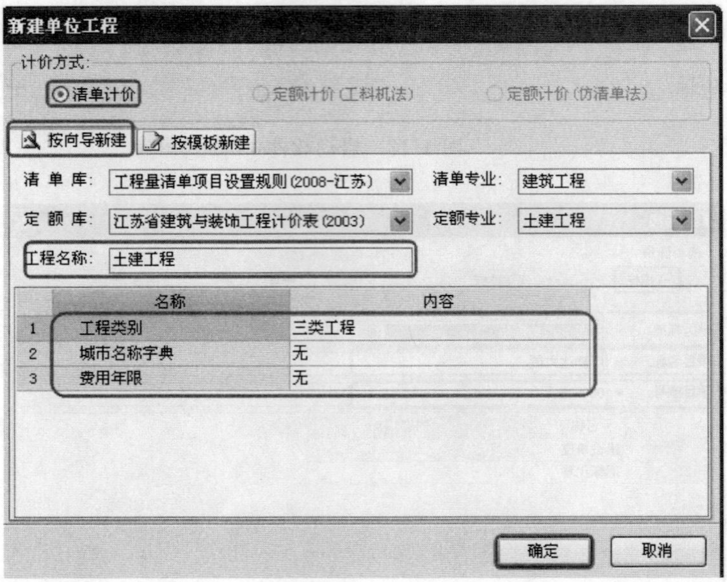

图 4.21 “新建向导”界面

说明：

（1）确认计价方式，按向导新建。

（2）选择清单库、清单专业、定额库、定额专业。

（3）输入工程名称，输入工程相关信息，如工程类别、建筑面积。

（4）单击“确定”按钮，新建完成。

根据以上步骤，按照工程实际建立一个工程项目，如图 4.22 所示。

2. 编制清单及投标报价

第一步：进入单位工程。

在项目管理窗口选择要编辑的单位工程，双击或单击功能区中的“编辑”按钮，进入“单位工程”主界面，如图 4.23 所示。

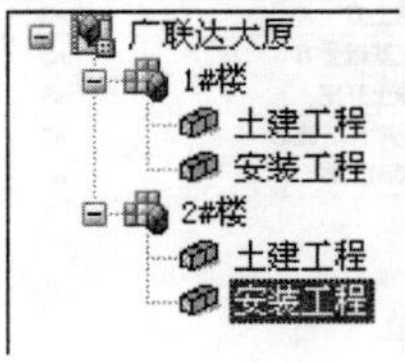

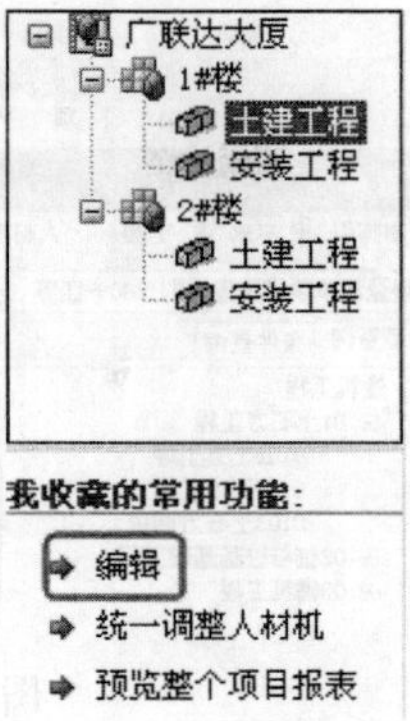

图 4.22　建立一个工程项目　　图 4.23　“单位工程”主界面

第二步：工程概况。

单击“工程概况”，工程概况包括工程信息、工程特征及指标信息，可以在右侧界面相应的信息内容中输入信息，如图 4.24 所示。

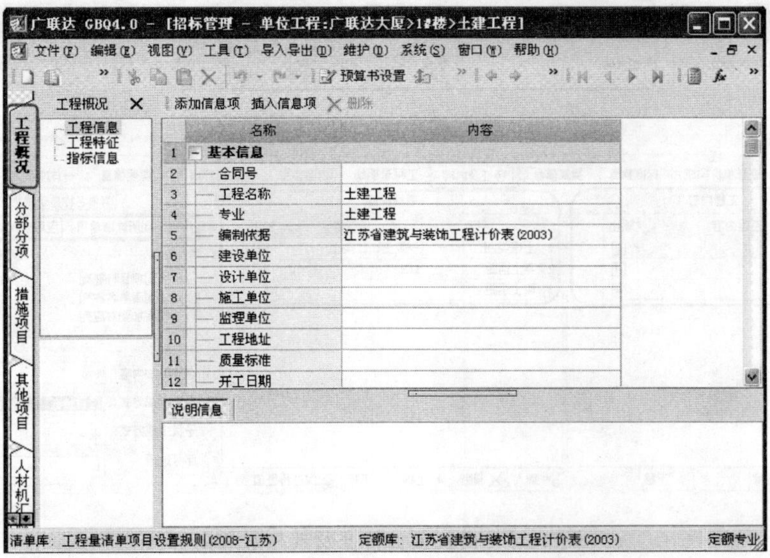

图 4.24　工程概况

说明：

(1) 根据工程的实际情况在工程信息、工程特征界面输入法定代表人、造价工程师、结构类型等信息，封面等报表会自动关联这些信息。

(2) 指标信息：显示工程总造价和单方造价，系统根据用户编制预算时输入的资料自动计算，在此页面的信息是不能手工修改的。

第三步：编制清单及投标报价。

(1) 输入清单：选择“分部分项”→“查询窗口”，在弹出的“查询”界面，选择清单，选择所需要的清单项，如平整场地，然后双击或单击“插入”按钮输入到数据编辑区，然后在“工程量”列输入清单项的工程量，如图 4.25 所示。

(2) 设置项目特征及其显示规则。

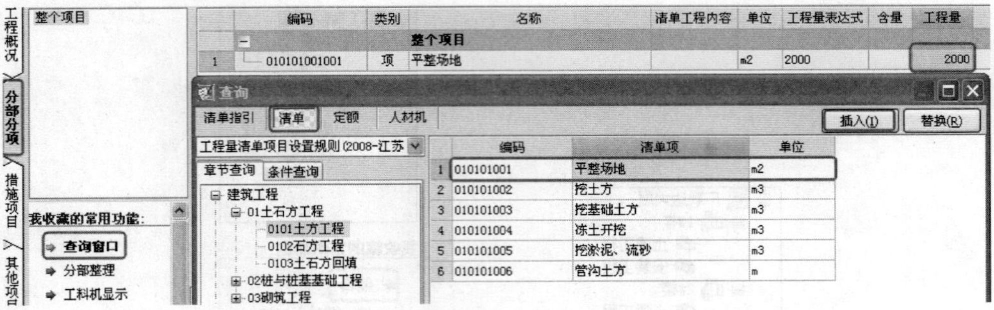

图 4.25　输入清单

1）单击属性窗口中的“特征及内容”，在“特征及内容”窗口中设置要输出的工作内容，并在“特征值”列通过下拉列表框选择项目特征值或手工输入项目特征值。

2）然后在“清单名称显示规则”窗口中设置名称显示规则，单击“应用规则到所选清单项”或“应用规则到全部清单”，软件则会按照规则设置清单项的名称，如图 4.26 所示。

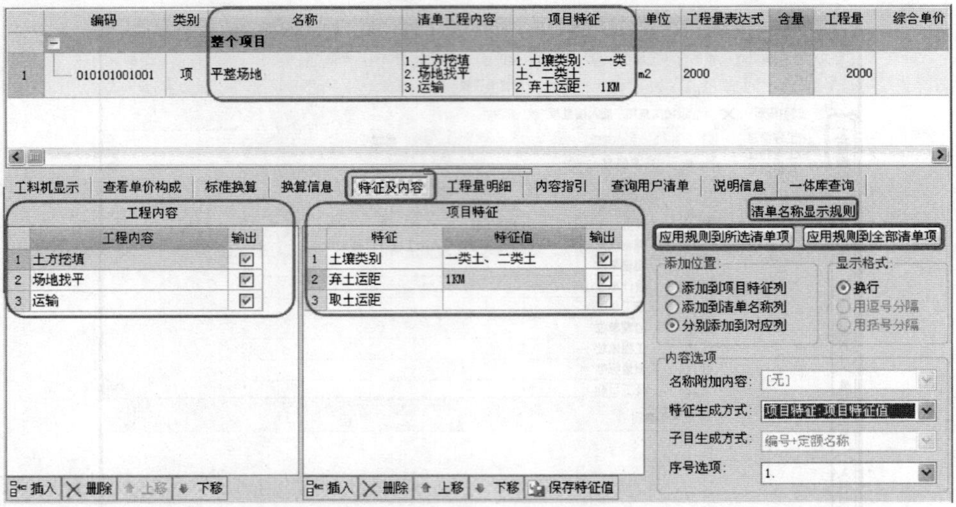

图 4.26　设置项目特征及其显示规则

3）组价：单击“内容指引”，在“内容指引”界面中根据工作内容选择相应的定额子目，然后双击输入，并输入子目的工程量，如图 4.27 所示。

说明：当子目单位与清单单位一致时，子目工程量可以默认为清单工程量。可以在“预算书属性”里进行设置。

第四步：措施项目。

(1) 计算公式组价项：软件已按专业分别给出，如无特殊规定，可以按软件计算，如图 4.28 所示。

(2) 定额组价项：选择“脚手架”项，在界面工具条中单击“查询”按钮，在弹出的界面里找到相应措施定额脚手架子目，然后单击“插入”按钮，并输入工程量，如图 4.29 所示。

第五步：其他项目。

(1) 招标人：在计算基数列分别输入“预留金”和“材料购置费”。

图 4.27　组价界面

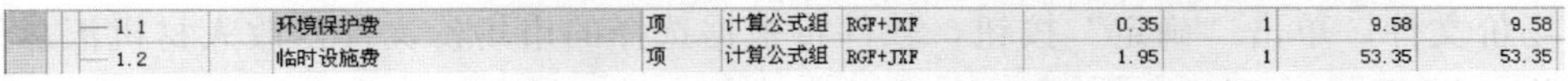

图 4.28　公式组价项

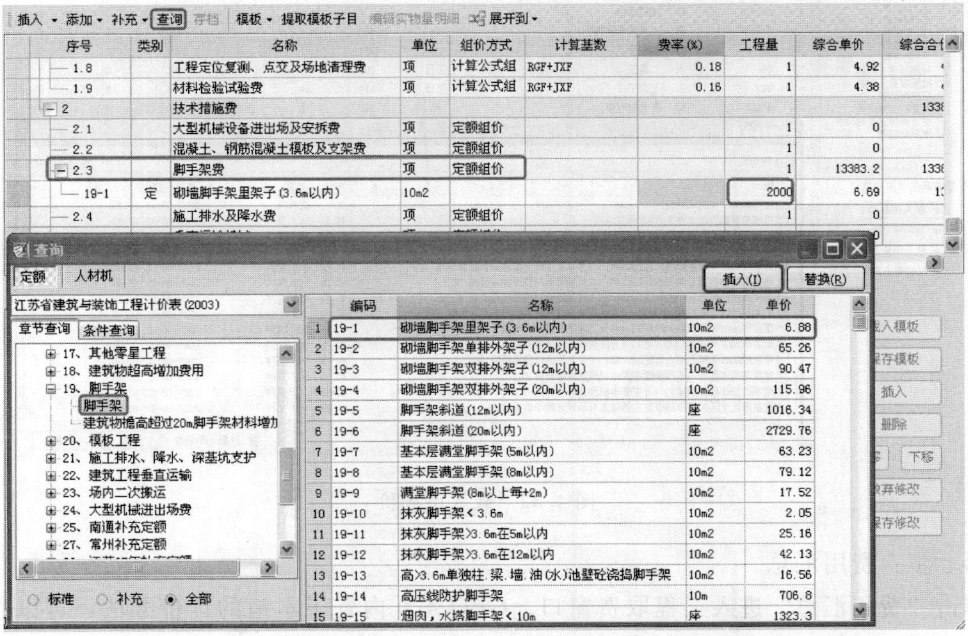

图 4.29　定额组价项

(2) 投标人：根据工程实际，输入“总承包服务费”和“零星工作费”，如图 4.30 所示。

第六步：人材机汇总。

(1) 直接修改市场价：单击“人材机汇总”，选择需要修改市场价的人材机项，单击其市场价，输入实际市场价，软件将以不同底色标注出修改过市场价的项，如图 4.31 所示。

图 4.30 其他项目

图 4.31 直接修改市场价

(2) 载入市场价：单击“人材机汇总”→“载入市场价”，在“载入市场价”窗口选择所需市场价文件，单击“确定”按钮，软件将根据选择的市场价文件修改人材机汇总的人材机市场价，如图 4.32 所示。

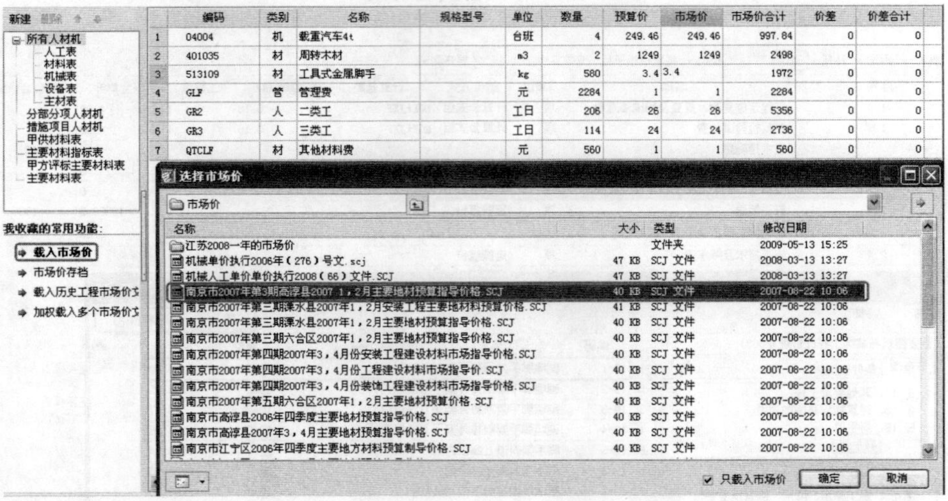

图 4.32 载入市场价

第七步：费用汇总。

单击“费用汇总”进入工程取费窗口。GBQ 4.0 内置了本地的计价办法，可以直接使用，如果有特殊需要，也可自由修改，如图 4.33 所示。

第八步：报表。

单击“报表”，选择需要浏览或打印的报表，如图 4.34 所示。

第九步：保存、退出。

(1) 保存：选择菜单栏中的“文件”→“保存”命令，保存编制的计价文件。

(2) 退出：选择菜单栏中的“文件”→“退出”命令，退出 GBQ 4.0 软件。

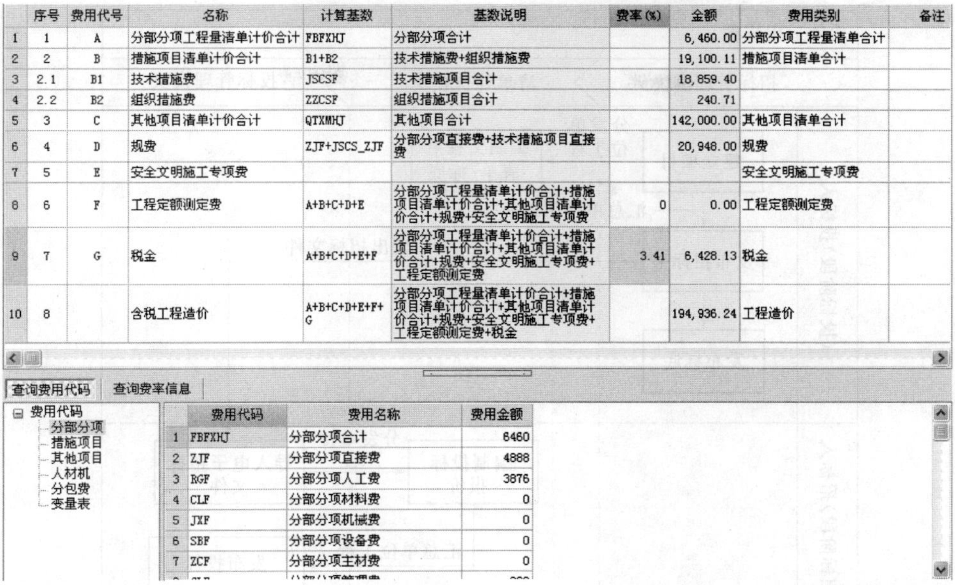

图 4.33 费用汇总

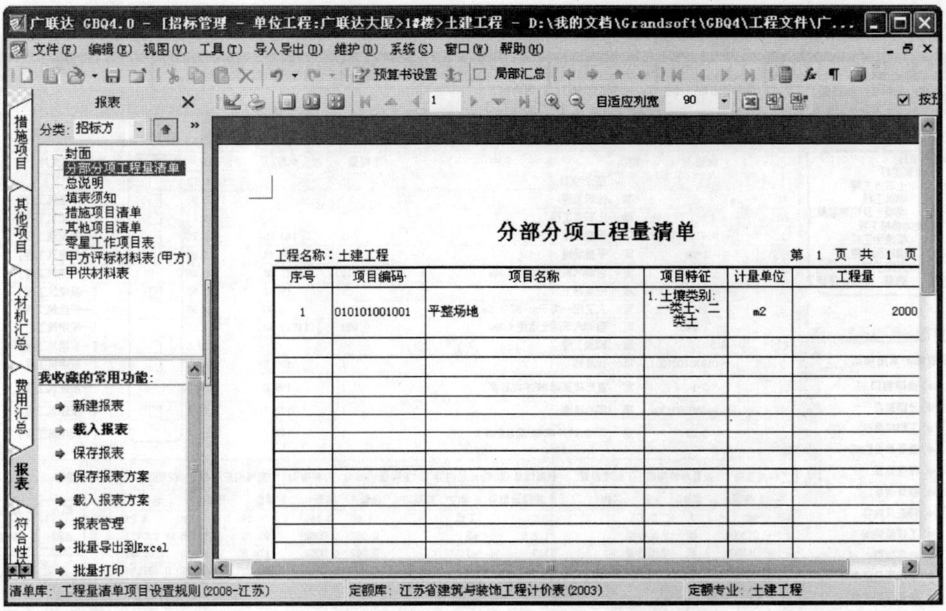

图 4.34 报表

招投标软件应用整体流程如图 4.35 所示。

4.3 其他功能

(1)对工程进行分部整理，图 4.36 所示的工程有土建和装饰专业，整个项目综合合价是“2573.78”。

(2)将分部分项中需要汇总的土建专业清单项后的“局部汇总”勾选，再将“通用工具条”的“局部汇总”勾选，左边“分栏显示区”就只显示建筑工程，工程的综合合价从

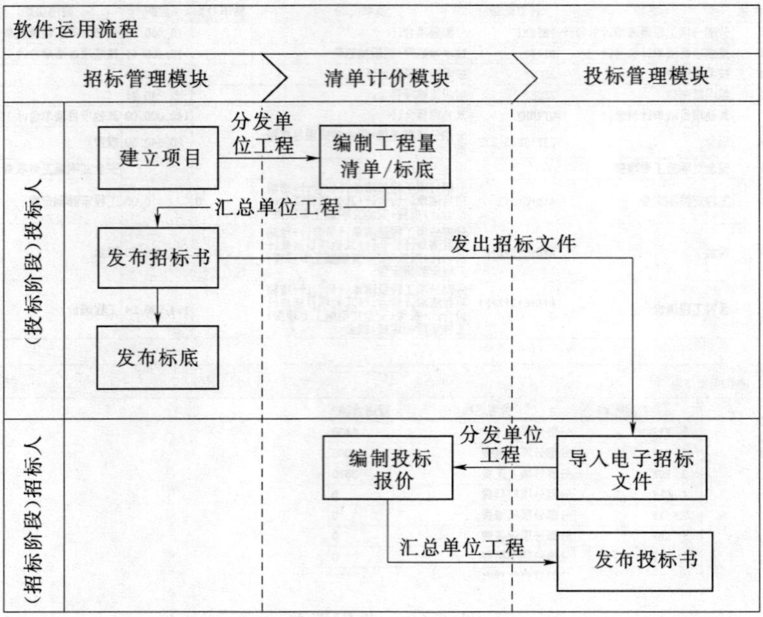

图 4.35　招投标软件应用整体流程

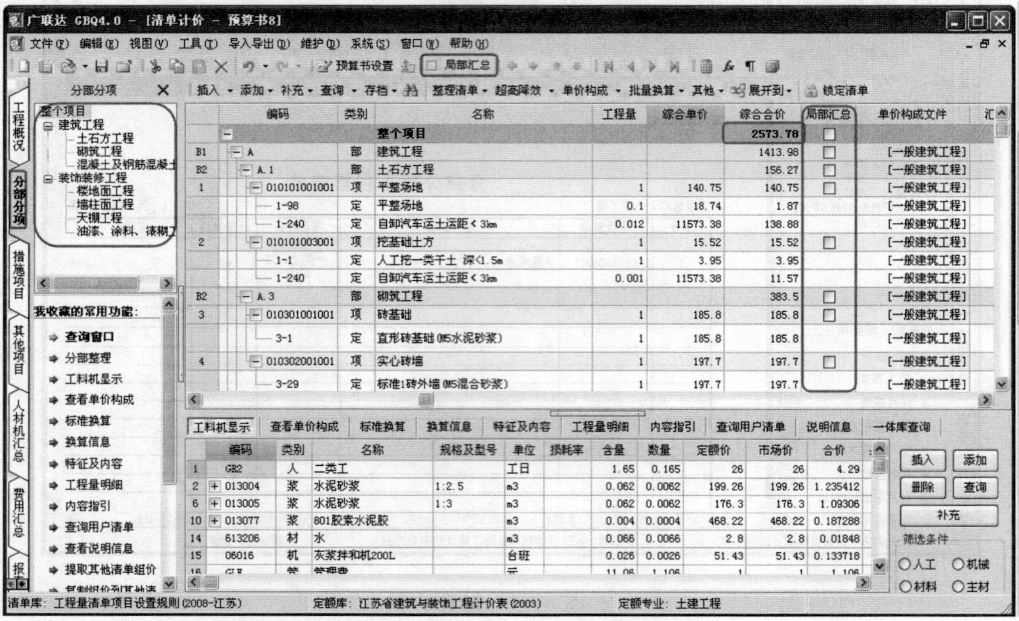

图 4.36　选择局部汇总

“2573.78”变成了“1413.98”，如图 4.37 所示。

(3) 切换到导航栏的“费用汇总”界面，这里的数据将汇总建筑工程部分并取费，如图 4.38 所示。

注意事项：措施项目、其他项目也可以选择局部参与到一次局部汇总的，与分部分项操作一致。

	编码	类别	名称	工程量	综合单价	综合合价	局部汇总
			整个项目			1413.98	
B1	A	部	建筑工程			1413.98	☑
B2	A.1	部	土石方工程			156.27	☑
1	010101001001	项	平整场地	1	140.75	140.75	☑
	1-98	定	平整场地	0.1	18.74	1.87	
	1-240	定	自卸汽车运土运距＜3km	0.012	11573.38	138.88	
2	010101003001	项	挖基础土方	1	15.52	15.52	☑
	1-1	定	人工挖一类干土 深<1.5m	1	3.95	3.95	
	1-240	定	自卸汽车运土运距＜3km	0.001	11573.38	11.57	
B2	A.3	部	砌筑工程			383.5	☑
3	010301001001	项	砖基础	1	185.8	185.8	☑
	3-1	定	直形砖基础(M5水泥砂浆)	1	185.8	185.8	
4	010302001001	项	实心砖墙	1	197.7	197.7	☑
	3-29	定	标准1砖外墙(M5混合砂浆)	1	197.7	197.7	

图 4.37　局部汇总页面

	序号	费用代号	名称	计算基数	基数说明	费率(%)	金额	费用类别
1	1	F1	分部分项工程	FBFXHJ	分部分项合计		1,413.98	分部分项工程量清单合计
2	2	F2	措施项目	CSXMHJ	措施项目合计		0.00	措施项目清单合计
3	2.1	F3	安全文明施工费	AQWMSGF	安全及文明施工措施费		0.00	安全文明施工费
4	3	F4	其他项目	QTXMHJ	其他项目合计		0.00	其他项目清单合计
5	3.1	F5	暂列金额	暂列金额	暂列金额		0.00	暂列金额
6	3.2	F6	专业工程暂估价	专业工程暂估价	专业工程暂估价		0.00	专业工程暂估价
7	3.3	F7	计日工	计日工	计日工		0.00	计日工
8	3.4	F8	总承包服务费	总承包服务费	总承包服务费		0.00	总承包服务费
9	4	F9	规费	F10+F11+F12+F13	工程排污费+安全生产监督费+社会保障费+住房公积金		50.34	规费
10	4.1	F10	工程排污费	F1+F2+F4	分部分项工程+措施项目+其他项目	0	0.00	工程排污费
11	4.2	F11	安全生产监督费	F1+F2+F4	分部分项工程+措施项目+其他项目	0.06	0.85	安全生产监督费
12	4.3	F12	社会保障费	F1+F2+F4	分部分项工程+措施项目+其他项目	3	42.42	社会保障费
13	4.4	F13	住房公积金	F1+F2+F4	分部分项工程+措施项目+其他项目	0.5	7.07	住房公积金
14	5	F14	税金	F1+F2+F4+F9	分部分项工程+措施项目+其他项目+规费	3.44	50.37	税金
15	6	F15	工程造价	F1+F2+F4+F9+F14	分部分项工程+措施项目+其他项目+规费+税金		1,514.69	工程造价

图 4.38　费用汇总页面

学习项目5　广联达BIM5D软件

【学习目标】

学生通过本学习项目的学习，了解广联达BIM5D软件的操作流程，掌握广联达BIM5D软件的使用方法。

学习情景5.1　软件简介

BIM5D应用总流程如图5.1所示。

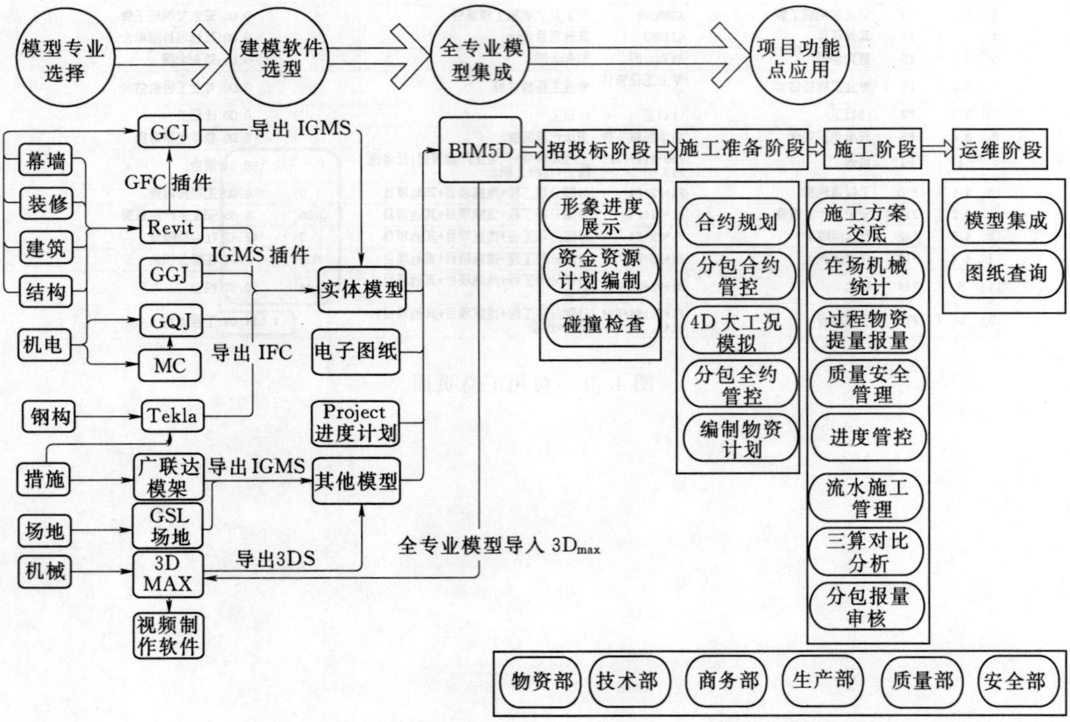

图5.1　BIM5D应用总流程

5.1.1　模型专业选择

目前BIM所涉及的专业很多，如幕墙、装修、建筑、结构、机电、钢构、措施、场地、机械等。

在开展BIM应用之前，应当先理清自身的BIM需求，确定自身BIM应用所需哪些专业的模型数据。

5.1.2 建模软件选择

当前市场上，BIM 建模软件种类繁多，每款建模软件都有自身的特点。在确定了所需模型的专业之后，根据专业的不同选择相应的建模软件。

推荐一些建模软件供大家参考。

切记一定要按照建模规范进行建模，才能保证模型在传递过程中的完整性，见图 5.2。

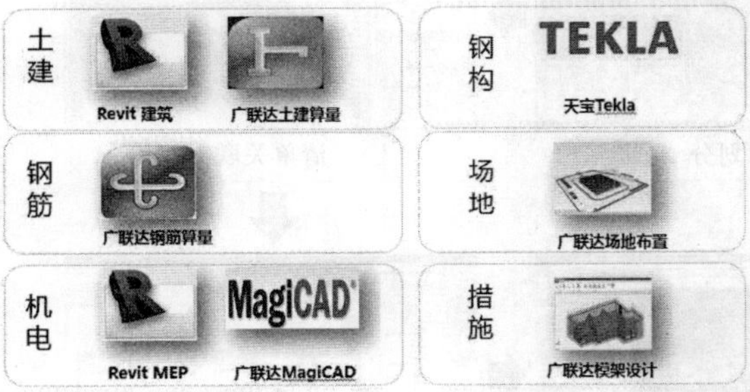

图 5.2 建模软件的选择

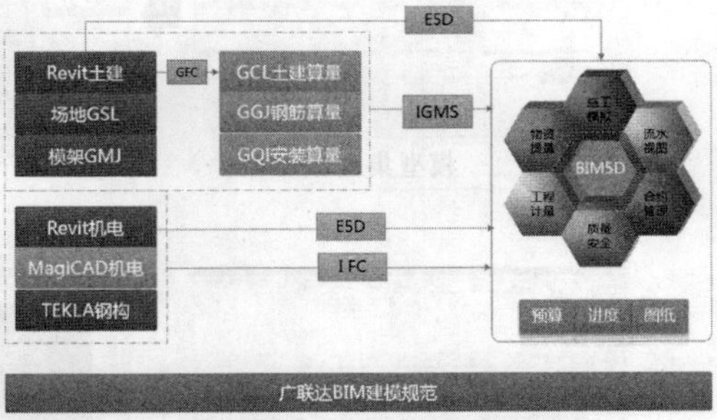

图 5.3 模型集成路径

5.1.3 全专业模型集成

各专业模型建好之后，根据要求导出 5D 集成文件就可以在 5D 中进行全专业的 BIM 模型集成，模型集成路径见图 5.3 和图 5.4。

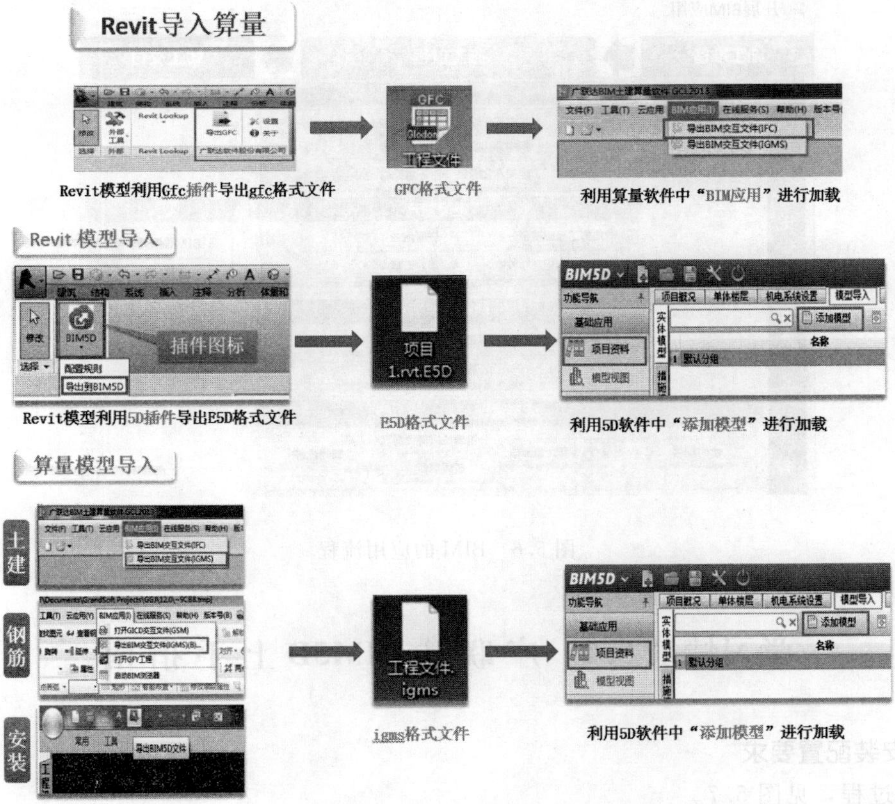

图 5.4 模型导入

5.1.4 BIM5D 应用

(1) 数据集成见图 5.5。

(2) BIM 的应用流程见图 5.6。

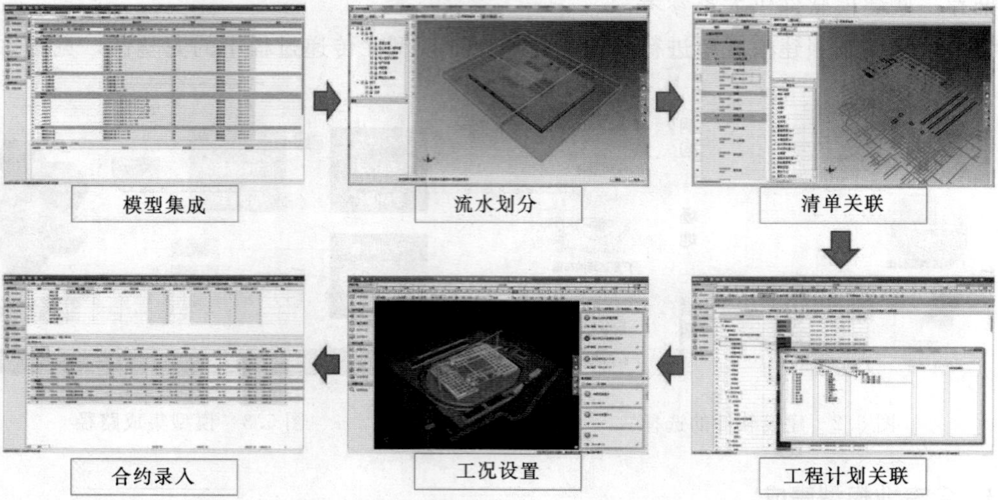

图 5.5 数据集成

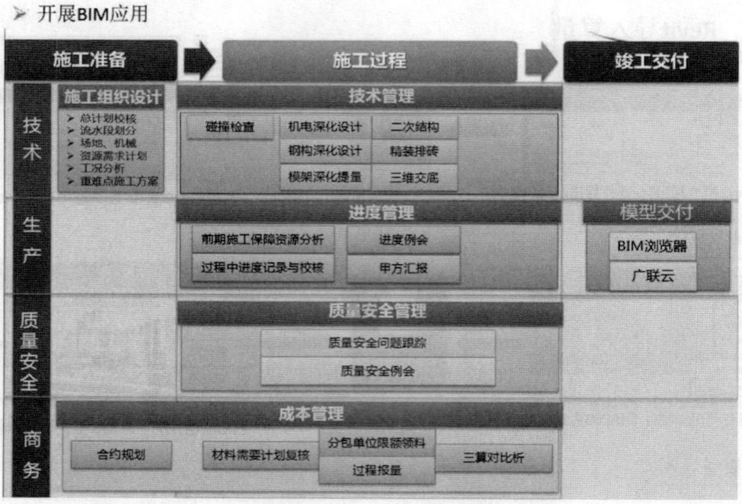

图 5.6 BIM 的应用流程

学习情景 5.2 广联达 BIM5D 上手指南

5.2.1 安装配置要求

安装过程，见图 5.7。

配置要求：计算机系统要求必须是 64 位系统方可安装，详情见图 5.8。

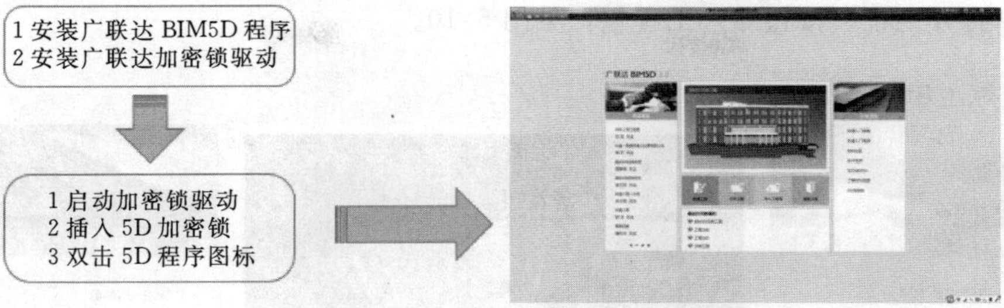

图 5.7　安装过程

系统方案	最低配置（入门级配置）	通用配置（平衡价格和性能）	推荐配置（性能优先）
操作系统	Microsoft Windows 7 SP1 64 位 Microsoft Windows 8/8.1 64 位		
购置建议	项目结构复杂，建筑面积5万以上不建议使用	建议建模硬件、BIM系统应用硬件均配置此硬件	每个项目至少一台，用于展示
CPU	I5-4590 3.3 GHz +	I7-4770　3.4 GHz +	E3-1240V3 3.4 GHz +
内存	8GB	16 GB	32 GB
硬盘	500GB（7200转）	1TB（7200转）	1TB（7200转）
显卡指标	1366 * 768 DirectX 11 Shader Model 4	1680 * 1050 DirectX 11 Shader Model 4	1920 * 1200 DirectX 11 Shader Model 4
显卡型号（供参考）	AMD R7 250 Nvidia GTX 650	AMD R7 260 Nvidia GTX 750	AMD R9 270 Nvidia GTX 760 NVIDIA Quadro系列

图 5.8　配置要求

5.2.2　快速上手指南

1. 新建工程

新建工程，如图 5.9 所示。

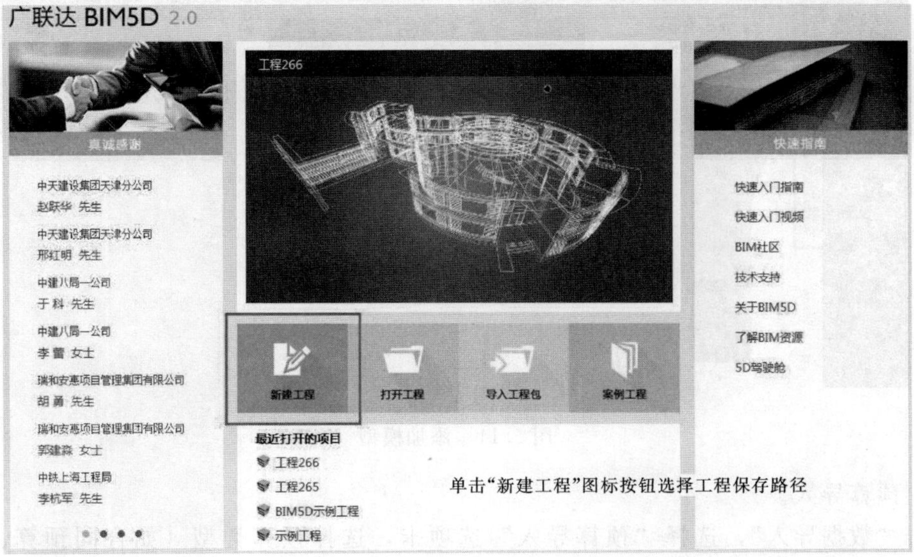

图 5.9　软件主界面

2. 打开工程

单击“打开工程”按钮导入工程包，见图 5.10。

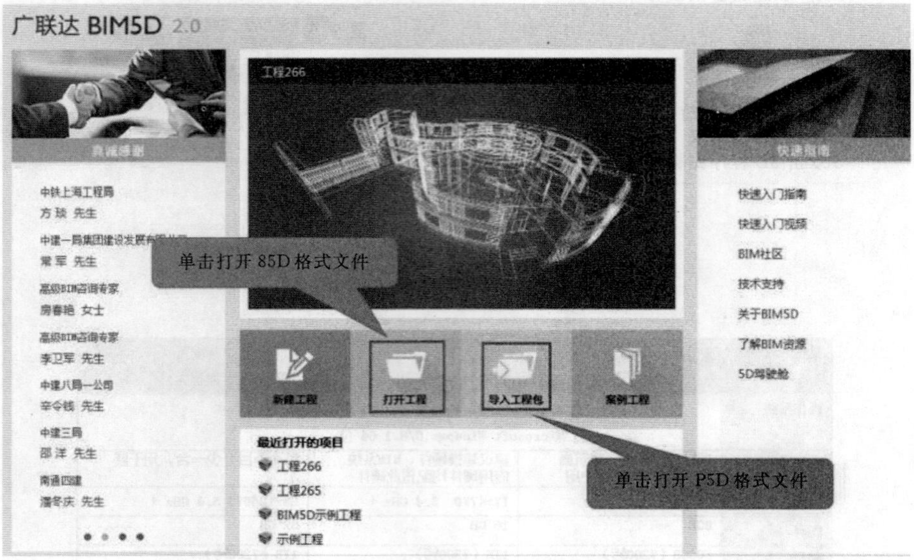

图 5.10 打开工程

3. 数据导入

(1) 模型导入。

单击“数据导入”，选择“模型导入”选项卡，选择对应模块，单击“添加模型”按钮，见图 5.11。

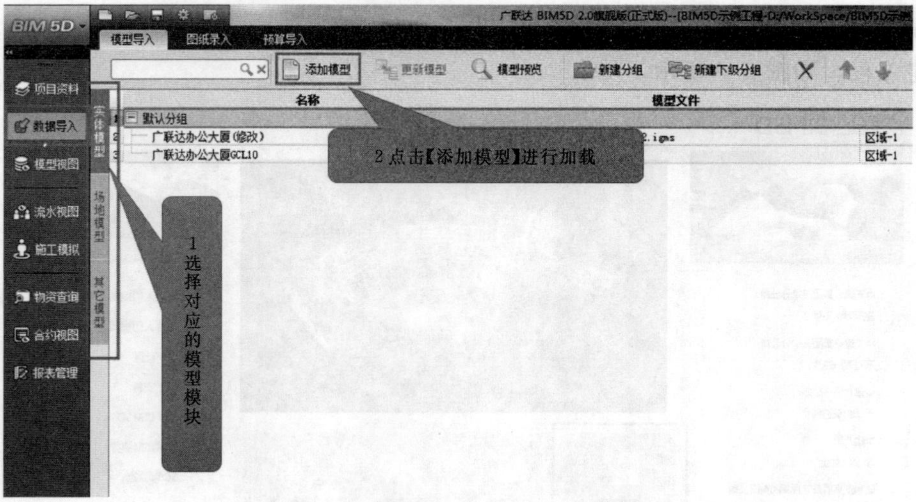

图 5.11 添加模型

(2) 预算导入。

单击“数据导入”，选择“预算导入”选项卡，选择预算类型（如合同预算、成本预算），新建添加预算书，见图 5.12。

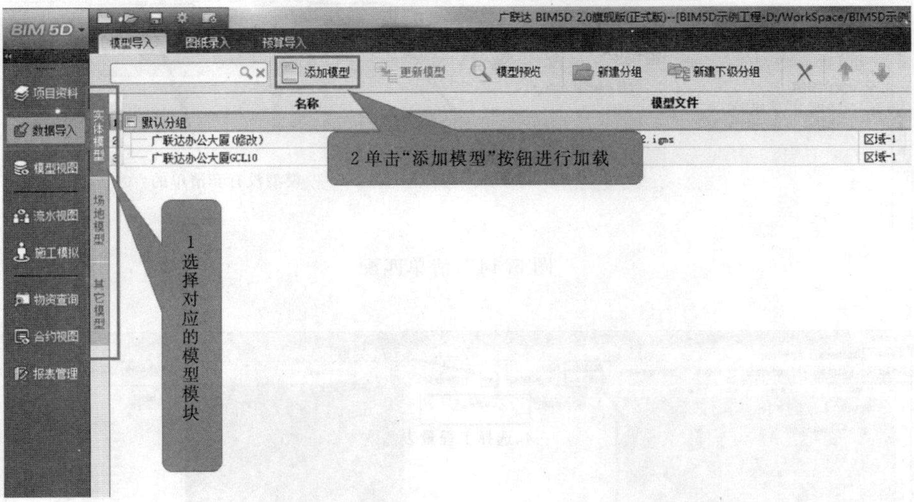

图 5.12 预算导入

(3) 进度计划导入。

单击“施工模拟”，单击“导入 MSproject”按钮，选择工程文件进行导入，见图 5.13。

图 5.13 进度计划导入

4. 数据编辑

(1) 清单关联。

在“数据导入”中的“预算导入”选项卡中完成清单匹配，见图 5.14。

清单关联：

选择“预算文件”→“清单”→“范围”→“工程表达式”→“加载”→“图元”→“关联”，见图 5.15。

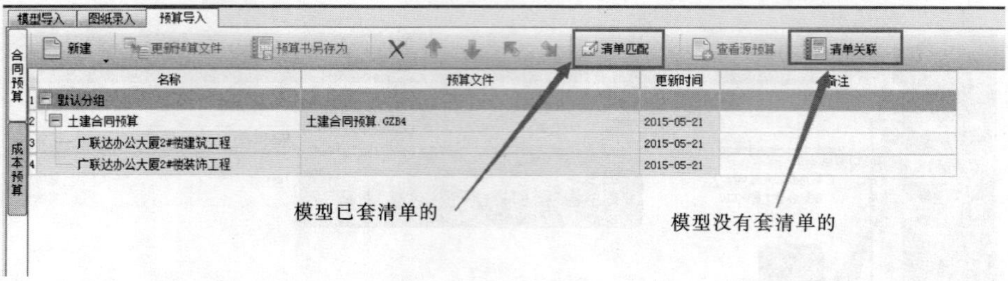

图 5.14　清单匹配

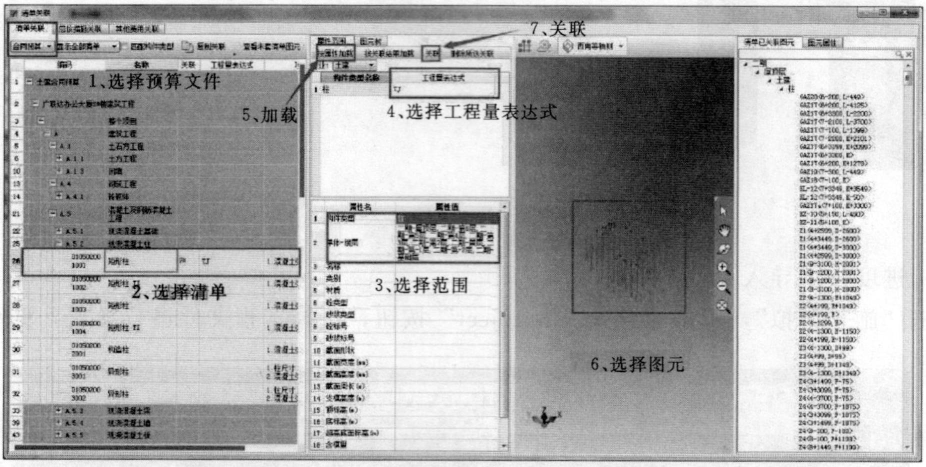

图 5.15　数据编辑

清单匹配：

选择“预算文件”→进行自动匹配或手动匹配，见图 5.16。

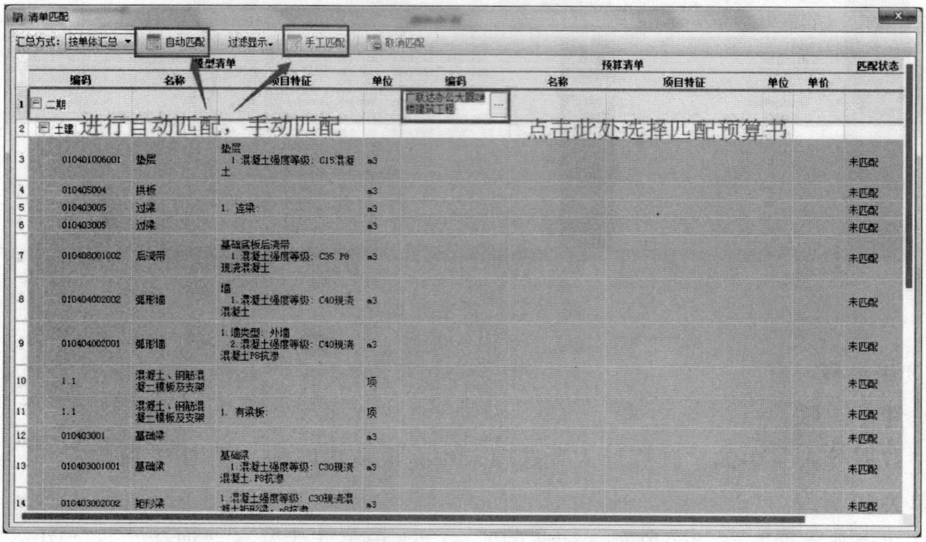

图 5.16　清单匹配

(2) 流水段划分。

单击“流水视图”，单击“自定义分类”按钮，选择专业、楼层并为分类命名，见图 5.17。

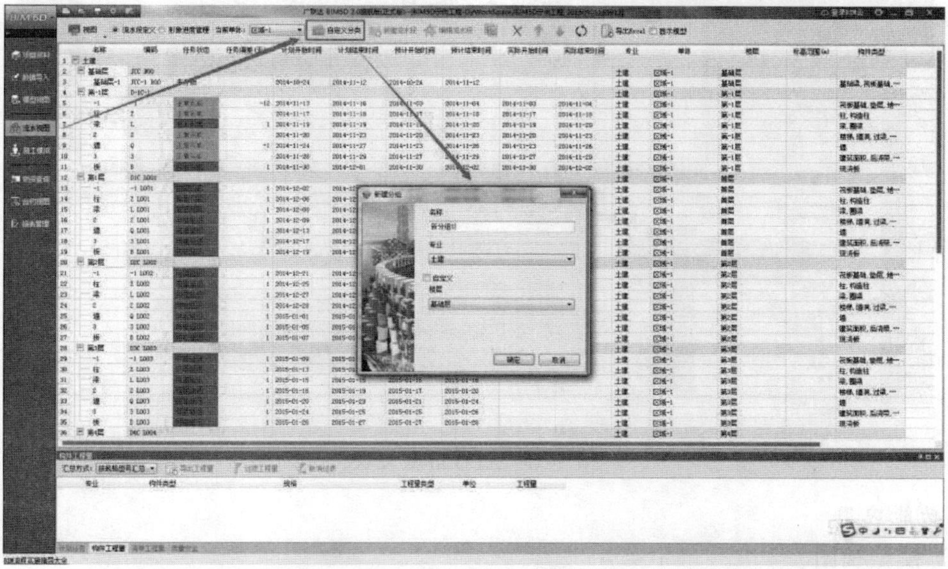

图 5.17 流水段划分

单击“分类”，再单击“新建流水段”按钮，锁上构件，划分流水段，建立关联，见图 5.18。

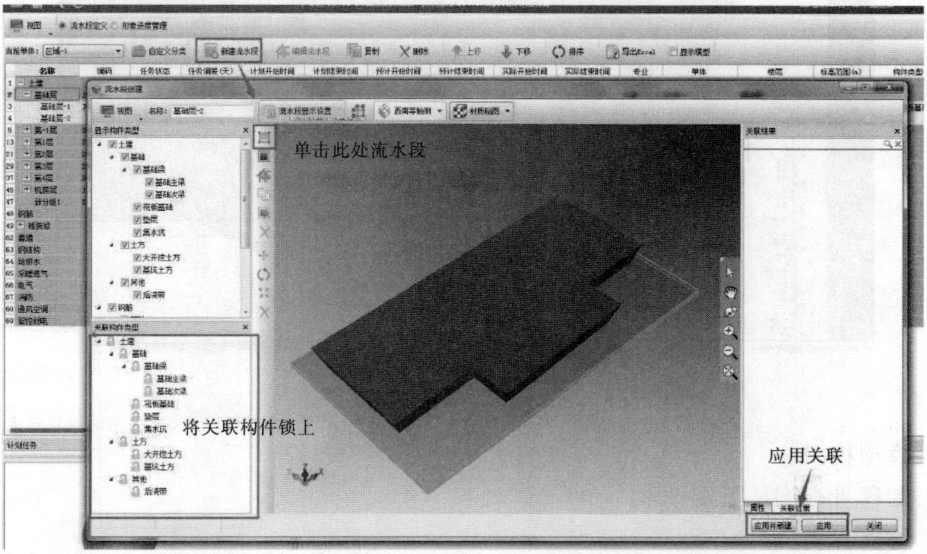

图 5.18 关联

(3) 工程进度关联。

选择一条任务，单击“关联模型”，选择关联模型范围，单击“关联”按钮，见图 5.19。

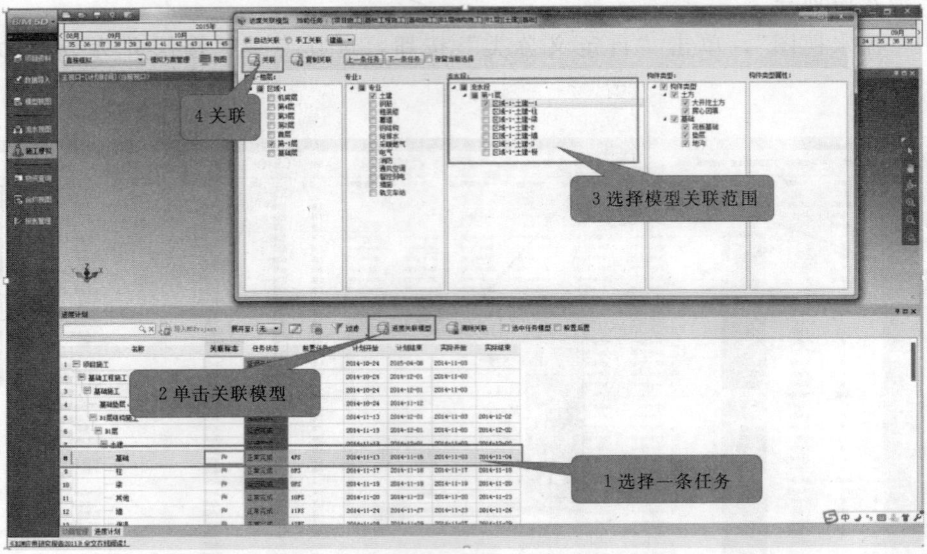

图 5.19　过程进度关联

5. 功能应用

(1) 模型视图

单击“模型视图”，查看楼层，选择查看构件，在视图中选择查看信息，见图 5.20。

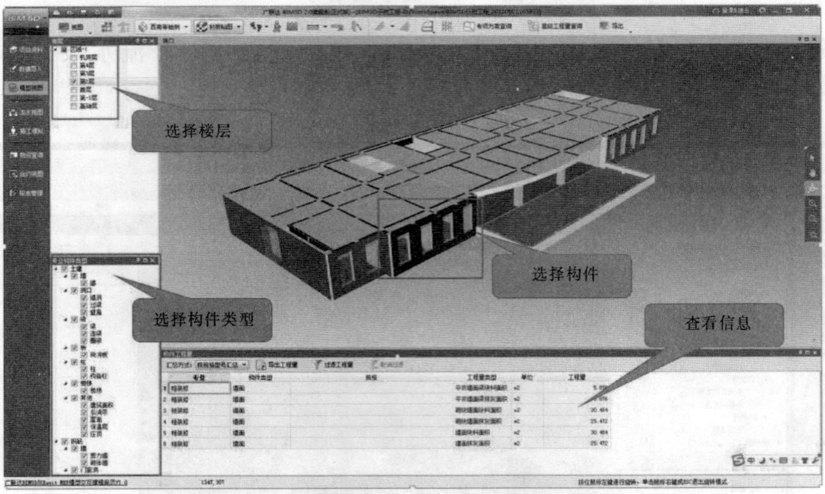

图 5.20　模型视图

(2) 模型视图。

高级工程量查询，见图 5.21。

(3) 物资查询。

进行物资查询时，首先选择专业，然后选择查询模式和查询范围之后查询，见图 5.22。

(4) BIM5D 模拟。

单击“施工模拟”，新建视口，右键单击，选择快捷菜单中的“视口属性”命令，加载模型，选择时间段，单击“播放”图标按钮，见图 5.23。

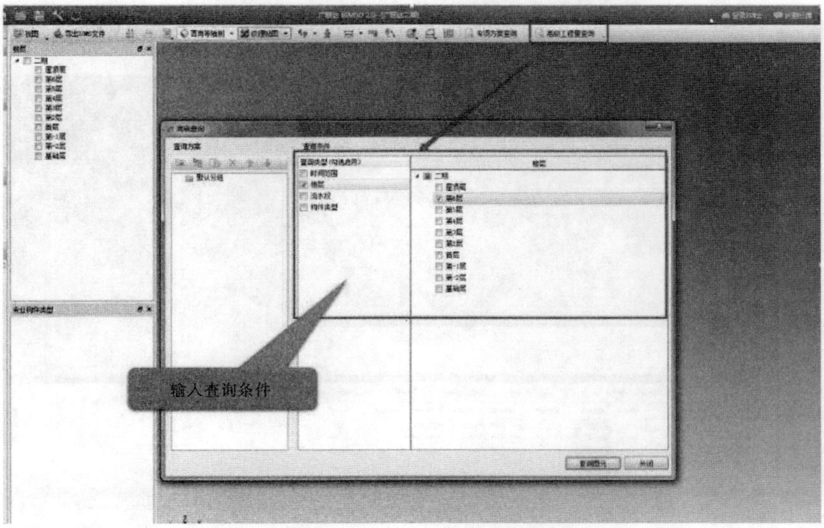

图 5.21　高级工程量查询

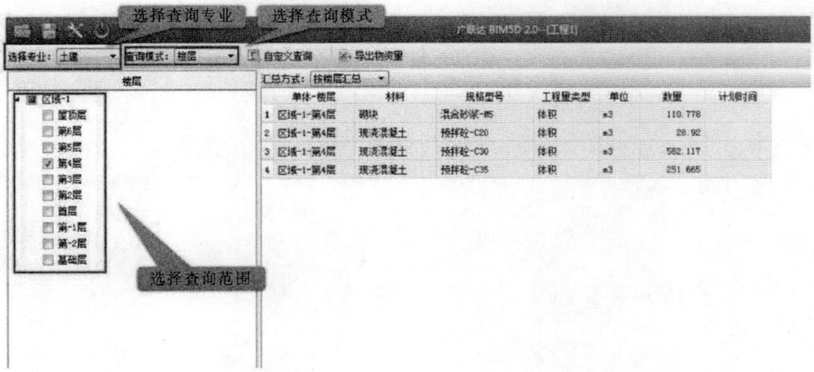

图 5.22　物资查询

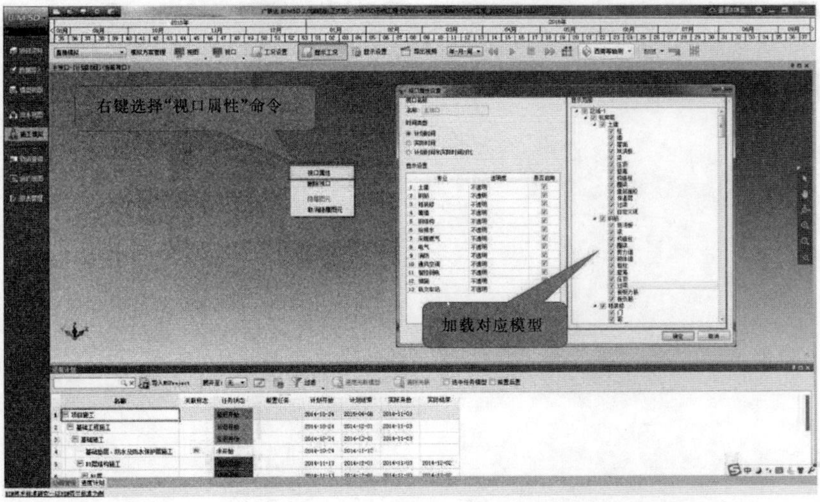

图 5.23　加载模型

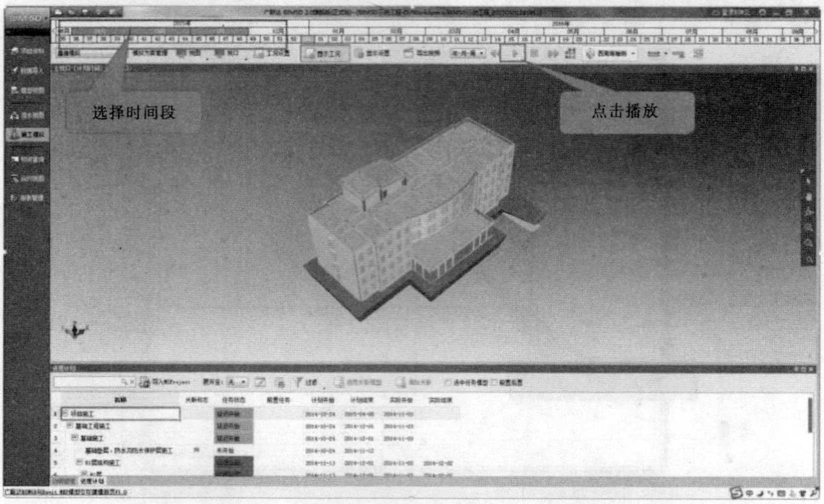

图 5.24 模拟